"十四五"普通高等教育本科部委级规划教材

U0161561

食品微生物检验

Shipin Weishengwu Jianyan

王岩　包秋华　潘艳◎主编

中国纺织出版社有限公司

内 容 提 要

本书编写紧密结合社会经济发展需求,主要针对食品专业人才培养,在满足知识系统性的前提下,重点突出从事本专业领域实际工作的基本能力和基本技能,检验方法和要求根据食品微生物学检验相关国家标准的变化及时作出调整,突出岗位技能需求。本书系统介绍了食品微生物检验室建设与管理、食品微生物检验基础操作技术、食品微生物检验总则、食品卫生细菌学检验技术、食品卫生真菌学检验技术、食品接触面微生物检验技术、食品中常见病原微生物检验技术、发酵食品中微生物检验技术、罐装食品商业无菌检验技术。

本书可作为食品类专业教材,也可为从事食品卫生检验工作的技术人员提供参考。

图书在版编目(CIP)数据

食品微生物检验 / 王岩,包秋华,潘艳主编. -- 北京 : 中国纺织出版社有限公司,2022.8

"十四五"普通高等教育本科部委级规划教材

ISBN 978-7-5180-9271-0

Ⅰ.①食… Ⅱ.①王… ②包… ③潘… Ⅲ.①食品微生物-食品检验-高等学校-教材 Ⅳ.①TS207.4

中国版本图书馆 CIP 数据核字(2022)第 000696 号

责任编辑:闫 婷 责任校对:李泽巾 责任印制:王艳丽

中国纺织出版社有限公司出版发行
地址:北京市朝阳区百子湾东里 A407 号楼 邮政编码:100124
销售电话:010— 67004422 传真:010— 87155801
http://www.c-textilep.com
中国纺织出版社天猫旗舰店
官方微博 http://weibo.com/2119887771
三河市宏盛印务有限公司印刷 各地新华书店经销
2022 年 8 月第 1 版第 1 次印刷
开本:787×1092 1/16 印张:19.75
字数:413 千字 定价:68.00 元

普通高等教育食品专业系列教材
编委会成员

《食品微生物检验》编委会成员

前　言

　　近年来,随着科学技术的高速发展,我国食品行业取得了举世瞩目的成绩,食品工业已成为我国国民经济的支柱产业。在食品工业满足人们消费的同时,食品安全问题也引起了人们的高度重视,制约着食品行业的健康稳定发展。我国不断加强食品安全监督管理,制定了《中华人民共和国食品安全法》等一系列法律法规。食品检验就是食品安全治理体系的重要组成部分,是验证和判定食品是否符合相关法律法规和食品安全标准要求的重要技术手段。食品检验技术伴随着检测手段和仪器的升级,为食源性疾病的分析诊断提供了更为精准、快速的方法。食品行业从业者尤其是从事食品检验相关工作的人员,对现代食品微生物检验技术的发展、原理和检测过程的掌握尤为重要。

　　食品微生物检验是食品质量管理必不可少的重要组成部分,是运用微生物学的理论与技术,按照检测标准检测食品中微生物的种类和数量,可以有效地防止或者减少食物人畜共患病的发生,保障人们的身体健康。食品微生物检验结果也是衡量食品卫生质量的重要指标之一,是判定被检食品是否可食用的科学依据之一。通过食品微生物检验,可以判断食品加工环境及食品卫生情况,能够对食品被细菌污染的程度做出正确的评价,为各项卫生管理工作提供科学依据。

　　本教材根据《食品安全国家标准》等相关标准文件编写而成,以满足高校学生就业所需相关基础知识、增强其实际操作能力的需要,既注重学生基本理论和基础知识的系统性,又对重点内容加以突出强调,本教材着重介绍食品微生物实验相关技术,包括操作方法、原理及过程,旨在为想从事食品微生物检验相关行业的学生提供全面介绍和指导。

　　全书共 12 章,其中第 1~5 章由王岩编写,第 6~7 章由包秋华编写,第 8 章由马永芹编写,第 9~10 章及第 11 章的 11.1~11.2 由潘艳编写,第 11 章的 11.3~11.6、第 12 章及附录3 由杨闯编写,附录 1~2 及附录 4 由赵莹编写,附录 5 由王艳民编写,主要包括显微镜技术,微生物染色技术与形态观察,食品微生物的大小与数量测定,微生物接种与培养技术,微生物分离纯化技术,食品中常见微生物检测,微生物的生理生化反应,现代食品微生物检测技术及分子生物学技术等内容。

　　在本书编写过程中,参考了大量其他相关图书和参考文献,现向相关作者表示诚挚的感谢!

　　由于编者水平和能力有限,本书仍然会有不当或错漏之处,敬请广大师生、同行和读者批评指正,以便后期更正、补充和完善。

编者

2022 年 2 月

目 录

课件资源和相关图片总码

注:各章课件资源码在每章标题处

第1章 绪论

1.1 食品微生物检验概述

食品微生物检验是一门利用微生物学理论和技术研究食品中微生物的种类和特征,建立食品微生物学检验方法并确定食品卫生的微生物学标准的应用科学。

食品微生物检验的研究对象和研究范围广泛,是一门包括生物学、生物化学、发酵以及兽医学等方面知识的多元化学科,具有强大的实用性和适用性,在促进人类健康中起着重要的作用。该学科采用《中华人民共和国国家标准 食品卫生检验方法》为法定检验依据,为生产安全、卫生和合规的食品提供科学依据,并确保获得符合卫生要求并适合人类食用的食物。

食品微生物检验研究各种食品中微生物的种类、分布和特征;研究食品中微生物的污染和控制,提高食品的卫生质量;研究食品中微生物与微生物之间的关系;研究食品中的致病、有毒和引起腐烂的微生物;研究各种食品中微生物的检验方法和标准。

1.2 食品微生物检验范围

食品微生物检验主要用于植物性、动物性原材料,加工产品,半加工产品,如粮食、油脂、调味品、肉制品、饮料、罐头、饼干、糖果类、酒类、蔬菜、炒货、食品添加剂、农产品、婴儿食品、豆制品、糕点等各类食品。

1.3 食品微生物检验的基本程序

食品微生物检验的一般程序包括检验前的准备、样品的采集、样品的送检与处理、检验、结果报告。

1.3.1 检查前的准备工作

①准备所有必需的仪器,如冰箱、恒温水浴锅、显微镜等。

②对各种玻璃仪器(如吸管、盘子、广口瓶、试管等)进行灭菌。所有仪器都需要擦洗干净,在121℃下灭菌20 min或160~180℃下干燥2 h,冷却后送入无菌室备用。

③准备实验所需的各种试剂、药物和培养基。根据需要进行灭菌处理,然后倒入平板中或在4℃的冰箱中保存以备后续使用。

④在无菌室内进行灭菌,如用紫外线灭菌,时间不少于45 min,工作前可将灯关闭

0.5 h；如果使用超净工作台，则需要提前 0.5 h 将其打开。如有必要，请在无菌室内进行空气中细菌的检查。

⑤检验人员在工作服、帽子、鞋子、口罩等经过消毒后应进入无菌室，实验结束前不得随意进入和离开无菌室。

1.3.2 样品的采集

（1）采样的目的和意义。

①便于食品卫生、质量的监督管理。

②鉴别食品中是否存在有毒有害物质。

③为新产品、新资源利用、新食品化工产品、新工艺投产前进行卫生鉴定。

（2）样品的类型。

①大样品，指整批样品。

②中样品，指从样品各部分取得的混合样品，一般为 200 g。

③小样品，也称样本，通常为 25 g，用于分析。

（3）采样步骤。

采样前调查→现场观察→采样方案确定→采样→样品存储→签发采样证明书

（4）采样要求。

①样品必须具有代表性。

②操作时要防止样品污染、变质、损坏、丢失，不得添加防腐剂和固定剂。

③至少两个人参与样品收集和现场确定。

（5）食品微生物检验的抽样方法。

如果样品可以完整取出包装，则不得将样品分开。如果必须将样品分开，则应根据无菌操作进行采样。

1.3.3 样品的检验

（1）收样。

（2）检验。

（3）样品送检。

①快速交货：不超过 3 h。

②如果道路较远，可以在 1~5℃的低温下运输。

③注意防止污染、泄漏和恶化。

1.3.4 填写检查申请表

样品检验完毕后，检验人员应及时填写报告单，签名后送主管人核章，以示生效，并立即交给食品卫生监督人员处理。

1.4　食品微生物检验的目的、任务和意义

目的：食品中含有大量的微生物，其中对人体有害的微生物有大肠杆菌、金黄色葡萄球菌、沙门氏菌、绿脓杆菌等。食品微生物检验也就是检查上述这些微生物是否存在。不同食品中上述微生物存在的种类和数量均不同，所以要进行检验，判断其是否符合国家标准。

任务：微生物在自然界广泛存在，在食品原料和大多数食品中都存在着微生物。但是，在不同的条件下，不同的食品的微生物种类、数量和作用也不相同。一般来说，微生物既可在食品制造中起有益作用，又可通过食品给人类带来危害。有些微生物对人类来说是致病的病原菌，有些微生物可产生毒素。如果人们食用含有大量病原菌或含有毒素的食物，则会引起食物中毒，影响人体健康甚至危及生命，所以食品微生物检验员应该设法控制或消除微生物对人类的这些有害作用，采用现代检测手段对食品中的微生物进行检测，以保证食品安全性。总之，食品微生物检验的任务在于，为人类提供既有益于健康、营养丰富，而又保证人类生命安全的食品。

意义：首先，食品微生物检验是衡量食品卫生质量的重要指标之一，也是判定被检食品能否食用的科学依据之一。其次，通过食品微生物检验，可以判断食品加工环境及食品卫生情况，能够对食品被细菌污染的程度作出正确的评价，为各项卫生管理工作提供科学依据，提供传染病、人类和动物食物中毒的防治措施。最后，食品微生物检验贯彻以"预防为主"的卫生方针，可以有效减少食物中毒和人畜共患病的发生，保障人民的身体健康；同时，它对提高产品质量，避免经济损失，保证出口等方面在政治上和经济上具有重大意义。

1.5　食品微生物检验技术的发展

1.5.1　传统检测技术

（1）显微镜检测法。

显微镜检测法是微生物检测最常用的方法之一。该方法在检测微生物形态、大小和计数等方面应用广泛。涂片染色油镜镜检简便快速，但该方法需要操作者具有丰富的理论基础和实践经验，而且在普通光学显微镜下无法正确判断微生物是否存活。目前该方法依然在基层食品检测中占据重要的地位。

（2）培养法。

培养法是现代食品微生物检测最经典的方法之一，也是目前基层食品检测中最常使用的检测方法之一，并且是国家标准中要求的最权威的检测方法。该检测方法是利用各种特异或非特异性培养基对食品中的微生物进行培养，并选取可疑或典型菌落进行验证，从而

确定食品中的微生物情况。该检测方法灵敏度较高、检测费用较低,但也存在一些缺点,一般培养时间长、工作量大、操作烦琐、要求检验人员经验丰富。

1.5.2　现代检测技术

(1)分子生物检测技术。

①PCR技术:PCR技术是利用DNA复制原理,在体外模拟DNA复制过程,利用目的基因作为模板进行扩增,通过凝胶电泳和染色观察扩增结果。该技术因其特异性强、灵敏度高、操作简便和成本低等优点,在食品微生物检测中应用广泛。

②核酸探针技术:核酸探针技术利用碱基互补配对原则来检测特异性核酸片段,它最大的优点是特异性强、灵敏度高,但是该技术对低浓度菌检测效果较差,假阳性概率也较大。

③基因芯片技术:基因芯片技术的基本原理是利用碱基互补配对原则,将已知序列的核苷酸片段(即分子探针)固定到支持物上,再将处理好的样品与其进行杂交,以实现对所测样品基因的大规模检验。该方法操作快捷、灵敏度高、特异性强,可以一次性检测多种致病微生物,且结果可以自动分析,但该技术的一些缺点也限制了它的应用,如操作流程复杂、耗时长、对操作人员的水平要求较高、费用高昂等问题。

(2)免疫分析检测技术。

①免疫荧光技术:免疫荧光技术是用荧光物质标记抗原或抗体,然后与相应的抗体或抗原反应,测定荧光标记物质的强度和位置来进行定量或定性检测。该技术已经用于李斯特菌、沙门氏菌、金黄色葡萄球菌等的快速检测,其优点是敏感性高、特异性强、速度快,但该技术设备昂贵,操作需要专业的知识和技能。

②酶联免疫吸附技术:酶联免疫吸附技术目前在医疗领域应用广泛,该技术具有灵敏度高、适用范围宽、标记物稳定、检测速度快以及费用低等特点,可同时进行千份样品的检测,但是由于抗原、抗体和酶等的稳定性不高,对外界环境的要求很高,因此在检测中经常出现误差。

另外,免疫分析检测技术还包括免疫磁性微球技术、免疫印迹技术、乳胶凝集技术等,这几种方法都具有特异性强、检测精度高、敏感性稳定的优点,但一般耗时较长,方法操作比较复杂,对操作人员的要求较高。

(3)ATP生物荧光技术。

ATP即三磷酸腺苷,是所有细胞生命活动的直接能量来源,含量相对稳定,微生物死亡后ATP被水解,利用该技术可以通过细胞中ATP的含量来检测细胞的活性和活细胞的数量,该方法无须培养微生物,非常适合现场检验,具有简便、快速、灵敏度高、成本低等优点。但该方法不能有效确定微生物种类,而且检测结果易受外界环境因素的影响。

目前,已经进入使用阶段的微生物检测新技术还包括阻抗测定法、流式细胞技术(FCM)、生物传感器等,这些新技术共同的优势都是检测灵敏、速度快、准确度高、专一性强、操作简单,但一般设备投入较高,且系统运营和维护的成本也较高,受这方面的影响,目前还不太可能大规模推广。

虽然每一种检测技术都有其独特的优点和缺点,相信随着科学技术的不断进步和迅猛发展,在不久的将来,一些快捷精准、灵敏度高、特异性强、操作简便、价格低廉、效果稳定的微生物快速检测技术会逐步被开发和应用,为人类的食品安全保驾护航。

1.6　食品微生物检验的基本技术

1.6.1　环境中的微生物

微生物最主要的特点就是体积小、种类多、繁殖迅速、适应环境能力强,广泛分布于自然界中。可以说,凡是它们能够生存的地方,都是它们的家园。我们的周围也存在着许多微生物。生态系统的组成成分有非生物的物质和能量、生产者、消费者、分解者。

(1)土壤微生物学。

在以下部分中,有必要对土壤进行概括,并将其作为均匀介质处理,而事实上,它的精确构成取决于基础地质以及过去和现在的气候条件。此外,土壤中的微生物数量会根据可利用的水和有机物的数量而变化,并且不同的生物会在土壤中的不同地层定居。

土壤的有机成分来自死去的动植物的残留,它们通过无脊椎动物和被称为分解剂的微生物(主要是细菌和真菌)的结合在土壤中被分解,从而释放植物和其他微生物可以使用的物质。

许多有机材料很容易降解,而抵抗力更强的部分称为腐殖质,它包含木质素以及各种其他大分子,该值通常在 2%~10%(重量)之间。土壤的无机部分来自矿物质的风化作用。微生物可能大量存在于土壤中,大部分附着在土壤颗粒上,它们的数量根据合适营养素的可用性而变化。细菌(尤其是放线菌)是微生物种群的最大组成部分,而真菌、藻类和原生动物的数量则少得多。公布的细菌数量值范围从高估(不能区分活细胞和死细胞)到低估(取决于菌落数量,因此排除了我们在实验室尚无法生长的那些微生物),可以说 1 g 表土中可能存在数百万(可能是数十亿)细菌。尽管微生物数量如此之多,但微生物仅占大多数土壤体积的百分之一。虽然真菌数量比细菌少得多,但由于其体积较大,因此在土壤生物量中所占比例较高。大多数土壤微生物是有氧异养菌,参与有机底物的分解。因此,微生物越远离土壤,就越远离有机物和氧气,从而大大减少了微生物的数量。

厌氧菌的比例随着深度的增加而增加,但是除非土壤被淹水,否则它们不太可能占主导地位。

影响微生物分布的其他因素包括 pH 值、温度和湿度。

广义上讲,中性条件有利于细菌生长,而真菌则在中等酸性条件(pH 低至约为 4)下蓬勃发展,极端微生物在这些限制范围之外能够正常生存。放线菌在弱碱性条件下有利于生长,常见的放线菌包括链霉菌和诺卡氏菌。土壤中常见的细菌形式包括假单胞菌、芽孢杆菌、梭状芽孢杆菌、硝化细菌、固氮根瘤菌和固氮菌,以及蓝细菌,如 *Nostoc* 和 *Anabaena*。

放线菌以其向周围环境分泌抗菌化合物而著称。这提供了一个示例,说明土壤种群中一种微生物的存在如何影响其他微生物的生长,从而形成一个动态的互动生态系统。另外,细菌可以充当掠食性原生动物的猎物,并且次级定居者可能依赖来自如纤维素降解剂的营养供应。在土壤中常见的重要真菌属包括熟悉的青霉和曲霉。这些不仅通过分解有机物质来循环利用养分,而且通过将微观的土壤颗粒结合在一起而有助于土壤的结构。土壤原生动物会摄取细菌或原生生物,如酵母菌或单细胞藻类,土壤中可能存在原生动物的所有主要形式(鞭毛虫、纤毛虫和变形虫),在土壤颗粒之间的水密空间内移动。藻类是光养性的,因此主要在土壤表面附近发现,某些形态能够异养生长,因此可以更好地生存下来。

土壤颗粒的表面是生物膜发展良好的自然栖息地,生物膜是由在多糖基质中保持在一起的微生物细胞组成的复杂结构。生物膜几乎可以在任何表面上形成,并且经常在快速流动的水中发现。生物膜对人类可能是有益的(如废水处理)或有害的(如由于导管生长引起的感染)。

尽管我们强调了有机物在土壤生态系统中的重要性,但也可能发现微生物在岩石上或岩石内生长。这种微生物的生长,以及风和降雨的作用,都有助于岩石的风化。

(2)淡水中的微生物。

氧气和光的存在与否强烈影响淡水的微生物种群。诸如池塘或湖泊之类的水体被分层为多个区域,每个区域都有自己的特征微生物区系,具体取决于氧气和光等因素的可用性。沿海区域是靠近陆地的区域,那里的水足够浅,阳光可以穿透到底部,边缘带占据相同的深度,但是在远离海岸的开放水域中,底栖区占据更深的水,那里的太阳无法穿透,最后在底栖区(包括池塘或湖泊底部)形成泥浆和有机物质的沉积物。

氧气难溶于水(在20℃下为9 mg/L),因此其可用性通常是确定水体微生物种群的限制因素。湖泊和池塘中的氧气供应与光合作用密切相关,因此间接与光的渗透性相关,诸如海藻和蓝绿藻之类的光养生物仅限于光能够穿透的区域。底栖地带缺氧或非常稀少,则会发现厌氧形式,如产甲烷细菌。

影响微生物种群的另一个因素是水中的有机物含量。如果有机物含量过高,则促进分解者的生长,从而消耗氧气。在河水和溪流中,水的物理搅动通常可确保其继续充氧。

淡水生态系统的温度介于极端温度(0~90℃)之间,并且在整个温度范围内都可能发现微生物。

(3)海水中的微生物。

海洋覆盖了地球表面70%左右,并且盐分相当恒定,为3.5%(*w/v*)。光线可以穿透的深度有所不同,但仅限于前100米左右。一个永久黑暗的世界存在于更深的深度,但是尽管没有光合作用,氧气仍然存在。这是因为海水中矿物质营养素的含量通常较低,限制了初级生产的数量,因此也限制了异养微生物活动。然而,在最深处,缺氧条件占上风。

与淡水生态系统相比,海洋生态系统在温度和 pH 值方面的变化要小得多,但也有例外。海洋环境中影响力更大的因素是压力。在较深的水域中,这种压力逐渐增加,在 1000 米处达到常压的 100 倍左右。与压力增加同时发生的是温度和营养物质的减少。然而令人惊讶的是,即使是在这些极端条件下,古细菌的某些成员也能生存。

在陆地生态系统中,植物通过光合作用负责大部分能量固定,与其相反,海洋生态系统中的初级生产主要是微生物,呈浮游植物的形状,这种形式仅限于光能够穿透的区域,还存在以浮游植物为食的原生动物和真菌。由于海水中的盐分含量很高,因此通常在这种环境中发现的细菌有别于淡水。在过去十年左右的时间里,已经在海洋生态系统中以相对较高的密度检测到了超微细菌的存在,这些细菌大约是"正常"细菌大小的十分之一。厌氧分解细菌栖息在底栖生物区,其反应类似于淡水沉积物中发生的反应,而深层生物区则基本上没有微生物存在。

(4)检测和分离环境中的微生物。

环境中存在许多类型的微生物,但有部分微生物抵制了所有在实验室中进行培养的尝试(通常称为可行但不可培养)。现代分子技术的使用帮助我们确定了比以前认为存在的细菌和古细菌更广泛的范围,如荧光原位杂交(FISH),该技术使用了一种探针,该探针包含连接到荧光染料上的特定微生物特有的短单链 DNA 或 RNA 的短序列,将微生物固定在载玻片上并与探针一起孵育。核酸碱基配对的规则意味着探针将寻找其互补序列,并且可以在荧光显微镜下观察带有该序列的细胞。最常用的"靶标"是核糖体 RNA,因为它显示了从一种微生物类型到另一种微生物类型的序列变异,并且由于每个细胞内都有多个拷贝,因此反应更强。聚合酶链反应是鉴定特定核酸序列的另一个有价值的工具。不依赖于DNA 的其他方法包括使用针对特定微生物的荧光标记抗体等。

1.6.2 无菌操作技术

所谓无菌指的是不存在保证生命活动的营养细胞的状态,无菌操作则是采用无菌的器械进行操作,防止微生物进入无菌范围的技术。在食品微生物检验中,无菌操作是重要的理念,采用无菌操作技术,保持食品样本在检验过程中不受到二次污染,保证检验结果准确地反映出食品样本的卫生状况。

在食品检验的各个环节都可能有微生物的进入,因此无菌操作技术应贯穿整个检验过程,如果有一个环节没有采用无菌操作,那么其他环节的无菌操作也将没有任何意义。

(1)定义。

无菌操作技术是指在实验过程中,防止一切微生物侵入机体和保持无菌物品及无菌区域不被污染的操作技术和管理方法。无菌操作技术是微生物实验的基本技术,是保证微生物实验准确和顺利完成的重要环节。

（2）内容。

无菌操作技术主要包括两个方面：

①创建无菌培养环境。包括提供密闭的培养容器,对培养容器以及培养基进行灭菌等。

②防止在操作和培养过程中所有其他微生物入侵的措施。包括紫外线杀菌,甲醛熏蒸,超净工作台的消毒和测试,操作工具,器具的杀菌等。

（3）无菌操作原则。

①进行无菌操作时,必须明确规定物品的无菌区域和非无菌区域。接种期间必须穿戴工作服和工作帽。进入无菌室之前,应先用肥皂洗手,然后使用75%的酒精棉球擦拭双手。

②在操作前 20~30 min 打开超净工作台和紫外线灯。用于接种的吸管、平板和培养基必须进行消毒和灭菌。在使用前,应先对金属器皿进行高压灭菌或在95%的酒精中燃烧 3 次。严禁直接持有无菌物品,如瓶塞等,而要使用无菌镊子等。

③从包装中取出吸管时,吸管的尖端不能接触裸露的部分。当使用吸管接种试管或平板时,吸管的尖端不应接触试管或平板的侧面。

④接种样品和转移细菌必须在酒精灯前操作。接种细菌或样品时,将试管从包装中取出并打开试管塞后,应用火焰消毒。

⑤接种环或接种针在接种细菌之前,应先用火焰燃烧所有金属丝,并燃烧环与针和杆之间的连接；倾倒板应在干净的工作台上操作,打开和盖上瓶盖时,酒精灯应反复燃烧。

（4）无菌间使用要求。

①无菌间应密封,不得随意打开,并设有与无菌间大小相应的缓冲间及门,另尽量设置小窗,以备进入无菌间后传递物品。

②无菌间应保持清洁,工作后及时消毒,擦拭工作台面,不得存放与试验无关的物品。

③无菌间使用前后应将门关紧,打开紫外灯,如采用室内悬挂紫外灯消毒时,需 30 W 紫外灯,距离工作台 1 m 处,照射时间不少于 30 min,使用紫外灯时,应注意不得直接在紫外线下操作,以免引起损伤,尤其要防止紫外线对眼睛的伤害,灯管每隔两周需用酒精棉球轻轻擦拭,除去上面的灰尘和油垢,以减少对紫外线穿透的影响。

④进入无菌间操作后,不得随意出入,如需要传递物品,可通过小窗传递。

⑤在无菌间需要安装空调时,则应有过滤装置。

1.7 杀菌技术

1.7.1 常用的仪器杀菌方法及步骤

（1）湿热灭菌。

湿热灭菌是培养基常用的杀菌方法。基本原理：在密闭的蒸锅内,其中的蒸汽不能外溢,压力不断上升,使水的沸点不断提高,从而锅内温度也随之增加,在 0.1 MPa 的压力下,锅内温度达 121℃,在此蒸汽温度下,可以很快杀死各种细菌及其高度耐热的芽孢。注意完全排除锅内空气,使锅内全部是水蒸气,灭菌才能彻底。高压灭菌放气有几种不同的做法,但目的都是要排净空气,使锅内均匀升温。保证灭菌彻底常用方法是:关闭放气阀,通电后,待压力上升到 0.05 MPa 时,打开放气阀,放出空气;待压力表指针归零后,再关闭放气阀。关阀再通电后,压力表上升达到 0.1 MPa 时,开始计时,维持压力 0.1～0.15 MPa,20 min。按容器大小不同,保压时间有所不同,见表 1-1。该表所列数字为很保险的彻底灭菌时间,如容器体积较大,但是放置的数量很少,也可以适当缩短时间。

表 1-1　培养基高压蒸汽灭菌所需时间

容器体积/mL	在 121℃灭菌所需最少时间/min
20～50	15
75～150	20
250～500	25
1000	30

到达保压时间后,即可切断电源,在压力到 0.5 MPa,可缓慢放出蒸汽,应注意不要使压力降低太快,以致引起激烈的减压沸腾,使容器中的液体四溢。当压力降到零后,才能开盖,取出培养基,摆在平台上,以待冷凝,不可久不放气,引起培养基成分变化,以至于培养基无法摆斜面。一旦放置过久,由于锅炉内有负压,盖子打不开,只要将放气阀打开,大气压入,内外压力平衡盖子便易打开了。

对高压灭菌后不变质的物品,如无菌水、栽培介质、接种工具,可以延长灭菌时间或提高压力。而培养基要严格遵守保压时间,既要保压彻底,又要防止培养基中的成分变质或效力降低,不能随意延长时间。对于一些布制品,如实验衣、口罩等也可用高压灭菌。洗净晾后用耐高压塑料袋装好,高压灭菌 20～30 min。

高压灭菌前后的培养基,其 pH 值下降 0.2 单位高压后培养基 pH 值的变化方向和幅度取决于多种因素,在高压灭菌前用碱调高 pH 至预定值的则相反,培养基中成分单一时和培养基中含有高或较高浓度物质时,高压灭菌后的 pH 值变化幅度较大,甚至可大于 2 个 pH 值单位。环境 pH 值的变化大于 0.5 单位就有可能产生明显的生理影响。

高压灭菌通常会使培养基中的蔗糖水解为单糖,从而改变培养基的渗透压。在 8%～20%蔗糖范围内,高压灭菌后的培养基约升高 0.43 倍。培养基中的铁在高压灭菌时会催化蔗糖水解,可使 5%～25%的蔗糖水解为葡萄糖和果糖,培养基 pH 值小于 5.5,其水解量更多,培养基中添加 1%活性炭时,高压下蔗糖水解大大增强,蔗糖水解率可达 5%。

为防止高压灭菌产生的上述一些变化可用下列方法:

①经常注意搜集有关高压灭菌影响培养基成分的资料,以便及时采取有效措施。

②设计培养基配方时尽量采用效果类似的稳定试剂并准确掌握剂量。如避免使用果糖和山梨醇而用甘露醇,以 IBA 代替 IAA,控制活性炭的用量(在 0.1%以下),注意 pH 值对高压灭菌下培养基中成分的影响等。

③配制培养基时应注意成分的适当分组与加入的顺序,如将磷、钙和铁放在最后加入。

④注意高压灭菌后培养基 pH 值的变化及回复动态。如高压灭菌后的 pH 值常由 5.8升高至 6.48。而 96 小时后又回降至 5.8 左右。这样在实验中就可以根据这一规律加以掌握。

(2)灼烧灭菌。

用于无菌操作的器械采用灼烧灭菌,在无菌操作时,把镊子、剪刀、解剖刀等浸入 95%的酒精中,使用之前取出在酒精灯火焰上灼烧灭菌,冷却后,立即使用,操作中可采用 250或 500 mL 的广口瓶,放入 95%的酒精,以便插入工具。

(3)干热灭菌。

玻璃器皿及耐热用具采用干热灭菌,是利用烘箱加热到 160~180℃ 的温度来杀死微生物,由于在干热条件下,细菌的营养细胞的抗热性大为提高,接近芽孢的抗热水平。通常采用 170℃ 持续 90 min 来灭菌。干热灭菌的物品要预先洗净并干燥,工具要妥为包扎,以免灭菌后取用时重新污染,包扎可用耐高温的塑料。灭菌时应渐进升温,达到预定温度后记录时间。烘箱内放置的物品的数量不宜过多,以免妨碍热对流和穿透。到指定时间断电后,待充分晾凉,才能打开烘箱,以免因骤冷而使器皿破裂。干热灭菌能源消耗太大,浪费时间。

(4)过滤灭菌。

不耐热的物质采用过滤灭菌,一些生长调节剂如赤霉素、玉米素、脱落酸和某些微生物是不耐热的,不能用高压灭菌处理,通常采用过滤灭菌方法。一些化学成分在高温高压下会发生降解而失去效能或降低效能。经高温灭菌后,赤霉素 GA3 的活性仅为不经高温灭菌的新鲜溶液的 10%。蔗糖经高温后部分被降解成 D-葡萄糖和 D-果糖,果糖又可被部分水解,产生抑制培养的植物组织生长的物质。高温还可使碳水化合物和氨基酸发生反应。IAA、NAA、2,4-D 激素和玉米素在高温下是比较稳定的。维生素具有不同程度的热稳定性,但如果培养基的 pH 值高于 5.5,则维生素 B1 会被迅速降解。泛酸钙、植物组织提取物等过滤灭菌,不能高温灭菌,否则会失去作用。

防细菌滤膜的网孔的直径为 0.45 μm 以下。当溶液通过绿叶后,细菌的细胞和真菌的孢子等因大于滤膜直径而被阻。在需要过滤灭菌的液体量大时,常使用抽滤装置。液量小时可用注射器。使用前对其高压灭菌,将滤膜装在注射器的靠针管处,将带过滤的液体装入注射器。推压注射器,活塞杆溶液压出滤膜,从针管压出的溶液就是无菌溶液。过滤除菌操作步骤:首先将过滤器、接液瓶用纸包好。滤膜可放在培养皿内用纸包好,使用前先经121℃ 高温蒸汽灭菌 30 min,在超净工作台上将滤气装置装好。用灭菌无齿镊子将滤膜安放在隔板上,滤膜粗糙面朝上,然后将带除菌的液体注入滤气内,开动真空泵即可过滤除菌。菌液经培养证明无菌生长后可保存备用。

（5）紫外线和熏蒸灭菌。

①紫外线灭菌:在接种室、超净台上或接种箱用紫外灯灭菌。紫外线灭菌是利用辐射因子灭菌,细菌吸收紫外线后蛋白质跟核酸发生结构变化,引起细菌的染色体变异,造成死亡。紫外线的波长为 200~300 nm,其中 260 nm 的杀菌能力最强,但是由于紫外线的穿透能力很弱,所以只适于空气和物体表面的灭菌,而且要求巨照射物以不超过 1.2m 为宜。

②熏蒸灭菌:用加热、焚烧、氧化等方法,使化学药剂变为气体状态,扩散到空气中,以杀死空气中和物体表面的微生物。这种方法简便,只需要把消毒的空间密闭即可。化学消毒剂的种类很多,它们使微生物的蛋白质变性或竞争其酶系统,或降低其表面张力,增加群体细胞浆膜的通透性,使细胞破裂或溶解。一般来说,温度越高,使用时间越长,杀菌效果越好。另外,由于消毒剂必须溶解于水才能发挥作用,所以一般制成水溶状态,如升汞与高锰酸钾。此外,消毒剂的浓度一般是浓度越大,杀菌能力越强,但石碳酸和酒精例外。

常用熏蒸剂是甲醛。熏蒸时,房间关闭紧密,按 5~8 mL/m³ 用量将甲悬置于广口容器内。加 5 g/m³ 高锰酸钾,房间可预先喷施以加强效果,冰醋酸同理,但效果不如甲醛。

（6）药剂喷雾灭菌。

物体表面可用一些药剂涂搽,喷雾灭菌。如桌面、墙面、双手、植物材料表面等,可用 75% 的酒精反复涂搽灭菌,1%~2% 的来苏儿溶液以及 0.25%~1% 的新洁尔灭也可以。

（7）消毒剂灭菌。

从外界或室内选取的植物材料,都不同程度地带有各种微生物,这些污染源一旦带入培养基,便会造成培养基污染。因此,植物材料必须经严格的表面灭菌处理,再经无菌操作手续接种到培养基上,这一过程叫作接种。接种的植物材料叫作外植体(explant)。

第一步,将采来的植物材料除去不用的部分,将需要的部分仔细洗干净,如用适当的刷子等刷洗。把材料切割成适当大小,即灭菌容器能放入为宜。置自来水龙头下流水冲洗几分钟至数小时,冲洗时间视材料清洁程度而宜。易漂浮或细小的材料,可装入纱布袋内冲洗。流水冲洗在污染严重时特别有用。洗时可加入洗衣粉清洗,然后用无菌水冲洗洗衣粉水。洗衣粉可除去轻度附着在植物表面的污物,除去脂质性的物质,便于灭菌液的直接接触当然,最理想的清洗物质是表面活性物质吐温。

第二步是对材料的表面浸润灭菌。要在超净台或接种箱内完成,准备好消毒的烧杯、玻璃棒、70% 酒精、消毒液、无菌水、手表等。用 70% 酒精浸 10~30 s。由于酒精具有使植物材料表面被浸湿的作用,加之 70% 酒精穿透力强,也很易杀伤植物细胞,所以浸润时间不能过长。有一些特殊的材料,如果实,花蕾,包有苞片、苞叶等的孕穗,多层鳞片的休眠芽等等,以及主要取用内部的材料,则可只用 70% 酒精处理稍长的时间。处理完的材料在无条件下,待精蒸发后再剥除外层,取用内部材料。

第三步是用灭菌剂处理。表面灭菌剂的种类较多,可根据情况选取 1~2 种使用,见表 1-2。

表 1-2　灭菌剂使用浓度及效果比较表

灭菌剂名称	使用浓度	消毒难易	灭菌时间	灭菌效果
酒精	70%~75%	易	10~30 s	好
氯化汞	0.1%~0.2%	较难	2~10 min	最好
漂白粉	次氯酸钙饱和溶液 (9%~10%)	易	5~30 min	很好
次氯酸钠	0.8%(活性氧)	易	5~30 min	很好
过氧化氢	10%~12%	最易	5~15 min	好
抗菌素	4~50 mg/mL	中	30~60 min	较好

上述灭菌剂应在使用前临时配制,氯化汞(升汞)可短期内用,次氯酸钠和次氯酸钙都是利用分解产生氯气来杀菌的,故灭菌时用广口瓶加盖较好;升汞是由重金属汞离子来达到无菌的;过氧化氢是分解中释放原子态氧来杀菌的,这种药剂残留的影响较小,灭菌后用无菌水漂洗 3~4 次即可;由于升汞液灭菌的材料难以对升汞残毒去除,所以应当用无菌水漂洗 8~10 次,每次不少于 3 min,以尽量去除残毒。

灭菌时,不沥干的植物材料转放到烧杯或其他器皿中,记好时间,倒入消毒溶液,不时用玻璃棒轻轻搅动,以促进材料各部分与消毒溶液充分接触,驱除气泡,使消毒彻底。在快到时间之前 1~2 min,开始把消毒液倾入一备好的大烧杯内,要注意勿使材料倒出,氢净后立即倒入无菌水,轻搅漂洗。灭菌时间是从倒入消毒液开始至倒入无菌水时为止。记录时间还便于比较消毒效果,以便改正。灭菌液要充分浸没材料,宁可多用些灭菌液,切勿强在一个体积偏小的容器中使用很多材料灭菌。

在灭菌溶液中加吐温-80 或 Tritonx 效果较好,这些表面活性剂主要作用是使药剂更易于展布,更容易浸入灭菌的材料表面。但吐温加入后对材料的伤害也在增加,应注意吐温的用量和灭菌时间,一般加入灭菌液的 0.5%,即在 100mL 加入 15 滴。最后一步是用无菌水漂洗,漂洗要求 3 min 左右,视采用的消毒液种类,漂洗 3~10 次。无菌水漂洗作用是免除消毒剂杀伤植物细胞的副作用。

1.7.2　其他灭菌技术

①间歇灭菌:连续 3 天,每天进行一次蒸气灭菌的方法。此法适用于不能耐 100℃ 以上温度的物质和一些糖类或蛋白质类物质。一般是在正常大气压下用蒸气灭菌 1 小时。灭菌温度不超过 100℃,不致造成糖类等物质的破坏,而可将间歇培养期间萌发的孢子杀死,从而达到彻底灭菌的目的。

②辐射灭菌:辐射灭菌在一定条件下利用射线进行灭菌的方法。较常用的有紫外线,其他还有电离辐射(射线加快中子等)。波长在 25000~80000 nm 之间的激光也有强烈的杀菌能力,以波长 26500 nm 最有效。辐射灭菌法仅限于某一定材料,因所需设备复杂,难于广泛使用。

③渗透压灭菌:渗透压灭菌利用高渗透压溶液进行灭菌的方法。在高浓度的食盐或糖溶液中细胞因脱水而发生质壁分离,不能进行正常的新陈代谢,结果导致微生物的死亡。

④化学试剂灭菌:大多数化学药剂在低浓度下起抑菌作用,高浓度下起杀菌作用。常用 5% 石碳酸、70% 乙醇和乙二醇等。化学灭菌剂必须有挥发性,以便清除灭菌后材料上残余的药物。

化学灭菌常用的试剂有表面消毒剂、抗代谢药物(磺胺类等)、抗生素、生物药物素抗生素是一类有微生物或其他生物生命活动过程中的合成的次生代谢产物或人工衍生物,他们在很低浓度时就能抑制或感染他种生物(包括病原菌、病毒、癌细胞等)的生命活动,因而可用作优良的化学治疗剂。

⑤冷杀菌技术:冷杀菌(物理杀菌)是当代一类崭新的技术,物理杀菌条件易于控制,外界环境影响较小,由于杀菌过程中食品的温度并不升高或升高幅度很低,即有利于保持食品功能成分的生理活性,又有利于保持色、香、味及营养成分,所以包装与食品机械的设计与制造上采用冷杀菌技术是非常必要的。

区别:与传统的食品加热杀菌比较,冷杀菌能充分保留食品的营养成分和原有风味,甚至产生某些令人喜爱的特殊风味,而且杀菌彻底,处理时间短。不产生毒性物质。但由于有些技术还不成熟,实际应用中还受到较大程度的限制。随着冷杀菌机理的深入探讨和技术的逐步完善,相信冷杀菌技术将会更多地取代现有的食品热杀菌技术,人们将享受到品质更好、更安全、更新鲜的食品。

⑥超高压脉冲电场杀菌:采用高压脉冲器产生的脉冲电场进行杀菌的方法。其基本过程是用瞬时高压处理放置在两极间的低温冷却食品。其机理基于细胞膜穿孔效应、电磁机制模型、粘弹极性形成模型、电解产物效应、臭氧效应等假设。其作用主要有两个:A. 场的作用。脉冲电场产生磁场,细胞膜在脉冲电场和磁场的交替作用下,通透性增加,振荡加剧,膜强度减弱从而使膜破坏,膜内物质容易流出,膜外物质容易渗入,细胞膜的保护作用减弱甚至消失。B. 电离作用。电极附近物质电离产生的阴阳离子与膜内生命物质作用,阻碍了膜内正常生化反应和新陈代谢过程等的进行同时,液体介质电离产生臭氧的强烈氧化作用,使细胞内物质发生一系列的反应。通过场和电离的联合作用杀灭菌体,超高压脉冲电场杀菌已在实验室水平上取得了显著的成效。它可保持食品的新鲜及其风味,营养损失少,但因其杀菌系统造价高,制约了它在食品工业上的应用,且超高压脉冲电场杀菌在黏性及固体颗粒食品中的应用还有待进一步的研究。

⑦强磁场脉冲杀菌:该技术采用强脉冲磁场的生物效应进行杀菌,在输液管外面装有螺旋线圈,磁脉冲发生器在线圈内产生 2~10 T 的磁场强度。当液体物料通过该段输液管

时,其中的细菌即被杀死。该技术具有以下特点:杀菌时间短且效率高、杀菌效果好且温升小,能做到既能杀菌,又能保持食品原有的风味、滋味、色香、品质和组分(维生素、氨基酸等)不变,不污染产品,无噪声,适用范围广泛。

⑧脉冲强光杀菌:脉冲强光杀菌是采用脉冲的强烈白光闪照方法进行灭菌。通过惰性气体发出与太阳光谱相反,但强度更强的紫外线至红外线去进行杀菌。使用高强度白光的极短脉冲,杀死食品表面的微生物。该高强度的白光类似阳光,但仅以几分之一秒钟的速度反射出来,比阳光更强能迅速杀死细菌。脉冲强光下使微生物致死作用明显,可进行彻底杀菌。在操作时对不同的食品、不同的菌种,需控制不同的光照强度与时间。可用于延长以透明物料包装的食品的保鲜期。

⑨臭氧杀菌:臭氧氧化力极强,仅次于氟,能迅速分解有害物质,杀菌能力是氯的600~3000倍,其分解后迅速地还原成氧气。利用其性能的臭氧技术在欧美、日本等发达国家早就得到广泛应用,是杀菌消毒、污水处理、水质净化、食品贮存、医疗消毒等方面的首选技术。美国华盛顿大学医学研究人员发现,臭氧可以抑制癌细胞的生长;日本石川岛播磨种工业公司证明,臭氧水有望成为最佳的果树杀菌剂,其杀菌效果明显优于次氯酸钠;中国医学科学院研究证明,臭氧可以有效地杀灭淋球菌,并且对水中的重金属有分解作用。实验证明臭氧水是一种广谱杀菌剂,它能在极短时间内有效地杀灭大肠杆菌、蜡杆菌、痢疾杆菌、伤寒杆菌、流脑双球菌等一般病菌以及流感病菌、肝炎病毒等多种微生物。可杀死和氧化鱼、肉、瓜果蔬菜、食品表面能产生异变的各种微生物和果蔬脱离母体后继续进行生命活动的微生物,加速成熟乙烯气体,延长保鲜期。

⑩放射线杀菌:放射线同位素放出的射线通常有α、β、γ 3种射线,用于食品内部杀菌只有γ射线。γ射线是一种波长极短的电磁波,对物体有较强的穿透力,微生物的细胞质在一定强度γ射线下,没有一种结构不受影响,因而产生变异或死亡。微生物代谢的核酸代谢环节能被射线抑制,蛋白质因照射作用而发生变性,其繁殖机能受到最大损害。射线照射不会引起温度上升。一般抗热力大的细菌,对放射线的抵抗力也较大。

⑪紫外线杀菌:日光能杀灭细菌,主要是紫外线的作用,杀菌原理是微生物分子受激发后处于不稳定的状态,从而破坏分子间特有的化学键导致细菌死亡。微生物对于不同波长的紫外线的敏感性不同,紫外线对不同微生物照射致死量也不同,革兰氏阴性无芽孢杆菌对紫外线最敏感。杀死革兰氏阳性球菌的紫外线照射量需增大5~10倍。但紫外线穿透力弱,所以比较适用于对空气、水、薄层流体制品及包装容器表面的杀菌。

⑫微波杀菌:微波是频率从300 MHz~300 GHz的电磁波。微波与物料直接相互作用,将超高频电磁波转化为热能的过程。微波杀菌是微波热效应和生物效应共同作用的结果。微波对细菌膜断面的电位分布影响细胞周围电子和离子浓度,从而改变细胞膜的通透性能,细菌因此营养不良,不能正常新陈代谢,生长发育受阻碍死亡。从生化角度分析,细菌正常生长和繁殖的核酸(RNA)和脱氧核糖核酸(DNA)是若干氢键紧密连接而成的卷曲大分子,微波导致氢键松弛、断裂和重组,从而诱发遗传基因或染色体畸变,甚至断裂。微波

杀菌正是利用电磁场效应和生物效应起到对微生物的杀灭作用。采用微波装置在杀菌温度、杀菌时间、产品品质保持、产品保质期及节能方面都有明显的优势。德国内斯公司研制的微波室系统,加热温度为 72~85℃,时间为 1~8 min,杀菌效果十分理想,特别适用于已包装的面包、果酱、香肠、锅饼、点心以及贮藏中杀灭虫、卵等。微波处理的食品保质期达 6 个月以上。

⑬超声杀菌:超声杀菌是利用超声空穴现象产生的剪应力能机械地破碎细胞壁和加快物质转移的原理进行杀菌,所以超声频率一般为 20~100 kHz,能量为 104 kW/cm²,波长为 3.0~7.5 cm,是一种有效的非热处理杀菌法。Villamiel 等对奶制品采用超声杀菌和传统杀菌进行对比研究,结果发现在相同的实验条件下,超声杀菌效果优于传统杀菌,初步表明超声杀菌可用于奶制品工作。

⑭湿热灭菌法:指用饱和水蒸气、沸水或流通蒸汽进行灭菌的方法,由于蒸汽潜热大、穿透力强,容易使蛋白质变性或凝固,所以该法的灭菌效率比干热灭菌法高,是药物制剂生产过程中最常用的灭菌方法。湿热灭菌法可分为:煮沸灭菌法、巴氏消毒法、高压蒸汽灭菌法、流通蒸汽灭菌法和间歇蒸汽灭菌法。影响湿热灭菌的主要因素有:微生物的种类与数量、蒸汽的性质、药品性质和灭菌时间等。

⑮煮沸灭菌法:将水煮沸至 100℃,保持 5~10 min 可杀死细菌繁殖体,保持 1~3 h 可杀死芽孢。在水中加入 1%~2% 的碳酸氢钠时沸点可达 105℃,能增强杀菌作用,还可去污防锈。此法适用于食具、刀箭、载玻片及注射器等。

⑯巴氏消毒法:一种低温消毒法,因巴斯德首创而得名。有两种具体方法,一是低温维持法:62℃维持 30 min;二是高温瞬时法:75℃作用 15~30 s。该法适用于食品的消毒。

⑰流通蒸气灭菌法:利用常压下的流通蒸汽进行灭菌。

⑱高压蒸汽灭菌法:103.4 kPa 蒸汽压温度达 121.3℃,维持 15~20 min。

⑲化学杀菌法:使用杀菌剂的方法,在此将含有静菌作用的材料称为杀菌剂。从历史上看,杀菌剂的开发研究出于两个目的:一个是为了防止物件腐烂的防腐剂,另一个是用于医疗目的的医药用品。

常用的主要杀菌体系有以下几种:A. 酒精系:乙醇、异丙烯;B. 酮、醛系:甲醛、戊二醛;C. 酚系:甲酚、氯己定;D. 氯化物系:次亚氯酸钠、漂白粉;E. 碘系化合物系:复方碘甘油液、聚维酮;F. 四级氨盐:氯化亚苄基毒芹;G. 过氧化物:过氧化氢、过锰酸钠;H. 重金属化合物:硝酸银、红汞;I. 抗生物质:盘尼西林、链霉素、头孢菌素等。

所谓利用杀菌剂杀菌是使菌体内的各种物质(蛋白质、脂质、核酸等)变性,或者与这些物质结合使之失去正常的功能。乙醇、醚等有机溶剂很多有杀菌作用,其杀菌作用是这些溶剂使细胞内外的脂质溶解而不能产生正常的功能。就酸、碱而言,也是由于其使细胞加水分解而显现出杀菌效果。在杀菌剂中,很多是蛋白质变性剂。蛋白质变性剂是利用酵母的阻碍作用而使细菌的代谢停止,最终导致死亡。卤族元素化合物、重金属离子、过氧化氢都具有化学活性,容易与蛋白质化合,产生氧化、还原等化学反应,从而显示杀菌效果。酚、醛、四级铵盐也是蛋白质变性剂。但抗生物质不是蛋白质变性剂,而是酵母阻碍剂。

1.7.3 杀菌原理

①紫外线灭菌的原理:紫外线灭菌是用紫外线管照射进行的。波长在 220~300 nm 紫外线称为"杀生命区",其中以 260 nm 的杀菌力最强紫外线作用于细胞 DNA,使 DNA 链上相邻的嘧啶碱形成嘧啶二聚体(如胸腺嘧啶二聚体),抑制了 DNA 复制,另外,空气在紫外线照射下可以产生臭氧,臭氧也有一定的杀菌作用。紫外线透过物质的能力很差,适用于空气及物体表面的灭菌,与被照物的距离以不超过 1.2 m 为易,照射时间以视紫外线灯管的功率大小、被照空间及面积大小,根据灭菌效果测定结果而定,由于紫外线对人体有伤害作用,因此,不要在紫外线灯照射下进行操作。

②氯化汞灭菌的原理:氯化汞也称升汞,是一种剧毒的重金属盐杀菌剂,其杀菌的原理是 Hg^{2+} 可与带负电荷的蛋白质结合,使细菌蛋白变性,酶失活。氯化汞使用浓度 0.1%~0.2%,浸泡 6~12 min 时,就可以有效地杀死附着在外植体表面的细菌及真菌芽孢,灭菌效果极好。

但用氯化汞灭过菌的外植体材料要用无菌水反复多次洗涤(一般不少于 5 次),才可将残留的药剂除净。使用氯化汞给环境造成污染,一般情况下,应尽量用其他消毒剂灭菌,而以少用或不用氯化汞为易。

③次氯酸钠灭菌的原理:次氯酸钠又称为"Antiformin",活性氧含量是 0.8%,使用时稀释 3~5 倍,浸泡外植体 5~30 min,再用无菌水洗涤 4~5 次,它分解出具有杀菌作用的氯气灭菌后易于除去不留残余,杀菌力强,对植物材料无害,是植物组织培养常使用的杀菌剂之一。

④漂白粉灭菌的原理:漂白粉为白色粉末,一般含 10%~20%(质量/体积)的次氯酸钙 $[Ca(ClO)_2]$。使用时用饱和溶液,杀菌的原理在于它分解出具有杀菌作用的氯气。氯与蛋白质中的氨基结合,使菌体蛋白质氧化,代谢功能发生障碍。注意漂白粉腐蚀金属、棉织品,刺激皮肤,易吸散失有效氯而失效,平时要密封储藏,最好现配现用,不要储藏太久。

⑤酒精灭菌的原理:酒精具有较强的穿透力和杀菌力,它使细菌蛋白质变性。使用的浓度一般为 70%~75%,处理时间 15~30 s,不宜太长,因为细胞容易收缩脱水。它具有浸润和灭菌的双重作用,适用于表面消毒,但不能达到彻底的灭菌,必须结合其他药剂灭菌。为了提高乙醇的杀菌效果,可在乙醇溶液中加入 0.1% 的酸或碱,以改变细胞表面带电荷的性质而增加膜透性,提高乙醇的杀菌效果。

⑥高锰酸钾灭菌的原理:高锰酸钾能使细菌酶蛋白中的基氧化成二硫基而失去酶活性浓度稀释时起氧化作用杀死细菌,日常生活中通常用作皮肤、果蔬的表面消毒剂,在一盆清水中加几粒高锰酸钾就可起到杀菌的作用。

1.8 基本要求

1.8.1 基本要求

重复使用的诊疗器械、器具和物品,使用后应先清洁,再进行消毒或灭菌。

耐热、耐湿的手术器械,应首选压力蒸汽灭菌,不应采取化学消毒剂浸泡灭菌。

环境与物体表面,一般情况下先清洁,再消毒;当受到患者血液、体液等污染时,先去除污染物,再清洁与消毒。医疗机构消毒工作中使用的消毒产品应经卫生行政部门批准或符合相应标准技术规范,并应遵循批准使用的范围、方法和注意事项。

1.8.2 方法的选择

根据物品污染后导致感染的风险高低选择相应的消毒或灭菌方法:

(1)高危险度物品,应采用灭菌的方法处理。

(2)中危险度物品,应采用达到中水平消毒以上效果的消毒方法。

(3)低危险度物品,宜采用低水平消毒方法,或做清洁处理;遇有病原微生物污染时,针对所污染的病原微生物种类选择有效的消毒方法。

根据物品上污染微生物的种类、数量选择消毒或灭菌的方法:

(1) 对受到致病菌芽孢、真菌孢子、分枝杆菌和经学传播病原体污染的物品,应采用高水平消毒或灭菌。

(2)对受到真菌、亲水病毒、螺旋体、支原体、衣原体等病原微生物污染的物品,应采取中水平以上的消毒方法。

(3)对受到一般细菌和亲脂病毒等污染的物品,应采用达到中水平或低水平的消毒方法。

(4)杀灭被有机物保护的微生物时,应加大消毒剂的使用剂量和/或延长消毒时间。

(5)消毒物品上微生物污染特别严重时,应加大消毒剂的使用剂量和/或延长消毒时间。

根据物品耐湿耐热性选择消毒或灭菌的方法:

(1)耐热、耐湿的诊疗器械、器具和物品,应首选压力蒸汽灭菌;耐热的油剂类和干粉类应采用干热灭菌。

(2)不耐热、耐湿的物品,宜采用低温灭菌方法如环氧乙烷灭菌、过氧化氢低温等离子体灭菌或低温甲醛蒸汽灭菌等。

(3)物品表面消毒,宜考虑表面性质,光滑表面宜选择合适的消毒剂擦拭或紫外线消毒器近距离照射;多孔材料表面宜采用浸泡或喷雾消毒法。

1.8.3 灭菌参数

灭菌设备的验证是通过有关参数对灭菌方法进行可靠性验证的。

(1) D 值。

D 值是指在一定温度下,杀灭 90% 微生物(或残存率为 10%)所需的灭菌时间。在一定灭菌条件下,不同微生物具有不同的 D 值;同一微生物在不同灭菌条件下,D 值也不相同。因此 D 值随微生物的种类、环境和灭菌温度变化而异。

(2) Z 值。

Z 值是指灭菌时间减少到原来的 1/10 所需升高的温度或在相同灭菌时间内,杀灭 99% 的微生物所需提高的温度。

(3) F 值。

F 值为在一定温度(T)下,给定 Z 值所产生的灭菌效果与在参比温度(T_0)下给定 Z 值所产生的灭菌效果相同时,所相当的灭菌时间,以 min 为单位。F 值常用于干热灭菌。

(4) F_0 值。

F_0 值为一定灭菌温度(T)下,Z 为 10℃时所产生的灭菌效果与 121℃,Z 值为 10℃所产生的灭菌效果相同时所相当的时间(min)。也就是说,不管温度如何变化,t 分钟内的灭菌效果相当于在 121℃下灭菌 F_0 分钟的效果。F_0 仅应用于湿热灭菌。而是酵母阻碍剂。

1.9 无菌操作要求

食品微生物实验室工作人员,必须有严格的无菌观念,食品微生物检验要求在菌条件下进行。

(1) 接种细菌时必须穿工作服、戴工作帽。

(2) 进行接种食品样品时,必须穿专用的工作服、帽及拖鞋,应放在无菌室缓冲间,工作前经紫外线消毒后使用。

(3) 接种食品样品时,应在进无菌室前用肥皂洗手,然后用 75% 酒精棉球将手擦干净。

(4) 进行接种所用的吸管,平皿及培养基等必须经消毒灭菌,打开包装未使用完的器皿,不能放置后再使用。金属用具应高压灭菌或用 95% 酒精点燃烧灼三次后使用。

(5) 从包装中取出吸管时,吸管尖部不能触及外露部位,使用吸管接种于试管或平皿时,吸管尖不得触及试管或平皿边。

(6) 接种样品、转种细菌必须在酒精灯前操作,接种细菌或样品时,吸管从包装中取出后及打开试管塞都要通过火焰消毒。

(7) 接种环和针在接种细菌前应经火焰烧灼全部金属丝,必要时还要烧到环和针与杆的连接处,接种结核菌和烈性菌的接种环应在沸水中煮沸 5 min,再经火焰烧灼。

(8) 吸管吸取菌液或样品时,应用相应的橡皮头吸取,不得直接用口吸。

1.10 无菌室无菌程度的检测

无菌室的标准要符合良好作业规范（Good Manufacturing Practice，GMP）洁净度的标准要求。无菌室在消毒处理后，无菌试验前及操作过程中需检查空气中菌落数，以此来判断无菌室是否达到规定的洁净度，常有沉降菌和浮游菌测定方法。

1.10.1 沉降菌检测方法

以无菌方式将3个营养琼脂平板带入无菌操作室，在操作区台面左、中、右各放1个；打开平板盖，在空气中暴露30 min后将平板盖好，置(32.5±2.5)℃培养48 h，取出检查。每批培养基应选定3只培养皿做对照培养。

1.10.2 浮游菌检测方法

用专门的采样器，宜采用撞击法机制的采样器，一般采用狭缝式或离心式采样器，并配有流量计和定时器，严格按仪器说明书的要求操作并定时校检，采样器和培养皿进入被测房间前先用消毒房间的消毒剂灭菌，使用的培养基为营养琼脂培养基或药典认可的其他培养基。使用时，先开动真空泵抽气，时间不少于5 min，调节流量、转盘、转速。关闭真空泵，放入培养皿，盖上采样器盖子后调节缝隙高度。置采样口采样点后，依次开启采样器、真空泵，转动定时器，根据采样量设定采样时间。全部采样结束后，将培养皿置(32.5±2.5)℃培养48 h，取出检查。每批培养基应选定3只培养皿做对照培养。

1.10.3 监测无菌室的洁净程度的注意事项

(1)采样装置采样前的准备及采样后的处理，均应在设有高效空气过滤器排风的负压实验室进行操作，该实验室的温度为(22±2)℃；相对湿度应为(50±10)%。

(2)采样器应消毒灭菌，采样器选择应审核其精度和效率，还有合格证书。

(3)浮游菌采样器的采样率宜大于100 L/min；碰撞培养基的空气速度应小于20 m/s。

1.11 消毒灭菌要求

微生物检测用的玻璃器皿、金属用具及培养基、被污染和接种的培养物等，必须经灭菌后方能使用。

1.12 有毒有菌污物处理要求

微生物实验所用实验器材、培养物等未经消毒处理，一律不得带出实验室。

（1）经培养的污染材料及废弃物应放在严密的容器或铁丝筐内，并集中存放在指定地点，待统一进行高压灭菌。

（2）经微生物污染的培养物，必须经 121℃，30 min 高压灭菌。

（3）染菌后的吸管，使用后放入 5%来苏儿或石碳酸液中，最少浸泡 24 h（消毒液体不得低于浸泡的高度）再经 121℃，30 min 高压灭菌。

（4）涂片染色冲洗片的液体，一般可直接冲入下水道，烈性菌的冲洗液必须冲在烧杯中，经高压灭菌后方可倒入下水道，染色的玻片放入 5%煤酚皂溶液中浸泡 24 h 后，煮沸洗涤。做凝集试验用的玻片或平皿，必须高压灭菌后洗涤。

（5）打碎的培养物，立即用 5%煤酚皂溶液或石炭酸液喷洒和浸泡被污染部位，浸泡半小时后再擦拭干净。

（6）污染的工作服或进行烈性实验所穿的工作服、帽、口罩等，应放入专用消毒袋内，经高压灭菌后方能洗涤。

1.13　食品微生物检测技术的发展现状及进展

目前，我国食品卫生微生物学检验机构所采用的常规检测方法主要是传统的培养法，如平皿培养法、发酵法等，然后进行菌落计数、形态结构观察、生化试验、血清学分型、噬菌体分型、毒性试验及血清凝聚等。这些检测程序存在操作烦琐、费时、手操作为主、卫生指导反馈慢等缺点，不能适应食品生产、流通和消费的需求。

为适应社会发展之需求，食品微生物检测必须向自动化检测和快速检测方向发展，要求灵敏、特异性强、重复大、快速、简便和经济等。近年来，随着分子生物学和微电子技术的发展，快速、准确、特异检测微生物的新技术、新方法不断涌现，微生物检测技术由培养水平向分子水平迈进，并向仪器化、自动化、标准化方向发展，从而提高了食品微生物检测工作的效率，以及准确度和可靠性。以下简要介绍几种食品微生物检测新技术设备。

1.13.1　PetrifilmTM 菌落计数自动判读仪

采用 PetrifilmTM 菌落总数测试片代替平板计数琼脂培养基，按操作规程进行接种培养，然后用 PetrifilmTM 菌落计数自动判读仪计数。适用于菌落总数、大肠菌群、金黄色葡萄球菌等计数，方便、快速、准确度高。

1.13.2　API20E 生化鉴定试剂盒

由一组 20 只塑料小管，固定在一卡片纸上。每管含有供不同试验的脱水底物。从营养琼脂平板上挑取可疑菌落，用生理盐水制备成适当的菌悬液，用吸管分注于各管内，滴加无菌石蜡油，然后把卡片垫板放至塑料盘中，于 36℃培养 18～24 h，按照 API20E 操作手册判读结果。适用于沙门氏菌、副溶血性弧菌、小肠结肠炎耶尔森氏菌等肠科细菌的鉴定和非发酵菌的鉴定。

自2010年以来,为适应食品微生物快速检测的需要,国内外生物制剂公司开发了各种满足不同微生物卫生检测需要的生化试剂盒,检测机构可根据需要选用。

1.13.3 VITEK全自动微生物鉴定系统

VITEK全自动微生物分析系统是法国biosMerieumx(生物梅里埃)生产的全自动微生物分析仪的一个系列,包括VITEK-32、VITEK-60、VITEK-120等。试验2~6 h能出报告。判断某种菌的可能性是百分之几。有时也需要进行其他试验来进一步确定,比如血清学反应等。VITEK自动化微生物分析仪由充填机/封口机、读取器/恒温器、电脑主机及打印机组成,充填机/封口机三分钟内把样本注入试验卡中及封口,读取器/恒温箱自动恒定培养温度并同时读取卡内生化反应变化(系统依据不同型号,容纳32~480张卡不等),计算机主机负责分析资料的储存、系统的操作及分析程式的运作。

原理:仪器的原理其实就是细菌鉴定中使用的生化反应。不过仪器把30个对细菌鉴定必需的生化反应培养基固定到卡片上,然后通过培养后仪器对显色反应进行判断,利用数值法进行判定。根据需要鉴定的微生物的种类的不同,设计了不同的鉴定卡片,比如革兰氏阴性菌卡、革兰氏阳性菌卡、酵母菌卡等。

优点:鉴定结果与传统方法的18~24 h相比,平均只需4~6 h。对于快速生长细菌(大肠埃希氏、粪肠球菌、变形杆菌、克雷伯氏菌等)鉴定时间可提前到2 h。全部操作自动化,只需实验人员操作基本步骤,简单而方便。使用灵活,随时放入试卡进行测试,VITEKSR测试容量可扩充由32~480张卡。准确可靠,一般常见的细菌均可准确地鉴定出来,SRF软件可使工业用户扩展鉴定数据库。bioLIAISON软件还可集中管理实验室资料,设计报告形式、产品数据、鉴定结果及处理其他试验结果。此软件可额外配套统计及质控软件。

1.13.4 全自动酶联荧光免疫分析仪弯曲菌的酶联荧光免疫筛选法

在全自动酶联荧光免疫分析仪上进行的双抗体夹心酶联荧光免疫检验方法。固相容器(SPR)用抗弯曲菌抗体包被,各种试剂均封闭在弯曲菌试剂条(VIDAS CAM)内。煮沸过的增菌肉汤加入试条孔,在特定时间内样本在SPR内外反复循环,使得弯曲菌抗原与包被在SPR内部的弯曲菌抗体结合,洗涤未结合的抗体标记物。结合在SPR壁上的碱性磷酸酶将催化底物磷酸4-甲基伞形物转变成具有荧光的4-甲基伞形酮,以450nm波长处检测荧光强度,由仪器分析后得出检测结果。本系统也可检测食品中的单核细胞增生李斯特氏菌、大肠埃希氏菌0157:H7/NM、葡萄球菌肠毒素等。

1.13.5 全自动病原菌检测系统(BAX系统,包含BAX系统Q7)

BAX系统或BAX系统Q7利用多聚酶链反应(PCR)来扩增并检测细菌DNA中特异片

段,从而判断目标菌是否存在。反应所需的引物、DNA 聚合酶和核苷酸等被合并成为一个稳定、干燥的片剂,并装入 PCR 管中,检测系统运用荧光检测来分析 PCR 产物。每个 PCR 试剂片都包含荧光染料,该染料能分析测量数据,从而判定阳性或阴性结果。可检测食品中的单核细胞增生李斯特氏菌、大肠埃希氏菌 O157∶H7/NM、沙门氏菌等。本系统快速、灵敏、准确,在细菌诊断方面有广阔的应用前景。气相色谱仪在微生物检测中,主要用于分类、鉴定和快速诊断。

(1)细菌分类。

Reiner 等用热解气相色谱法对分枝杆菌进行分类,发现分枝杆菌属各菌具有独特的热解物指纹图形,成功地对分枝杆菌作出准确分类。

(2)细菌的鉴定。

①厌氧菌的鉴定:气相色谱法能通过测定厌氧菌的代谢产物,即挥发性脂肪酸与非挥发性脂肪酸的不同对其进行快速鉴定。如类杆菌科中的细胞产生 J 酸而不产生异 J 酸和异戊酸的细菌为梭杆菌属,不产生 J 酸或产生 J 酸的同时又产生异 J 酸和异戊酸的细菌为类杆菌属。本法可用于双歧杆菌的鉴定,如果乙酸(μmol/mL)与乳酸(μmol/mL)比值大于1,可判定为双歧杆菌的有机酸代谢产物。

②霍乱弧菌的鉴定:根据霍乱弧菌的热解色谱图中出现的复合体"7"的差异,可以准确地鉴定古典型(7a<7B)、ElTor 型(7a>7B)、中间型(7a 和 7B 大小相近)、气单胞菌(只有 7B 而无 7a)。

(3)传染病的快速诊断。

各种病原微生物在其生长的环境中,常可形成独特的化合物或代谢产物,气相色谱法可以检出体液、组织或离体培养物中病原微生物与特征代谢活性有关的某些微小的化学变化。因此,气相色谱技术可以对临床标本进行直接检测,从而对传染病作出快速诊断。

1.13.6　快速自动菌数导电测定仪

可直接测读菌体本身在培养液中造成的导电度变化,或利用菌体在代谢过程中的产物所造成的导电度变化,快速测定样品中细菌含量数目。适用于各种食品、制药、石化工厂的微生物品质管理,取代传统方法将检测时间由 3~5 d 减到几个小时,也可用于做样品的抗菌性试验。电子式铝合金温控培养箱,温度稳定,无须担心水浴式罐二度污染。每罐可控制 32 个样品,可扩充至 16 罐,分别处理 16 种不同温度的样品;不受培养基的限制;电阻抗试管可高温灭菌重复使用。电脑化操作,可观察培养曲线,使用方便。

1.14　食品微生物检测前的准备工作

应用食品微生物检测技术确定食品表面及内部是否存在微生物、微生物的数量甚至微生物的类别,是评估相关产品卫生质量的一种科学手段。样品的采集与处理直接影响到检测结果,是食品微生物检测工作非常重要的环节。要确保检测工作的公正、准确,必须掌握适当的技术要求,遵守一定的规则程序。如果样品在采取、运送、保存或制备过程中的任一环节出现操作不当,都会使微生物的检测结果毫无意义。由此可见,对特定批次食品所抽取的样品数量、样品状况、样品代表性及随机性等,对质量控制具有重要意义。

1.14.1 样品采集原则

①根据检测目的、食品特点、批量、检测方法、微生物的危害程度等确定取样方案;②应采用随机原则取样,确保所采集的样品具有代表性;③取样过程遵循无菌操作程序,防止一切可能的外来污染;④样品在保存和运输的过程中,应采取必要的措施防止样品中原有微生物的数量变化,保持样品的原有状态。

1.14.2 取样准备工作

在食品的检测中,样品的采集是极为重要的一个步骤。所采集的样品必须具有代表性,这就要求检测人员不但要掌握正确的采样方法,而且要了解食品加工的批号,原料的来源,加工方法,保藏条件,运输、销售中的各环节,以及生产、销售人员的责任心和卫生知识水平等。样品可分为大样、中样、小样三种。大样指一整批;中样是从样品各部分取的混合样,一般为200 g;小样又称为检样,一般以25 g为准,用于检验。样品的种类不同,采样的数量及采样的方法也不一样。但是,一切样品的采集必须具有代表性,即所取的样品能够代表食物的所有成分。如果采集的样品没有代表性,即使一系列检验工作非常精密、准确,其结果也毫无价值,甚至会出现错误的结论。

取样及样品处理是任何检测工作中最重要的组成部分,以检测结果的准确性来说,实验室收到的样品是否具有代表性及其状态如何是关键问题。如果取样没有代表性或对样品的处理不当,得出的检测结果可能毫无意义。因为需要根据一小份样品的检验结果去说明一大批食品的质量或一起食物中毒的性质,所以设计一种科学的取样方案及采取正确的样品制备方法是必不可少的条件。进行微生物检测的食品样本除具有代表性外,还要达到无菌的要求。对取样工具和一些试剂材料应提前准备、灭菌。

①开启容器的工具,如剪刀、刀子、开罐器、钳子及其他所需工具。这些工具用双层纸包装灭菌(121℃,15 min)后,通常可在干燥洁净的环境中保存两个月。超过两个月后要重新灭菌。

②样品移取工具,如灭菌的铲子、勺子、取样器、镊子、刀子、剪刀、锯子、压舌板、木钻(电钻)、打孔器、金属试管和棉拭子等。

③取样容器,如灭菌的广口或细口瓶、预先灭菌的聚乙烯袋(瓶)、金属试管或其他类似的密封金属容器等。取样时,最好不要使用玻璃容器,因为在运输途中易破碎而造成取样失败。

④温度计,通常使用20~100℃,温度间隔为1℃的即可满足要求。为避免取样时破碎,

最好使用金属或电子温度计。取样前在75%乙醇溶液或次氯酸钠(浓度≥100 mg/L)中浸泡(230s)消毒,然后插入食品中检测温度。

⑤消毒剂,可使用75%乙醇溶液、中等浓度(100 mg/L)的次氯酸钠溶液或其他有类似效果的消毒剂。

⑥标记工具,包括能够记录足够信息的标签纸(不干胶标签纸)、油性或不可擦拭记号笔等。

⑦样品运输工具,如便携式冰箱或保温箱。运输工具的容量应足以放下所取的样品。使用保温箱或替代容器(如泡沫塑料箱)时,应将足够量的预先冷冻的冰袋放在容器的四围,以保证运输过程中容器内的温度。

⑧天平。称质量为2000 g的天平,感量为0.1 g。

⑨搅拌器和混合器。配备带有灭菌缸的搅拌器或混合器,必要时使用。

⑩稀释液,包括灭菌的磷酸盐缓冲液、灭菌的0.1%蛋白胨水、灭菌的生理盐水以及其他适当的稀释液。

⑪防护用品。对于食品微生物的检测样品,取样时防护用品主要是用于对样品的防护,即保护生产环境、原料和成品等不会在取样过程中被污染,同样也保护样品不被污染。主要的防护用品有工作服(联体或分体)、工作帽、口罩、雨鞋、手套等。这些防护用品应事先消毒灭菌(或使用无菌的一次性物品)。应根据不同的样品特征和取样环境对取样物品和试剂进行事先准备和灭菌等工作。实验室的工作人员进入车间取样时,必须更换工作服,以避免将实验室的菌体带入加工环境,造成产品加工过程的污染。

1.14.3　取样计划

取样是指在一定质量或数量的产品中,取一个或多个单元用于检测的过程。要保证样品能够代表整批产品,其检测结果应具有统计学有效性,于是便提出了"取样计划"的概念。通过取样计划能够保证每个样品被抽取的概率相等。

取样计划通常指以数理统计为基础的取样方法,也叫统计抽样。取样计划通常要根据生产者过去的工作情况来选择。反映生产者工作情况的取样水平(即加严、正常或放宽)要体现在计划当中,还应包括被测产品被接受或被拒绝的标准。在执行计划前,必须首先征求统计专家的意见,以保证所取的样品能够满足这个计划的要求。

目前微生物检测工作中使用较多的取样计划包括计数取样计划(二级、三级)、低污染水平的取样计划以及随机取样等。

1.14.4　样品的制备

实验室样品的制备是微生物检验的重要环节,是获得较高准确性和良好检验结果的基础。实验室接到送检样品后,应认真核对登记,确保样品的相关信息完整并符合检验要求,然后应按要求尽快检验。若不能及时检验,应采取必要的措施保持样品的原有状态,防止样品中目标微生物因客观条件的干扰而发生变化。注意:冷冻食品应在45℃以下不超过15 min,或2~5℃不超过18 h解冻后进行检验。

1.14.4.1 不同样品的处理方法

微生物检验中样品制备必须于无菌室内处理。首先要把样品制备成均匀的供试液,然后再取供试液和培养基混匀,进行培养和结果观察。常用样品制备工具包括:均质器及均质杯、拍击器及拍击袋、试管、刻度吸管、微量移液器、玻璃珠、检测天平、水浴锅、玻璃棒、酒精灯、镊子、刀子、电锯、托盘等。

下面具体介绍不同样品的处理方法:

(1)固体样品。

首先用酒精棉球擦拭样品包装,特别是开品位置。然后用灭菌刀、剪、镊子,取不同部位25克,剪碎,放入灭菌均质器内或乳钵内,加定量灭菌生理盐水,研碎混匀,制成1∶10混悬液。

不同固体食品混悬液制法不同:一般食品取25 g,加225 g灭菌生理盐水使其溶解即可;含盐量较高的食品直接溶解在灭菌无菌水中;在室温下较难溶解的食品如奶粉、奶油、奶酪、糖果等样品应先将盐水加热到45℃后放入样品(不能高于45℃),促使其溶解;蛋制品可在稀释液瓶中加入少许玻璃珠,振荡使其溶解;生肉及内脏应先将样品放入沸水内煮3~5 s或灼烧表面进行表面灭菌,再用灭菌剪刀剪掉表层,取深度样品25 g,剪碎或研碎制成混悬液。

常用固体食品混悬液制法有:

①捣碎均质法:一般将≥100 g中样剪碎或搅拌混匀,从中取25 g放入带225 mL稀释液的无菌均质杯中,8000~10000 r/min均质1~2 min即可。

②剪碎振摇法:一般将≥100 g中样剪碎混匀,从中取25 g检样进一步剪碎,放入带225 mL稀释液和直径5 mm左右玻璃珠的稀释瓶中,盖紧瓶盖,用力快速振摇50次,振幅要大于40 cm。

③研磨法:容易溶解和分散到稀释剂的样品。一般将≥100 g中样剪碎混匀,从中取25 g检样放入无菌乳钵中充分研磨后,再放入带225 mL无菌稀释液的稀释瓶中,盖紧盖后充分摇匀。

④整粒振摇法:直接称取25 g整粒样品置于带有225 mL稀释液和直径5 mm左右玻璃珠的稀释瓶中,盖紧瓶盖,用力快速振摇50次,振幅要大于40 cm。

⑤胃蠕动均质法:国外常用,将一定量样品和稀释液于无菌均质袋中,开机均质;一般是通过金属叶板打击均质袋撞碎样品。

(2)液体样品。

①原包装样品将液体混匀后,用点燃的酒精棉球对瓶口进行消毒灭菌,用石碳酸或来苏儿(煤酚皂液)等浸泡过的纱布盖好瓶口,再用消毒开瓶器开启后直接吸取进行检验。

②含CO_2的液体样品(如汽水、啤酒等)可用上述无菌方法开启瓶盖后,将样品倒入无

菌磨口瓶中,盖上一块消毒纱布,开一缝隙轻轻摇动,使气体溢出后再进行检验。

③酸性液体食品:按上述无菌操作倒入无菌容器内,再用20%的 Na_2CO_3 调节 pH 值为中性后检验。

(3)冷冻食品。

①冰棍:用灭菌镊子除去包装纸将三只冰棍放入灭菌磨口瓶中,棍留在瓶外用盖,压紧用力将棍抽出或用灭菌剪刀剪掉棍,放45℃,水浴30 min 融化后立即检验。

②冰激凌:用灭菌勺取出后放入灭菌容器内,待其溶化后检验。

③冰蛋:将装有冰蛋的磨口瓶放入流动的冷水中,溶化后充分混匀检验。

(4)罐头。

对罐头进行密封实验及膨胀实验,观察是否漏气或膨胀情况,若进行微生物检验,先用酒精棉球擦去油污,然后用点燃酒精棉球消毒,用来苏水浸过的纱布改善再用灭菌的开罐器打开罐头,除去表面灭菌,中间样品进行解决。

(5)表面取样实验。

表面样品取样后,放 10 mL 灭菌生理盐水中,在检验前用力振荡约 50 次后再进行接种培养。必要时可用适当的稀释剂进行定量稀释后再接种培养,然后根据稀释的倍数进行结果换算。

1.14.4.2 样品制备稀释液的选择

(1)常用和特殊稀释液。

常用稀释液包括:0.85%生理盐水、缓冲蛋白胨水(BPW)、0.1%蛋白胨水、磷酸盐缓冲溶液、无菌水等。特殊稀释液包括:D/E 中和肉汤、LB 肉汤、M 肉汤等。最合适的稀释液应该通过一系列的试验得到,所选择的稀释液应该具有最高的复苏率。

(2)厌氧微生物的稀释液。

应使用具有抗氧化作用的培养基作为稀释液。制备样品悬液时应尽量避免氧气进入,使用袋式拍击式均质器。同时配备一些特殊的样品防护措施,如厌氧工作站等。

(3)嗜渗菌和嗜盐菌的稀释液。

20%的无菌蔗糖溶液适用于嗜渗菌计数;研究嗜盐菌时,可使用15%无菌的氯化钠溶液作为稀释液。

1.14.4.3 特殊的样品制备方法及注意事项

由于食品种类繁多,在实际微生物检验中尽可能采用统一的样品制备方法。对于许多特殊产品,由于产品本身的物理状态(如干品、黏稠度高的产品等)、样品中抑制剂存在(如大蒜制品、洋葱制品、咸鱼等)或酸性等原因,需要采用特殊的样品制备方法。包括:

(1)调整食品稀释液的 pH 至中性;

(2)对于含高抑制物质(成分)的产品(如大蒜制品、洋葱制品等)或所含微生物受损的产品(如酸性食品、盐渍食品、干制食品等),使用缓冲蛋白胨水或其他稀释剂(如 D/E 中和肉汤、脑心浸液肉汤等);

（3）对于低水分活度的食物,需要采取特殊复水程序;

（4）调整适当温度和静置时间,以利于可可粉、明胶、奶粉等样品的悬浮;

（5）对于来自食物加工或贮存过程中的受损微生物,需要采取特殊复苏程序;

（6）某些产品(如谷物)和(或)目标菌(如酵母菌和霉菌)的特殊均质程序及均质时间;

（7）对于高脂肪食品,使用表面活性剂(如 1 g/L 到 10 g/L 聚山梨醇酯 80),促进悬浮过程中的乳化作用。

第 2 章 显微镜技术

显微镜是最重要的光学精密仪器之一,对经过处理的被检物的精细结构进行观察、记录和研究,被广泛用于各个学科。显微镜在探索微观世界和理论研究中起着极其重要的作用。

2.1 显微镜基本介绍

显微镜是一种借助物理方法产生物体放大影像的仪器,主要由物镜和目镜组成,物镜的作用是得到物体放大实像,目镜的作用是将物镜所成的实像作为物体进一步放大为虚像。显微镜通过聚光镜照亮标本,再通过物镜成像,经过目镜放大,最后通过眼睛的晶状体投影到视网膜,因此人们可以观察到微观世界发生的一切。

16 世纪末,荷兰人列文·虎克制造出人类史上第一台现代显微镜,首次揭开了微生物世界的一角。随着光学的发展,显微镜和显微镜技术得到了极大发展,不同设计原理的显微镜也逐渐问世。1931 年,莱比戴卫设计出第一架干涉显微镜。1932 年,卓尼克发明了相位差显微镜。1952 年,诺马斯基发明了干涉相位差光学系统,设计出诺马斯基显微镜。20 世纪末,人们设计了共聚焦显微镜,并得到了广泛应用。

19~20 世纪,电磁学获得长足发展。1931 年,恩斯特·鲁斯卡据此研制出了电子显微镜,将人们的视角进一步打开,更加精细的结构得以观察,1952 年,查尔斯制造出第一台扫描电子显微镜,1983 年,IBM 设计了扫描隧道显微镜,观察范围延伸到单个原子级别,电镜的发明引发了生物学的另一场革命。

显微镜的类型很多,不仅因为在不同国家/地区制造的产品类型不同,而且在结构和功能方面也是如此。根据照明源的性质,通常可以将其分为"光学显微镜"和"非光学显微镜"。光学显微镜使用人眼可见的可见光或紫外线作为光源,分为单模式显微镜和复合模式显微镜。其中,单显微镜制造简单,放大倍率和性能不高,它由一个或几个透镜组成,如放大镜和平台解剖镜;复合显微镜由多组透镜组成,并且可以基于结构、根据应用的原理和范围分为许多类型,如常规普通复合显微镜、专用或多功能专用显微镜(荧光和倒置显微镜)和大型多功能通用显微镜。非光学显微镜不使用紫外线或人眼可见的可见光作为光源,而是使用电子束作为光源,并使用"电磁透镜"作为透镜,因此也称为电子显微镜。

普通光学显微镜主要由机械装置和光学系统两大部分组成。

2.1.1 显微镜的机械装置

显微镜的机械装置包括镜座、镜臂、镜筒、物镜转换器、载物台、粗准焦螺旋、细准焦螺旋等部件,具体构造及成像原理如图 2-1 所示。

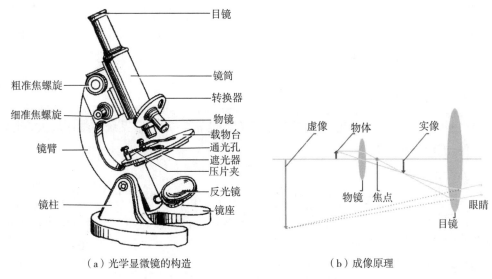

（a）光学显微镜的构造　　　　　（b）成像原理

图 2-1　光学显微镜的构造及其成像原理

（1）镜座和镜臂。

镜座是显微镜的基本支架,起到支撑整个显微镜的作用。镜臂的作用是支撑载物台和镜筒,也是移动显微镜时手握的部位。

（2）镜筒。

镜筒是连接目镜和物镜的金属筒。镜筒上端插入目镜,下端与物镜转换器相接。

从物镜的后缘到镜筒尾端的距离称为机械筒长。物镜的放大率与镜筒的长度有关。随着镜筒长度变化,不仅放大倍率随之变化,而且成像质量也受到影响。因此,使用显微镜时,不能任意改变镜筒长度。国际上将显微镜的标准筒长定为 160 mm,此数字标在物镜的外壳上。

（3）转换器。

转换器上可安装 3~6 个不同放大倍数的物镜,转动转换器选择合适的物镜,与镜筒上面的目镜构成一个放大系统。

（4）载物台。

装于镜筒下部,有方、圆两种形状,用以放置玻片标本,中央有一通光孔,以连通光路;右侧装有玻片标本推进器,上有压片夹,用以夹持玻片标本;下方有推进器调节杆,旋转调节杆可实现玻片标本做前后、左右方向的移动。

（5）粗准焦螺旋。

粗动螺旋是移动镜筒调节物镜和标本间距离的机件,老式显微镜粗准焦螺旋向前扭,镜头下降接近标本。新近出产的显微镜（如 Nikon 显微镜）镜检时,右手向前扭载物台上升,让标本接近物镜,反之则下降,标本远离物镜。

（6）细准焦螺旋。

用粗准焦螺旋只可以粗略地调节焦距，要得到最清晰的物像，需要用细准焦螺旋做进一步调节。细准焦螺旋每转一圈镜筒移动 0.1 mm（100 μm）。新近出产较高档次的显微镜的粗准焦螺旋和细准焦螺旋是共轴的。

2.1.2 显微镜的光学系统

显微镜的光学系统由反光镜、聚光器、物镜、目镜等组成，光学系统使物体放大，形成物体放大像，成像原理见图 2-1（b）。

（1）反光镜。

反光镜装在镜座上面，用于将光源光线反射到聚光器，再经通光孔照明标本。反光镜分平、凹两面，平面镜聚光作用弱，适于光线较强时使用；凹面镜聚光作用强，适于光线较弱的时候使用，可向任意方向转动。

（2）聚光器。

聚光器在载物台下面，它由聚光透镜、虹彩光圈和升降螺旋组成。聚光器可分为明视场聚光器和暗视场聚光器。普通光学显微镜配置的都是明视场聚光器，包括阿贝聚光器、齐明聚光器和摇出聚光器。阿贝聚光器在物镜数值孔径高于 0.6 时会显示出色差和球差。齐明聚光器对色差、球差和慧差的校正程度很高，是明视场镜检中质量最好的聚光器，但它不适于 4 倍（4×）以下的物镜。摇出聚光器能将聚光器上的透镜从光路中摇出，满足低倍物镜（4×）大视场照明的需要。

聚光器安装在载物台下，其作用是将光源经反光镜反射来的光线聚焦于样品上，以使样品得到最强的照明，使物像获得明亮清晰的效果。聚光器的高低可以调节，使焦点落在被检物体上，以得到最大亮度。一般聚光器的焦点在其上方 1.25 mm 处，而其上升限度为载物台平面下方 0.1 mm。因此，要求使用的载玻片厚度应在 0.8~1.2 mm 之间，否则被检样品不在焦点上，影响镜检效果。聚光器前透镜组前面还装有虹彩光圈，它可以开大和缩小，影响着成像的分辨率和反差，若将虹彩光圈开放过大，超过物镜的数值孔径时，便产生光斑；若收缩虹彩光圈过小，分辨率下降，反差增大。因此，在观察时，通过虹彩光圈的调节可把视场光阑（带有视场光阑的显微镜）开启到视场周缘的外切处，使不在视场内的物体得不到任何光线的照明，以避免散射光的干扰。

（3）物镜。

物镜是靠近观察物体、焦距较短、成实像的透镜，通常有 4×、10×、20×、40×、60×、100×6 个规格，装在镜筒下端的转换器上。物镜的性能取决于物镜的数值孔径（numerical apeature，简写为 NA），每个物镜的数值孔径都标在物镜的外壳上，数值孔径越大，物镜的性能越好。

物镜的种类很多，可从不同角度来分类。根据物镜前透镜与被检物体之间的介质不同，可分为：

①干燥系物镜：以空气为介质，如常用的40×以下的物镜，数值孔径均小于1。

②油浸系物镜：常以香柏油为介质，此物镜又叫油镜头，其放大率为90×～100×，数值孔值大于1。

根据物镜放大率的高低，可分为：

①低倍物镜：指1~6×，NA值为0.04~0.15；

②中倍物镜：指6~25×，NA值为0.15~0.40；

③高倍物镜：指25~63×，NA值为0.35~0.95；

④油浸物镜：指90~100×，NA值为1.25~1.40。

根据物镜像差校正的程度可分为：

①消色差物镜：是最常用的物镜，外壳上标有"Ach"字样，该物镜可以除红光和青光形成的色差。镜检时通常与惠更斯目镜配合使用。

②复消色差物镜：物镜外壳上标有"Apo"字样，除能校正红、蓝、绿三色光的色差外，还能校正黄色光造成的相差，通常与补偿目镜配合使用。

③特种物镜：在上述物镜基础上，为达到某些特定观察效果而制造的物镜，如带校正环物镜、带视场光阑物镜、相差物镜、荧光物镜、无应变物镜、无罩物镜、长工作距离物镜等。目前在研究中常用的物镜还有半复消色差物镜（FL）、平场物镜（Plan）、平场复消色差物镜（Plan Apo）、超平场物镜（Splan）、超平场复消色差物镜（Splan Apo）等。

④目镜：目镜的作用是把物镜放大了的实像再放大一次，并把物像映入观察者的眼中。目镜的结构较物镜简单，普通光学显微镜的目镜通常由两块透镜组成，上端的一块透镜称"目镜"，下端的透镜称"场镜"。上下透镜之间或在两个透镜的下方，装有由金属制成的环状光阑或叫"视场光阑"，物镜放大后的中间像就落在视场光阑平面处，所以其上可安置目镜测微尺。

普通光学显微镜常用的目镜为惠更斯目镜（Huygens eyepiece），如要进行研究用时，一般选用性能更好的目镜，如补偿目镜（K）、平场目镜（P）、广视场目镜（WF）。照相时选用照相目镜（NFK）。

2.1.3　显微镜的性能

显微镜分辨能力的高低决定于光学系统的各种条件。放大被观察物体的倍率必须高，而且清晰，物体放大后，能否呈现清晰的细微结构，首先取决于物镜的性能，其次为目镜和聚光镜的性能。

（1）数值孔径。

数值孔径也叫作镜口率或开口率，简写为NA，在物镜和聚光器上都标有它们的数值孔径，数值孔径是物镜和聚光器的主要参数，也是判断它们性能的最重要指标。数值孔径和显微镜的各种性能有密切的关系，它与显微镜的分辨率成正比，与焦深成反比，与镜像亮度的平方根成正比。数值孔径可用下式表示：

$$NA = n \cdot \sin\theta$$

式中:n——物镜与标本之间的介质折射率;

　　θ——α/2,α 为物镜的镜口角。

所谓镜口角是指从物镜光轴上的物点发出的光线与物镜前透镜有效直径的边缘所开形成的角度。镜口角 α 总是小于180°。因为空气的折射率为1,所以干燥物镜的数值孔径总是小于1,一般为0.05~0.95;油浸物镜如用香柏油(折射率为1.515)浸没,则数值孔径最大可接近1.5。虽然理论上数值孔径的极限等于所用浸没介质的折射率,但实际上从透镜的制造技术看,是不可能达到这一极限的。通常在实用范围内,高级油浸物镜的最大数值孔径是1.4。(几种介质的折射率:空气为1.0,水为1.33,玻璃为1.5,甘油为1.47,香柏油为1.52。)

(2)分辨率。

分辨率 D 可用下式表示:

$$D = \lambda / (2NA)$$

式中:D——分辨率,μm;

　　λ——光波波长,μm;

　　NA——物镜的数值孔径。

可见光的波长 λ 为 0.4~0.7 μm,平均波长为 0.55 μm。若用数值孔径为 0.65 的物镜,则 D = 0.55 μm/(2×0.65) = 0.42 μm。这表示被检物体长度在 0.42 μm 以上时可被观察到,若小于 0.42 μm 就不能看见。如果使用数值孔径为 1.25 的物镜,则 D = 2.20 μm。凡被检物体长度大于这个数值,均能看见。由此可见,D 值越小,分辨率越高,物像越清楚。根据上式,可通过①减低波长;②增大折射率;③加大镜口角来提高分辨率。紫外线作光源的显微镜和电子显微镜就是利用短光波来提高分辨率以检视较小的物体的。物镜分辨率的高低与造像是否清楚有密切的关系。而目镜没有这种性能,目镜只放大物镜所造的像。

(3)放大率。

显微镜放大物体,首先经过物镜第一次放大造像,目镜在明视距离形成第二次放大像,放大率就是最后的像和原物体两者体积大小之比例。因此,显微镜的放大率(V)等于物镜放大率(V_1)和目镜放大率(V_2)的乘积,即:

$$V = V_1 \times V_2$$

(4)焦深。

在显微镜下观察一个标本时,焦点对在某一像面时,物像最清晰,这个像面称为目的面。在视野内除目的面外,还能在目的面上面和下面看见模糊的物像,这两个面之间的距离称为焦深。物镜的焦深与数值孔径及放大率成反比,即数值孔径和放大率越大,焦深越小。因此调节油镜比调节低倍镜要更加仔细,否则容易使物像滑过而找不到。

(5)镜像亮度。

镜像亮度是显微镜的图像亮度的简称,是指显微镜中所看到的亮暗程度。镜像亮度与总放大率的平方成反比,与物镜数值孔径的平方成正比。高倍率工作条件下的暗场、偏光、摄影显微镜等都需要足够的亮度。

(6)工作距离。

工作距离是指从物镜前表面中心到被观察标本间满足工作要求的距离范围,与物镜的数值孔径成反比。一般来说,物镜的数值孔径越大,其工作距离越小。

2.1.4　光学显微镜的成像原理

显微镜的放大功能是通过透镜来完成的,单透镜成像差,影响像质。由单透镜组合而成的透镜组相当于一个凸透镜,放大作用更好。图 2-1(b)是显微镜的成像原理模式。在显微镜的光学系统中,物镜的性能最为关键,它直接影响着显微镜的分辨率。在普通光学显微镜通常配置的几种物镜中,油镜的放大倍数最大,对微生物学研究最为重要。与其他物镜相比,油镜的使用比较特殊,需在载玻片与镜头之间滴加镜油,这主要有以下两方面的原因:

(1)增加照明亮度。

油镜的放大倍数可达 100×,焦距很短,直径很小,但所需要的光照强度却最大。从承载标本的玻片透过来的光线,因介质密度不同(从玻片进入空气,再进入镜头),有些光线会因折射或全反射不能进入镜头,致使在使用油镜时会因射入的光线较少,物像显现不清。所以为了防止通过的光线损失,在使用油镜时须在油镜与玻片之间加入与玻片的折射率($n = 1.55$)相仿的镜油(通常用香柏油,其折射率 $n = 1.52$)。

(2)增加显微镜的分辨率。

显微镜的分辨力或分辨率 D(resolution or resolving power)是指显微镜能辨别两点之间最小距离的能力。从物理学角度看,光学显微镜的分辨率受光的干涉现象及所用物镜性能的限制。

光学显微镜的光源不可能超出可见光的波长范围($0.4 \sim 0.7\ \mu m$),而数值孔径值则取决于物镜的镜口角和玻片与镜头间介质的折射率,可表示为:

$$NA = n \times \sin\alpha$$

式中,α 为光线最大入射角的半数,总是小于 180°,它取决于物镜的直径和焦距,一般来说在实际应用中最大只能达到 120°,而 n 为介质折射率。由于香柏油的折射率(1.52)比空气及水的折射率(分别为 1.0 和 1.33)要高,因此以香柏油作为镜头与玻片之间介质的油镜所能达到的数值孔径(NA 一般在 $1.2 \sim 1.4$)要高于低倍镜、高倍镜等干燥系物镜(NA 都低于 1.0)。若以可见光的平均波长为 $0.55\ \mu m$ 来计算,数值孔径通常在 0.65 左右的高倍镜只能分辨出大小不小于 $0.4\ \mu m$ 的物体,而油镜的分辨率却可达到 $0.2\ \mu m$ 左右。

2.1.5　显微镜的使用

显微镜是精密贵重的仪器,使用时应严格遵守操作规程。

（1）低倍镜的使用。

①取镜和放置：显微镜平时存放在柜或箱中，用时从柜中取出，右手紧握镜臂，左手托住镜座，将显微镜放在自己左肩前方的实验台上，镜座后端距桌边 1~2 cm 为宜，便于坐着操作。

②对光：用拇指和中指移动转换器（切忌手持物镜移动），使低倍镜对准镜台的通光孔（当转动听到碰叩声时，说明物镜光轴已对准镜筒中心）。打开光圈，上升聚光器，并将反光镜转向光源，以左眼在目镜上观察（右眼睁开），同时调节反光镜方向，直到视野内的光线均匀明亮为止。

③放置玻片标本：取一玻片标本放在物镜台上，使有盖玻片的一面朝上，切不可放反，用推片器弹簧夹夹住，然后旋转推片器螺旋，将所要观察的部位调到通光孔的正中间。

④调节焦距：以左手按逆时针方向转动粗准焦螺旋，使镜台缓慢地上升至物镜距标本片约 5 mm 处，应注意在上升镜台时，切勿在目镜上观察。一定要从右侧看着镜台上升，以免上升过多，造成镜头或标本片的损坏。然后，两眼同时睁开，用左眼在目镜上观察，左手顺时针方向缓慢转动粗准焦螺旋，使镜台缓慢下降，直到视野中出现清晰的物像为止。

如果物像不在视野中心，可调节推片器将其调到中心（注意移动玻片的方向与视野物像移动的方向是相反的）。如果视野内的亮度不合适，可通过升降聚光器的位置或打开闭光圈的大小来调节，如果在调节焦距时，镜台下降已超过工作距离（>5.40 mm）而未见到物像，说明此次操作失败，则应重新操作，切不可心急而盲目地上升镜台。

（2）高倍镜的使用。

①选好目标：先在低倍镜下把需进一步观察的部位调到中心，同时把物像调节到最清晰的程度，才能进行高倍镜的观察。

②转动转换器：调换上高倍镜头，转换高倍镜时转动速度要慢，并从侧面进行观察（防止高倍镜头碰撞玻片），如高倍镜头碰到玻片，说明低倍镜的焦距没有调好，应重新操作。

③调节焦距：转换好高倍镜后，用左眼在目镜上观察，此时一般能见到一个不清晰的物像，可将细准焦螺旋的螺旋逆时针移动 0.5~1 圈，即可获得清晰的物像（切勿用粗准焦螺旋）。

如果视野的亮度不合适，可用调节聚光器和光圈，需要更换玻片标本时，必须顺时针（切勿转错方向）转动粗准焦螺旋使镜台下降，方可取下玻片标本。

（3）油镜的使用。

用低倍镜看清图像后，将所要观察的结构移至视野中央，在标本所要观察的部位滴一滴镜油（香柏油），旋转物镜转换器，将油镜头对准镜孔，使油镜头下端与镜油接触，即镜头浸没在镜油中，然后，轻轻转动细准焦螺旋，即可看清物像。使用油镜时，应把聚光镜的光圈充分开大。用完油镜后，必须用擦镜纸蘸取清洗剂，将镜头和玻片擦净。

（4）注意事项。

①持镜时必须是右手握臂、左手托座的姿势，不可单手提取，以免零件脱落或碰撞到其

他地方。

②轻拿轻放,不可把显微镜放置在实验台的边缘,以免碰翻落地。

③保持显微镜的清洁,光学和照明部分只能用擦镜纸擦拭,切忌口吹、手抹或用布擦,机械部分可用布擦拭。

④水滴、酒精或其他药品切勿接触镜头和镜台,如果沾污应立即擦净。

⑤放置玻片标本时要对准通光孔中央,且不能反放玻片,防止压坏玻片或碰坏物镜。

⑥要养成两眼同时睁开观测目标的习惯,以左眼观察视野,右眼用以绘图。

⑦不要随意取下目镜,以防止尘土落入物镜,也不要任意拆卸各种零件,以防损坏。

⑧使用完毕后,必须复原才能放回镜箱内,其步骤是:取下标本片,转动旋转器使镜头离开通光孔,下降镜台,平放反光镜,下降聚光器(但不要接触反光镜),关闭光圈,推片器回位,盖上绸布和外罩,放回收纳柜内,最后填写使用登记表。(注:反光镜通常应垂直放,但有时因聚光器没有提至应有高度,镜台下降时会碰坏光圈,所以这里改为平放。)

(5)显微镜的维护。

①搬动显微镜时,应该用右手握镜臂,左手托镜座,平贴胸前,以防撞碰。切勿用一只手斜提,前后摇摆。

②每次使用显微镜前,要检查显微镜的主要部件有无缺损,发现问题,及时报告。使用时,要严格按操作程序,正确地缓慢移动有关机械部分。

③禁止拆卸显微镜的各个部件,更不允许与其他显微镜对换,以免安装不当影响观察效果。

④如镜头表面有灰尘,应该用擦镜纸擦拭,不允许用口吹、手指抹或用其他纸、布擦。

⑤显微镜用完后,将4倍(4×)镜头对准镜台孔,升高镜台,降下聚光器,打开光圈,盖好防尘罩,放回原处。

2.2　普通光学显微镜

2.2.1　检验目的

(1)了解普通光学显微镜的结构、基本原理、维护和保养的方法。

(2)掌握普通光学显微镜低倍镜、高倍镜和油镜的正确使用方法。

2.2.2　基本原理

普通光学显微镜的基本工作原理是通过使用物镜和目镜的多组凸透镜逐渐放大物体并将其反射到视网膜上的过程。显微镜的性能和质量可以通过诸如分辨率、数值孔径、放大倍数、聚焦深度和视野之类的指标来反映。

2.2.3　材料与仪器

金黄色葡萄球菌和枯草芽孢杆菌染色载玻片标本、啤酒酵母水浸载玻片、普通光学显微镜、香柏油、二甲苯、镜头清洁纸。

2.2.4　检验过程

（1）显微镜的观察。

①显微镜的放置：将显微镜放置在平坦的实验台上,透镜架距实验台边缘3.4 cm。

②调节光源：安装在镜头座上的光源灯可以调节,以获得适当的照明亮度。使用反射镜收集自然光或光线作为光源时,应根据光源的强度和所使用物镜的放大率选择凹面,或调整平面反射镜的角度,使视场内光线均匀,亮度适宜。

③将所要观察的载玻片标本放在载物台上,使被观察的部分位于通光孔正中央。先用低倍镜观察（物镜10×,目镜10×）。观察之前,先转动粗准焦螺旋,使载物台上升,使物镜逐渐接近切片,再用细准焦螺旋调节镜筒至图像出现。将载玻片标本通过标本夹推动缓慢移动,仔细观察标本的各个部位,找到合适的目标,仔细观察。

④用低倍镜找到合适的观测目标并将其移动到视野的中心,然后转动镜头转换器将高倍镜移动到工作位置,适当使用细调节器进行调节并调整光线强弱使视物图像清晰,将标本仔细观察和记录。

⑤油镜观察：用低倍或高倍镜头找到待观察样品区域后,用粗调器将镜头筒抬高约2 cm,在待观察区域加入1~2滴香柏油。把油镜头调到工作位置,从侧面看,仔细地降低透镜镜筒粗准焦螺旋,这样油镜头几乎连接到标本,提高聚光器的最高位置,打开完整的孔径,用粗准焦螺旋慢慢提高透镜镜筒,直到对象出现在视野。

⑥显微镜后处理：抬起镜头筒,取下载玻片。

（2）用擦镜纸擦去镜头上的香柏油,再用擦镜纸蘸少许二甲苯擦去镜头上残留的油渍,然后用干净的擦镜纸擦去残留的二甲苯。

（3）用擦镜纸清洁其他物镜和目镜,用丝布清洁显微镜的金属部件。

（4）还原各部分,将反射镜垂直于透镜座,将物镜变成"八形"然后向下旋转,同时降低聚光镜,避免物镜与聚光镜碰撞的危险。

2.2.5　结果与报告

结果：分别绘出在不同物镜下观察到的不同菌种的形态,同时注明放大倍数。

2.2.6　思考讨论

（1）油镜与普通物镜在使用方法上有何不同,应特别注意些什么？

（2）显微镜中调节光线强弱的装置有哪些？

2.3　暗视野显微镜

2.3.1　检验目的

(1)了解暗视野显微镜的构造和原理,掌握其使用方法。

(2)学习在暗视野显微镜下观察细菌的运动。

2.3.2　基本原理

暗视野显微镜可以观察到普通光学显微镜下看不到的颗粒,所以也称超显微镜、暗场显微镜或限制显微镜。暗视野显微镜可用于研究活细胞,如观察培养基中的细菌、酵母和霉菌,观察血清中白细胞和分子的布朗运动以及血细胞状态;观察活细胞的结构和线粒体的运动、胶体颗粒等。此外,如果将其与微灰化方法结合使用,则可用于研究无机盐在细胞中的分布。暗视野显微镜中使用了特殊的暗场聚光镜,它的中心有一个挡光板,因此光只能从外围进入并会聚在要检查的物体表面上。光被微小的粒子散射并进入物镜,我们在黑暗背景中看到的只是对象接收光的那一面,即明亮边缘的轮廓。暗视野显微镜适用于观察具有强折射率的物体,这些物体由于对比度太小而难以在明视场中观察到,并且有些小颗粒小于光学显微镜的分辨率极限。在微生物学研究工作中,通常使用暗视野显微镜观察活细菌或鞭毛的运动。

要使暗视野显微技术获得良好的效果,应注意以下几点:

(1)没有直射光可以进入物镜。使用油镜时,由于油镜的张开角度较大,为避免直射光进入,应使用带孔的油镜。

(2)使用强光源,通常是强光源显微镜灯。

(3)要求倾斜光的焦点恰好落在要检查的物体上,这需要对暗视场聚光镜进行中心调节和焦点调节。要求所使用的载玻片不能太厚,通常为 1.0~1.2 mm,盖玻片的厚度不应超过 0.17 mm。

(4)载玻片和盖玻片应非常干净,没有油污和划痕,以免反射光;使用高倍率物镜时,请在聚光镜和载玻片之间添加镜油。

2.3.3　实验材料

(1)微生物材料。

枯草芽孢杆菌或大肠杆菌,经多次转接传代的 16~18 h 的培养物。

(2)仪器及其他物品。

暗视野显微镜,载玻片,盖玻片,镜油,擦镜纸等。

2.3.4　检验过程

(1)将暗视野聚光镜安装在平台下方的聚光镜支架上,并选择强光源进行照明。

(2)在聚光器和载玻片之间加入一滴香柏油。否则,照明光将在聚光镜上全反射,从而不会到达要检查的物体,也不会获得暗场照明。

(3)聚光镜的焦点应对准物体。首先,聚光镜的光轴必须与显微镜的光轴严格对齐。如果聚光镜有中心调节,则可以使用;如果没有这样的设备,请调整物镜。调整物镜的位置仅限于水平插入型或夹型物镜转换装置。将聚光镜调整到中心后,提起聚光镜并聚焦在物体上,即用锥形光束的顶点照亮物体。

调整焦点,操作方法与明场观察相同,但要注意适合所选聚光镜类型的载玻片浓度,并要注意保持载玻片和盖玻片清洁无损,以防随机反射。

必须根据聚光镜的类型选择具有合适的透镜孔径比的物镜,并且在物镜和盖玻片之间不能加油,否则会成为明场而无法达到暗色的目的。

2.3.5　结果与报告

撰写实验报告,描述枯草芽孢杆菌或大肠杆菌的运动情况。

2.3.6　思考讨论

(1)使用暗视野显微镜,应注意哪些事项?

(2)你如何区分菌体是在进行布朗运动,或随水流动,或是菌体在进行自主运动?

2.4　相差显微镜

2.4.1　检验目的

(1)了解相差显微镜的构造和原理。

(2)掌握相差显微镜的使用方法。

2.4.2　基本原理

相差显微镜是一种特殊的显微镜,可将光通过透明标本的细节时产生的光程差(相位差)转换为光强差。当光线穿过相对透明的样本时,光线的波长(颜色)和幅度(亮度)没有明显变化。因此,当使用普通光学显微镜观察未染色的标本(如活细胞)时,通常很难区分其形态和内部结构,由于单元的每个部分的折射率和厚度的差异,当光穿过样品时,直射光和衍射光的光路将不同。随着光学长度的增加或减少,加速或落后的光波的相位将发生变化(产生相位差)。人眼无法感知光的相位差,但是相差显微镜可以使用其专用的器件——环光圈和相位板来利用光的干涉现象将光的相位差转换为振幅差(明暗差异),使原始的透明物体在明暗之间表现出明显的差异,并且对比度得到增强,以便我们可以更清晰地观察到在普通光学显微镜和暗视野显微镜下不可见的活细胞和细胞内物体的微妙结构。

检验原理:用普通光学显微镜观察无色透明的活细胞时,光线穿过活细胞,光的波长(颜色)和幅度(亮度)没有明显变化,整个视场的亮度是均匀的。细胞内各种结构的厚度和折射率不同,直射光和衍射光通过时会产生相位差,而人眼无法观察到相位差,因此我们很难分辨活细胞内的细微结构,相差显微镜可以克服这一缺点。相差显微镜采用环形膜片和相板,使通过相差不大的活细胞的光形成直射光和衍射光。直射光波相对超前或延迟 1/2(即 1/4 波长),发生干涉。光波通过活细胞时,从相位差变为振幅(亮度)差。这样,活细胞的不同结构就会表现出明暗的差别,不染色就能清晰地观察到普通光学显微镜下很难看到的活细胞的精细结构。

相差显微镜能观察到透明样品的细节,适用于对活体细胞生活状态下的生长、运动、增殖情况及细微结构的观察。因此,相差显微镜是微生物学、细胞生物学、细胞和组织培养、细胞工程、杂交瘤技术等现代生物学研究的必备工具。

2.4.3　实验材料

(1)微生物材料。

酿酒酵母的斜面或者液体培养物。

(2)仪器及其他物品。

相差显微镜、载玻片、盖玻片、镜油、擦镜纸等。

2.4.4　检验过程

(1)根据观察标本的性质和要求,选择合适的物镜。

(2)将标本载玻片置于载物台上。

(3)调整光轴中心。

(4)取下目镜的一侧,更换为准直望远镜,调整环形膜片,与相位板上的共轭环完全重合,然后取下准直望远镜,更换为目镜。在使用中,如果需要改变物镜的放大率,则必须重新调整环形膜片,使之与相板共轭环相吻合。

(5)戴上绿色滤片进行显微检查,显微检查操作与普通光学显微镜相同。

2.4.5　结果与报告

撰写实验报告,绘制酿酒细胞结构图。

2.4.6 思考讨论

使用相差显微镜,应注意哪些事项?它适用于观察何种标本?

2.5 荧光显微镜

2.5.1 检验目的

(1)熟悉荧光显微镜的构造、原理和使用。
(2)掌握用荧光显微镜观察细菌形态的基本方法。

2.5.2 基本原理

荧光显微镜(fluorescence microscope)是利用一个高发光效率的点光源,经过滤色系统发射一定波长的光(如紫外光 365 nm 或蓝紫光 420 nm)作为激发光,激发检测标本内的荧光物质发射出各种不同颜色的荧光后,通过物镜和目镜系统的放大,以观察标本荧光图像的光学显微镜。

荧光显微镜的基本结构:荧光显微镜是由荧光光源、荧光镜组件、滤板系统和光学系统等主要部件组成。其基本结构见图 2-2。

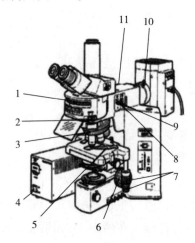

图 2-2 荧光显微镜的基本结构图

1—荧光滤块转盘;2—荧光光路开关;3—物镜转换器;4—汞灯开关;5—样品夹;

6—粗调/微调旋钮;7—X 轴、Y 轴旋钮;8—孔径光圈开关拉杆;

9—视场光阑开关拉杆;10—集光透镜聚焦纽;11—ND 滤光片

(1)荧光光源。

现在多采用 200W 的超高压灯作荧光光源,它由石英玻璃制作而成,中间呈球形,内充一定数量的汞,工作时由两个电极间放电,引起水银蒸发,使球内气压迅速升高。超高压汞灯的发光是电极间放电,使水银分子不断解离和还原过程中发射光量子的结果,能发射很强的紫外光和蓝紫光,足以激发各类荧光物质。

(2)滤色系统。

滤色系统是荧光显微镜的重要部位,主要由激发滤光片和阻断滤光片组成。激发滤光片位于光源和标本之间,仅允许能激发标本产生荧光的光通过,激发滤光片有 4 组:紫外光(U)、紫光(V)、蓝光(B)、绿光(G)。阻断滤光片位于标本与目镜之间,可吸收和阻挡激发光进入目镜并把剩余的紫外线吸收掉,以免干扰荧光和损伤眼睛,还可选择让特异的荧光透过,如只让激发出的荧光通过,这样有利于增强反差。激发滤光片和阻断滤光片必须选择配合使用。

(3)反射荧光装置。

通过反射荧光装置将激发光经过物镜向下落射到标本表面。其反光镜的反光层一般是镀铝的,因为铝对紫外光和可见光的蓝紫区吸收少,反射达 90% 以上,而银的反射只有70%,一般使用平面反光镜。

(4)聚光镜。

专为荧光显微镜设计制作的聚光镜,由石英玻璃或其他透紫外光的玻璃制成,根据成像光路的特点,可分为透射荧光显微镜和落射荧光显微镜。透射荧光显微镜激发光源是通过聚光镜穿过标本材料激发荧光。落射荧光显微镜是激发光从物镜向下落射到标本表面,物镜起着照明聚光镜和收集荧光的作用。光路中双色束分离器与光轴呈 45°,把激发光反射到物镜中,并聚集在样品上,样品所产生的荧光以及由物镜表面、盖玻片表面反射的激发光同时进入物镜,再返回到双色束分离器,使激发光和荧光分开,残余激发光被阻断滤片吸收。选择不同的激发滤光片、双色束分离器和阻断滤光片的组合插块,可满足不同荧光反应产物的需要。落射荧光显微镜的优点是视野照明均匀,成像清晰,放大倍数越大,荧光越强。

荧光显微镜常用染料:在制备荧光显微镜样品时,常用的荧光染料有金胺、中性红、品红(又称复红)、硫代黄素、樱草素、PI(碘化丙啶)等。有些荧光染料对特定的微生物具有选择性,如金胺可用来检查抗酸细菌;有些荧光染料对细胞的不同结构具有亲和力,如硫代黄素可将细菌的细胞质部分染成黄绿色,将液泡染成黄色,将异染颗粒染成暗红色;PI 是一种可对 DNA 染色的细胞核染色试剂,PI 经常被用来与 Cyto9、Calcein-AM 等荧光染料一起使用,能同时对死细胞和活细胞进行染色。

结核分枝杆菌用革兰氏染色不易着色,用齐—昌(Ziehl-Neelsen)二氏抗酸染色法加以鉴别,结核杆菌呈红色,而非抗酸性细菌呈蓝色。原理:结核分枝杆菌的细胞壁含有大量脂质(主要是分枝菌酸),它包围在肽聚糖外面,使革兰氏染色不易着色,用美蓝染料难着色,经加热才能着色,分枝菌酸与染料结合后,就很难被酸性脱色剂脱色,故名抗酸染色。

2.5.3　实验材料与仪器

（1）菌种。

结核分枝杆菌(*Mycobacterium tuberculosis*)琼脂斜面培养物。

（2）试剂与染色液。

齐氏(Ziehl)石碳酸复红染色液、3%盐酸乙醇脱色液、吕氏碱性美蓝(亚甲基蓝)染色液、无菌水等。

（3）仪器与其他用具。

荧光正置显微镜、擦镜纸、吸水滤纸、载玻片、盖玻片等。

2.5.4　实验流程

涂片→干燥→固定→石碳酸复红初染(微火加热至冒出蒸汽,染色3~5 min)→水洗→3%盐酸乙醇脱色(2 min)→水洗→吕氏美蓝复染(0.5~1 min)→水洗→滤纸吸干→镜检

2.5.5　检验过程

（1）细菌荧光染色样品制备。

①固定:取载玻片,滴一滴无菌水至载玻片上,然后用接种环挑取少量菌苔于水滴中,混匀并涂成薄膜,待涂片自然干燥后通过酒精灯外焰3~4次,略微加热固定菌体。

②初染:在已固定的涂片上滴加石炭酸复红染液,远火徐徐加热至冒出蒸汽,但勿沸腾,并随时添加染色液,染色3~5 min,冷却后水洗。

③脱色:滴加3%盐酸乙醇脱色至无红色流下为止,一般为2 min左右。

④复染:水洗后用吕氏美蓝染液复染0.5~1 min,水洗,滤纸吸干后镜检。

染色注意事项:

①切勿大火加热,防止染液沸腾。

②每张玻片只允许放一份标本,以免阴阳结果混淆。

③用过的载玻片要彻底洗净,防止抗酸菌残留在玻片上。

④切勿使用染色缸,吸干用的滤纸只能一片一张,不得重复使用。

⑤脱色时间宁长勿短,以免误判。

⑥为防止实验室感染,标本要高压灭菌后再制片。

⑦载玻片、盖玻片及镜油应不含自发荧光杂质,载玻片的厚度应为0.8~1.2 mm,太厚可吸收较多的光,并且不能使激发光在标本平面上聚焦。载玻片必须光洁,厚度均匀,无油渍或划痕。盖玻片厚度应在0.17 mm左右。

（2）用荧光显微镜观察样品。

①打开灯源,超高压汞灯要预热30 min才能达到最亮点。

②透射式荧光显微镜需在光源与暗视野聚光器之间装上所要求的激发滤片,在物镜的

后面装上相应的压制滤片。落射式荧光显微镜需在光路的插槽中插入所要求的激发滤片、双色束分离器、压制滤片的插块。

③用低倍镜观察,根据不同型号荧光显微镜的调节装置调整光源中心,使其位于整个照明光斑的中央。

④放置标本片,调焦后即可观察。

⑤观察结果:抗酸菌被染成红色,非抗酸菌被染成蓝色。

(3)实验注意事项。

①荧光显微镜应在暗室中进行。进入暗室后,接上电源,点燃超高压汞灯30 min,待光源发出强光稳定后,眼睛完全适应暗室,再开始观察标本。

②要注意避免紫外线对眼睛的损害,在调整光源时应戴上防护眼镜。

③检查时间每次以1~2 h为宜,最长为2~3 h,因为随着时间的延长,超高压汞灯发光强度逐渐下降,荧光减弱,标本受紫外线照射2~5 min后,荧光也明显减弱,故应尽可能缩短照射时间。暂时不观察时可用挡光板遮盖激发光。

④电源应安装稳压器,电压不稳会降低荧光灯的寿命。高压汞灯关闭后切忌不能立即重新打开,需待汞灯完全冷却后(至少30 min)才能启动,否则会不稳定,影响汞灯寿命。一天中应避免数次点燃光源。

⑤标本染色后立即观察,因为时间久了荧光会逐渐减弱。若将标本放在聚乙烯塑料袋中4℃保存,可延缓荧光减弱时间,防止封裱剂被蒸发。

⑥观察标本时应采用无荧光油,应避免眼睛直视紫外光源。

2.5.6 结果与报告

打印荧光显微镜样品图像,并对样品图像进行分析。

2.5.7 思考讨论

(1)荧光显微镜的光源有什么特点?

(2)使用荧光显微镜时如何注意保护眼睛?

(3)简述荧光显微镜观察细菌的步骤。

2.5.8 常用抗酸染色液的配制

(1)齐氏(Ziehl)石炭酸复红染色液。

成分:A液:碱性复红0.3 g,95%乙醇10 mL。B液:石炭酸(苯酚)5 g,无菌水95 mL。

制法:将碱性复红在研钵中研细,逐渐加入95%乙醇,继续研磨使其溶解,配成A液。将石炭酸溶解于无菌水中,配成B液。混合A液和B液即成。通常可将此混合液稀释5~10倍使用。稀释液易变质失效,一次不宜多配。

（2）吕氏碱性美蓝（亚甲基蓝）染色液。

成分：A 液：美蓝 0.3 g，95%乙醇 30 mL。B 液：KOH 0.01 g，无菌水 100 mL。

制法：分别配制 A 液和 B 液，配好后混匀即可。

（3）3%盐酸乙醇脱色液。

称量 38%浓盐酸（相对密度 1.19）6.6 mL 于容量瓶中，以 95%乙醇稀释定容至 100 mL，摇匀即可。

2.6 透射电子显微镜

2.6.1 检验目的

（1）了解透射电子显微镜的基本原理。

（2）学习待测样品的制备方法。

（3）学习在透射电子显微镜下观察噬菌体的形态。

2.6.2 基本原理

透射电子显微镜是电子显微镜的一种。电子显微镜是一种具有高分辨率和放大倍数的高精度电子光学仪器，是观察和研究物质微观结构的重要工具。

电子显微镜是根据电子光学原理，用电子束和电子透镜代替光束和光学透镜，使物质的精细结构可以在很高的倍率下成像的一种仪器。电子显微镜的分辨能力用它能分辨两个相邻点之间的最小距离来表示。在 20 世纪 70 年代，透射电子显微镜的分辨率约为 0.3 nm（人眼的分辨率约为 0.1 mm）。目前，电子显微镜最大可放大 300 万倍，而光学显微镜最大可放大 2000 倍，所以一些重金属和整齐排列的原子晶体内部的原子晶格可以直接通过电子显微镜观察。

2.6.3 检验材料与仪器

（1）噬菌体。

高浓度短杆菌 T6-13 噬菌体 530（*Brevibacterium* T6-13 phage 530）和多粘芽孢杆菌 19 噬菌体 19-1（*Bacillus polymyxa* 19 phage 19-1）裂解液（效价在 10^7 FPU/mL 以上）。

（2）试剂和溶液。

0.3%聚乙烯甲醛（溶于二氯乙烷）溶液，复染色用 2%磷钙酸钠溶液。

（3）仪器和其他。

透射电子显微镜、铜网若干枚、镊子、微细滴管、洁净新载玻片、烧杯、结晶皿、滤纸等。

2.6.4　检验过程

（1）抽真空打开主电源，打开冷却水，打开真空开关，真空系统自动抽真空。一般 15～20 min 后真空度可达 $10^{-4} \sim 10^{-5}$ Pa，待高真空指示灯亮后即可上机。

（2）打开镜筒中的电源，给电子枪和透镜供电，给电子枪施加高电压，从低速到高速施加到要求值。

（3）更换样品通常是在电子枪加高压和关闭灯丝电源的条件下进行的，当第一次打开气锁阀过渡室和样本空间，把样品杆向外，然后缩小过渡室，最后拿出样品杆从试样夹取出样品。改变观察的样本，样本钢网必须坚定地在样品的样品架杆，然后样品杆插入过渡室，过渡室和样本空间中的空气锁阀将样品杆推到样品室。加上灯丝电流，使电子束居中。顺时针旋转灯丝电流按钮，慢慢增加灯丝电流。注意电子束流速计的指示和荧光屏的亮度。当灯丝电流增加到一定值时，光束电流计的指示和荧光屏的亮度不再增加，即达到灯丝电流的总和。

（4）当光束电流调整到要求值后，最终将样品杆向前推，利用样品平移传输装置将样品架调整到观察位置，即可进行图像观察。首先在低倍镜下观察，选择感兴趣的视野，并将它移动到屏幕的中心，然后调整中间镜电流确定六倍的放大，并调整当前聚焦物镜使荧光屏上的图像最清晰。

（5）当荧光屏上的图像聚集时进行摄影记录。当焦点达到最清晰时，相机就可以记录下来。调整图像亮度和相应的预热时间。当两者匹配合适时（曝光计上的绿灯开启时），打开曝光快门，将荧光屏向上转动，让携带样本信息的电子束照射胶片，使其敏感。正常曝光时间为 4～8 s。

（6）关断灯丝电源、关高电压、关镜头筒内电源、关真空开关，约 30 min 后关断主电源和冷却水。

2.6.5　思考讨论

（1）比较透射电子显微镜和普通光学显微镜的工作原理，二者之间有何异同？

（2）电镜观察的样品为何必须绝对干燥？为何要放在支持膜上，而不是放在载玻片上观察？

2.7　扫描电子显微镜

2.7.1　检验目的

（1）了解扫描电子显微镜的基本原理。

（2）学习样品的制备方法，观察样品表面的立体形态图像。

2.7.2 基本原理

扫描电子显微镜(SEM)是电子显微镜的一种,可通过聚焦电子束扫描表面来产生样品图像。电子与样品中的原子相互作用以产生各种信号,这些信号包含有关样品表面形貌和组成的信息。电子束扫描路径的形状像光栅一样,并且可以通过将电子束的位置与检测信号的强度相结合来输出图像。在最常见的 SEM 模式下,Everhart-Thornley 检测器可以检测到电子束轰击原子激发的二次电子。检测到的二次电子数量和信号强度均取决于样品的形态,分辨率可以达到 1 nm。

2.7.3 实验材料与仪器

(1)菌种。

保加利亚乳杆菌(*Lactobacillus bulgaricus*)、嗜热链球菌(*Streptococcus thermophilus*)。

(2)试剂和溶液。

0.1 mol/L 磷酸缓冲液、1%戊二醛固定液(用 0.1 mol/L 磷酸缓冲液配制)、无水乙醇、乙酸异戊酯、液态二氧化碳。

(3)仪器和其他。

扫描电子显微镜、临界点干燥器、真空喷镀仪、盖玻片等。

2.7.4 检验过程

(1)样品的制备。

样品的制备必须经过固定、脱水、干燥、表面镀金等步骤。

①固定:用金接种环从平板菌落中取一圈杆菌和球菌细胞,放入 1%戊二醛固定液中,固定 50 min,不时摇晃,使酵母细胞均匀分布在固定液中。

②1500 r/min 离心 10 min,弃去上清液,将细胞与固定液分离。

③用 0.1 mol/L 磷酸盐缓冲液冲洗两次,离心,弃掉上清液。

④用干净的金接种环取杆菌和球菌,在小盖玻片上涂薄层(可涂 2~3 个样品,以免脱水过程中细胞丢失),固定后进行乙醇脱水。

⑤用 50%、70%、80%、90%、95%梯度乙醇脱水,每次 10 min;最后用无水乙醇脱水 2 次,每次 10 min。

注意:当使用插入钳夹涂片时,需要将其轻轻放置在不同梯度的乙醇中。脱水后,将污迹面向上放置在一个干净的培养皿中。

⑥临界点干燥法的原理:在密闭的容器中,当达到一定的温度和压力时,气液表面消失,样品中的液体汽化,表面张力等于"0",使样品完全干燥。为了保持细胞表面的精细结构,样品需要放置在临界点干燥器中进行处理。

将脱水后的样品转移到中间溶液乙酸异戊酯中,取代乙醇。在临界点干燥器的样品室中,用液体二氧化碳代替乙酸异戊酯(临界点低,可消除表面张力对样品结构的影响)。达到临界状态(31℃,7.3 MPa)后,升高温度至40℃,使液态二氧化碳完全汽化;然后打开放气阀,逐渐放气,使样品完全干燥。取出后放入普通干燥器中。

⑦真空喷涂:在试样表面喷涂一层夹紧金属膜,其目的是减少电子束对试样的损伤,并提高二次电子的收率以获得良好的图像。将干燥后的样品放入真空溅射器的玻璃盖内。喷涂时,将样品在旋转台上朝各个方向旋转,将加热蒸发的金属喷涂在样品表面。用导电胶将准备好的样品固定在金属样品台上,放入干燥器中,送到显微镜室观察。

(2)用电子显微镜观察并拍照。

调整好电子显微镜后,将样品装入样品室观察。选择低倍到高倍的视场,在最佳区域观察和拍摄杆菌和球菌的立体图像(图2-3、图2-4)。

2.7.5　结果与报告

(1)简述样品制备过程。

(2)拍摄杆菌和球菌的形态照片,并记录其特征。

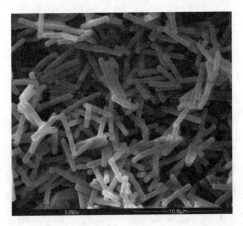 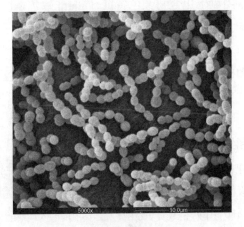

图 2-3　保加利亚乳杆菌(*Lactobacillus bulgaricus*)的扫描电子显微镜图　　图 2-4　嗜热链球菌(*Streptococcus thermophilus*)的扫描电子显微镜图

2.7.6　思考讨论

比较扫描电子显微镜和普通光学显微镜的功能特性,二者工作原理有何异同?

第3章 微生物染色技术与形态观察

3.1 染色的基本原理

在普通实验室中,通常使用普通光学显微镜观察微生物的形态特征。微生物(尤其是细菌)的细胞小而透明,当细菌悬浮液漂浮在水滴中并用光学显微镜观察时,很难看到它们的形态和形状细菌和背景之间的亮度没有显著差异。因此,当用不同的光学显微镜观察细菌时,必须先对细菌染色。借助颜色对比,可以更清楚地观察到细菌的形状和某些细胞结构。为了研究微生物的形态特征并识别不同的微生物群,微生物的染色和形态结构的观察是微生物实验中非常重要的基础技术。

用于微生物染色的染料是在苯环上具有发色基团和非致色基团的有机化合物。发色基团赋予化合物颜色特征,同时非致色基团赋予其能够形成盐的性质。仅含有发色基团的苯化合物不能用作染料,因为它不能被离子化,不能与酸或碱形成盐,对微生物(或其他物质)没有结合力,并且很容易被洗脱或机械清除。染料通常是盐,常见的有两类:酸性染料和碱性染料。在微生物染色中,更常用碱性染料,如常用的亚甲基蓝、结晶紫、碱性品红、藏红素(即沙黄)、孔雀绿等都是碱性染料。

微生物染色是在物理因素和化学因素的作用下进行的。物理因素,如毛细现象、细胞和细胞材料对染料的渗透和吸附。化学因素是指根据细胞材料和染料的不同特性发生各种化学反应。酸性物质更易于吸附在碱性染料上,吸附效果稳定。同样,碱性物质更容易吸附到酸性染料上。如酸性核酸对碱性染料具有化学亲和力并且易于吸附。要使酸性物质吸附酸性物质,必须改变其物理形式(如改变 pH 值)以促进吸附的发生。相反,碱性物质(如细胞质)通常只能用酸性染料染色,如果将它们更改为合适的物理形式,它们也可以被碱性染料吸附。

细菌的等电点低,pH 值为 2~5。因此,在中性、碱性或弱酸性溶液中,细菌蛋白质带负电荷,而碱性染料被带正电的染料离子电离。带负电荷的细菌通常会与带正电荷的碱性染料结合。因此,碱性染料通常用于细菌学染色。

3.2 染料的种类和选择

染料分为两类:天然染料和人造染料。天然染料有胭脂红、地衣素、石蕊、苏木素等。它们大多数是从植物中提取的,成分复杂,有些还没有被研究透彻。人工染料,也叫煤焦油染料,主要是从煤焦油中提取的,是苯的衍生物。染料多为有色有机酸或有机碱,不溶于水,易溶于有机溶剂。为了使它们易溶于水,它们通常被制成盐。

根据染料离子电离后的电荷特性,染料可分为四类:酸性染料、碱性染料、中性(复合)染料和简单染料。

(1)酸性染料:这类染料电离后染料离子带负电,如伊红、刚果红、藻红、苯胺黑、苦味酸和酸性复红等。当培养基因糖类分解产酸使 pH 值下降时,细菌所带的正电荷增加,这时选择酸性染料,易被染色。

(2)碱性染料:这类染料电离后染料离子带正电。一般微生物实验室常用的碱性染料有美兰、甲基紫、结晶紫、碱性复红、中性红、孔雀绿和蕃红等,在一般的情况下,细菌易被碱性染料染色。当碱性染料离子化时,染料离子带正电荷。因此,阴性细菌通常会与阳性碱性染料结合。因此,碱性染料常用于细菌染色。

(3)中性染料:能在中性或微酸性中染色的称为中性染料。如瑞脱氏(Wright)染料和基姆萨氏(Gimsa)染料等,后者常用于细胞核的染色。

(4)简单染料:这类染料的化学亲和力低,不能和被染色的物质生成盐,其染色能力视其是否溶于被染物而定,因为它们大多数都属于偶氮化合物,不溶于水,但溶于脂肪溶剂,如紫丹类(Sudanb)染料。

标本干燥后固定。固定有三个目的:

(1)杀灭微生物,固定细胞结构。

(2)确保细菌能更牢固地附着在玻片上,防止标本被水冲走。

(3)改变染料对细胞的渗透性,因为死的原生质体比活的原生质体更容易染色。

3.3　制片与染色的一般步骤

(1)制片:取细菌培养物,涂片,干燥并固定。

为了确保染色结果的准确性,应注意载玻片的生产过程涂片不应太厚,火焰固定不应过热,并且脱色时间应适当。

(2)染色:革兰氏阳性菌和皮革污渍革兰氏阴性菌以及未知细菌。

①初次染色:将结晶紫染料溶液滴在膜上,并在染色 1 min 后用水冲洗残留的染料。

②媒染剂:用碘溶液洗涤以除去残留的水,用碘溶液覆盖约 1 min,然后用水冲洗。

③脱色:脱色是革兰氏染色中最关键的步骤。用滤纸吸附玻璃片上的残留水分,倾斜玻璃片,并在白色背景下用 95%乙醇直接洗涤脱色的玻璃片,直到酒精向下流而没有明显的紫色。立即清洗载玻片。酒精浓度、用量、涂片厚度会影响脱色速度。

3.4　细菌的形态观察

3.4.1　检验目的

(1)观察斜面培养的菌落特征及平板培养时的生长特征。

(2)观察并掌握根霉、曲霉和青霉的具体形态。

(3)学会制备霉菌标本片的方法。

(4)放线菌的形态结构观察。

(5)酵母菌的培养特征及形态观察。

3.4.2　检验原理

(1)培养特性:指微生物在培养基上的菌落形态和生长情况。培养特性包括菌落特性、斜面培养的菌落特性和液体培养的生长特性,是微生物鉴定和微生物分类的重要依据。

(2)菌落:指个体微生物在固体培养基中繁殖成的肉眼可见的种群。

(3)霉菌:由相互交织的菌丝组成,菌丝是管状的,有的霉菌有隔膜将菌丝分裂成多细胞(如青霉菌、曲霉菌),有的没有隔膜(如毛霉菌、根霉)。菌丝直径比普通细菌和放线菌大几倍到几十倍。菌落形态大,质地疏松,颜色不同,有丝状、绒毛状或蜘蛛网状菌丝。在水中放置时,菌丝容易变形,在乳酸、碳酸溶液中可以维持菌丝原型。

(4)放线菌:观察放线菌菌落表面形状、大小、颜色、边缘以及有无色素分泌;注意在培养基上着生的紧密情况。区别基内菌丝、气生菌丝及孢子菌丝的着生部位。

(5)酵母菌:有些酵母菌进行一连串的出芽繁殖后,子细胞与母细胞并不立即分离,其间仅以极狭小的面积相连,形成似藕节状排列的细胞串,且有分枝,这种细胞串就称为假菌丝。是否能生成假菌丝是酵母菌属或种的特征,同时也与培养基的种类、培养条件等因素有关。一般在缺氧条件下在玉米粉琼脂或马铃薯浸汁琼脂培养基上较容易形成。

3.5　细菌的简单染色法

3.5.1　基本知识

细菌个体微小,且较透明,必须借助染色法使菌体着色,以显示出细菌的一般形态结构及特殊结构,在显微镜下用油镜进行观察,微生物染料是一种带苯环的有机化合物,其分子上具有发色基团和助色基团。前者给化合物以特有的颜色,但不能与细菌结合:后者使化合物形成盐的性质,能和菌体结合。根据细菌个体形态观察的不同要求,可将染色分为3

种方法,即简单染色(simple staining)、鉴别染色(differential staining)和特殊染色。下面来介绍这两种染色法。

简单染色是最基本的染色方法,由于细菌在中性环境中一般带负电荷,所以通过采用碱性染料,如美蓝、碱性复红、结晶紫、孔雀绿、番红等进行染色。这类染料解离后,染料离子带正电荷,故使细菌着色。

3.5.2　革兰氏染色法

(1)检验目的。

①了解革兰氏染色法的原理,巩固光学显微镜油镜的使用方法。

②掌握细菌涂片标本的制备及革兰氏染色的方法。

③掌握细菌形态与结构的观察方法。

(2)概述。

革兰氏染色法是1884年由丹麦病理学家克里斯蒂安·革兰(Christian Gram)创立的。革兰氏染色法可将细菌区分为革兰氏阳性菌(G$^+$)和革兰氏阴性菌(G$^-$)两大类。革兰氏染色法是细菌学中最重要的鉴别染色法。

革兰氏染色法的主要步骤:先用初染剂结晶紫进行初染,再用碘液媒染,以增加染料和细胞的亲和力,使结晶紫和碘在细胞膜上形成相对分子质量较大的复合物,然后用乙醇(或丙酮)脱色,最后用复染剂(如番红)复染。经此方法染色后,细菌保留初染剂蓝紫色的细菌为革兰氏阳性菌;如果细胞中初染剂被脱色剂洗脱而使细菌染上复染剂的颜色(红色),该细菌属于革兰氏阴性菌。

革兰氏染色法之所以能将细菌分为革兰氏阳性和革兰氏阴性,是由这两类细菌细胞壁的结构和组成不同决定的。实际上,当用结晶紫初染后,像简单染色法一样,所有细菌都被染成初染剂的蓝紫色。碘作为媒染剂,能与结晶紫结合成结晶紫—碘的复合物,从而增强了染料与细菌的结合力。当用脱色剂处理时,两类细菌的脱色效果是不同的。革兰氏阳性细菌的细胞壁主要由肽聚糖形成的网状结构组成,壁厚,类脂质含量低,用乙醇(或丙酮)脱色时细胞壁脱水,使肽聚糖层的网状结构孔径缩小,透性降低,从而使结晶紫—碘的复合物不易被洗脱而保留在细胞内,经脱色和复染后仍保留初染剂的蓝紫色。革兰氏阴性菌则不同,由于其细胞壁肽聚糖层较薄,类脂含量高,所以当脱色处理时,类脂质被乙醇(或丙酮)溶解,细胞壁透性增大,使结晶紫—碘的复合物比较容易被洗脱出来,用复染剂番红复染后,细胞被染上复染剂的红色。

(3)实验材料。

①菌种:大肠杆菌、枯草芽孢杆菌、乳酸菌。

②染色剂:结晶紫染液、卢戈氏碘液、95%乙醇、番红染色液。

③仪器和其他:显微镜、擦镜纸、接种环、酒精灯、载玻片、香柏油、二甲苯、镊子、滴管、无菌水,吸水纸。

（4）实验程序。

涂片→干燥→固定→染色(初染→媒染→脱色→复染)→镜检。

（5）操作步骤。

①涂片。

1）常规涂片法涂片。

取洁净的载玻片一张，将其在火焰上微微加热，除去上面的油脂，冷却。在中央部位滴加一小滴无菌水，用接种环在火焰旁从斜面上挑取少量菌体(无菌操作)与水混合。烧去环上多余的菌体后，再用接种环将菌体涂成直径约 1 cm 的均匀薄层。

注意：涂片是染色的关键，载玻片要洁净，不得玷污油脂，菌体才能涂布均匀。初次涂片，取菌量不应过大，以免造成菌体重叠。

2）干燥。

在空气中自然干燥，也可以在火焰上快速通过干燥（与热固定同步进行）。

3）固定。

火焰固定：用镊子夹住涂片一端，火焰上连续通过几次。以载玻片在手背上感觉不烫为宜。

固定的作用：A. 杀死细菌；B. 使菌体蛋白质凝固，菌体牢固黏附于载玻片上，染色时不被染液或水冲掉；C. 增加菌体对染料的结合力，使菌体易着色。

②染色——革兰氏染色。

初染：在涂片处加结晶紫染液 1~2 滴，使其布满涂菌部分，染色 1~3 min；斜置载玻片，倾去染料，用水轻轻冲去染料，至流水变清，注意水流不得直接冲洗涂菌处，以免菌体冲掉；用吸水纸轻轻吸去载玻片上的水分。

媒染：加 1~2 滴卢戈氏碘液媒染 1 min，轻轻水洗，沥干。

脱色：加 95% 乙醇溶液，轻轻摇动玻片至液滴无色，不要过分脱色（约 30 s），立即轻轻滴加水洗，沥干。

复染：滴加番红染液复染 3 min，轻轻滴加水洗；吸干载玻片背面及标本周围水渍。

③镜检。

（6）结果。

镜检结果绘图并标明革兰氏染色结果，注意标本中细菌的形态、大小、排列和颜色。

注意：革兰氏阳性菌为紫色；革兰氏阴性菌为红色。

（7）讨论。

①分析影响革兰氏染色结果的因素。

②注意事项。

1）载玻片的干净程度；

2）合适取菌量；

3）菌龄；

4）热固定过程；

5）每一步水洗要彻底而且吸干；

6）乙醇脱色程度是实验成功的关键；

7）禁止把染液倒入水池中,要回收到废液桶中。

（8）附革兰氏染色液。

①草酸铵结晶紫染色液。

成分:结晶紫 2 g,95%乙醇 20 mL,1%草酸铵水溶液 80 mL。

制法: A 液——结晶紫乙醇饱和液:结晶紫 2 g 研细,溶于 20 mL 95%乙醇中。

B 液——1%草酸铵水溶液:草酸铵 0.8 g 溶于 80 mL 无菌水中。

将 A 液和 B 液混匀,放置 24 h 后过滤即可。此液不易保存,如有沉淀,需重新配制。

②Lugol 氏碘液(卢戈氏碘液)。

成分:碘片 1 g,碘化钾 2 g,蒸馏水 300 mL,冰醋酸。

制法:先将碘化钾 2 g 溶于 5~10 mL 蒸馏水,再加碘片 1 g,振摇,待其完全溶解后,加蒸馏水至 300 mL。配成后贮存于棕色瓶内备用,如变为浅黄色即不能使用。为了防止碘液挥发失效和增强媒染效果,更易分辨 C^+ 菌和 C^- 菌,可在碘液中加少量的聚乙烯吡咯烷酮(简称 PVP)。

3.5.3 细菌的芽孢染色法

（1）检验目的。

观察细菌个体形态及菌落特征。

（2）概述。

芽孢(cendospore,spore)、荚膜(capsule)、鞭毛(flagellum),复数(flagella)等都是细菌细胞的特殊结构(图 3-1),是菌种分类鉴定的重要指标。具有这些特殊结构的细菌在菌落形态上也有其相关特征。形成芽孢的细菌菌落表面一般粗糙不透明,常呈现褶皱,而在细胞表面产生荚膜的细菌,其菌落往往表面光滑,半透明黏液状,形状圆而大,具有周生鞭毛的

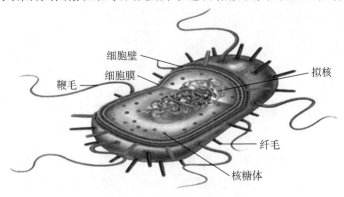

图 3-1 细菌的结构示意图

细菌,菌落大而扁平,形状不规则,边缘不整齐。一些运动能力强的细菌,菌落常呈树枝状。

细菌能否生芽孢,以及芽孢的形状和位置都是细菌的重要特征。细菌的芽孢壁比营养细胞的细胞壁结构复杂且致密,透性低,着色和脱色都比营养细胞困难,有较强的抗热和抗化学药品的性能,因此,一般采用碱性染料染色并在微火上加热,或延长染色时间,使菌体和芽孢都同时染上色后,再用无菌水冲洗,脱去菌体的颜色,但仍保留芽孢的颜色,并用另一种对比鲜明的染料使菌体着色,如此可以在显微镜下明显区分芽孢和营养体的形态。

注意:芽孢形成在生长发育后期,准备观察芽孢的菌株应当在成熟期,但也不可过久,否则只能见到芽孢,而营养体已消失。

(3)实验材料。

菌种:巨大芽孢杆菌(*Bacillus megaterium*)、胶质芽孢杆菌(钾细菌,*Bacillus mucilaginosus*)、枯草芽孢杆菌。

试剂和溶液:由7.6%孔雀绿饱和水溶液和0.5%番红染液组成,液体石蜡、无菌水、洗涤灵。

仪器和其他:显微镜、接种环、载玻片、盖玻片、擦镜纸等。

(4)检验过程。

①制片、固定。

取一干净载玻片,在载玻片中央加一小滴无菌水,在无菌操作下从巨大芽孢杆菌斜面上取菌体少许于无菌水中混合均匀,制成涂片,自然干燥。

②染色、冲洗。

在涂菌处滴加7.6%的孔雀绿饱和溶液,间断加热染色10 min,之后用无菌水冲洗。

注意:间断加热过程中注意添加染液,勿使涂片干燥。

③复染、冲洗。

用0.5%番红染液染色1 min,用无菌水冲洗。

④镜检。

干燥后镜检。芽孢被染上绿色,营养体呈现红色。观察芽孢的形状、大小、在菌体中的位置以及是否使菌体胀大等。

(5)思考讨论。

芽孢染色为什么要加热或延长染色时间?

3.5.4 细菌的荚膜染色法

(1)检验原理。

荚膜是某些细菌细胞壁外存在的一层胶状黏液性物质,易溶于水,与染料亲和力低,一般采用负染色的方法,使背景与菌体之间形成一透明区,将菌体衬托出来便于观察分辨,故又称衬托法染色。因荚膜薄,且易变形,所以不能用加热法固定。

（2）实验材料。

菌种：巨大芽孢杆菌、胶质芽孢杆菌、枯草芽孢杆菌（培养 1~2 d 的斜面菌种及在牛肉膏蛋白胨平板上划线培养的菌落）。

试剂和溶液：黑墨汁染色液（配制方法见附录 13.1.2）。

仪器和其他：显微镜、接种环、载玻片、盖玻片、擦镜纸、液体石蜡、无菌水、洗涤灵、6%葡萄糖水溶液、无水乙醇结晶紫染液等。

（3）检验过程。

①制片。

加 1 滴 6%葡萄糖水溶液于载玻片一端，无菌操作下挑取少量胶质芽孢杆菌与其混合，再加一滴墨汁染色液充分混匀。用推片法制片，将菌液铺成薄层，自然干燥。

②固定。

滴加 1~2 滴无水乙醇覆盖涂片，固定 1 min，自然干燥。

注意：不能用火加热干燥。

③染色、冲洗。

滴加结晶紫，染色 2 min，用水轻轻冲洗。

④镜检。

干燥后镜检。有荚膜的菌，菌体呈紫色，背景呈灰黑色，荚膜不着色呈无色透明圈。无荚膜的菌，由于干燥菌体收缩，菌体四周也可能出现一圈狭窄的不着色环，但这不是荚膜，荚膜不着色的部分宽（图 3-2）。

图 3-2　细菌荚膜染色结果
（扫码查看）

（4）思考讨论。

荚膜染色为什么要用负染色法？

3.5.5　鞭毛染色法及活细菌运动性的观察

（1）检验原理。

细菌是否有鞭毛，以及鞭毛的数目和着生的位置都是细菌的重要特征。细菌鞭毛非常纤细，超过了一般光学显微镜的分辨率。因此，观察时需进行特殊的鞭毛染色法。鞭毛的染色法较多，主要的步骤是经媒染剂处理。本实验介绍的两种方法，均以丹宁酸作媒染剂。媒染剂的作用是促使染料分子吸附于鞭毛上，并形成沉淀，使鞭毛直径加粗，才能在显微镜下观察到鞭毛。

（2）实验材料。

①菌种：巨大芽孢杆菌、胶质芽孢杆菌、枯草芽孢杆菌（培养 1~2 d 的斜面菌种及在牛肉膏蛋白胨平板上划线培养的菌落）。

②试剂和溶液：

A. 利夫森氏（Leifson）染色液

B. 银染法染液 A 液,B 液

③仪器和其他:显微镜、接种环、载玻片、盖玻片、擦镜纸、液体石蜡、无菌水、洗涤灵等。

（3）检验过程。

①载玻片的清洗。

将载玻片置于洗涤灵水溶液中,煮沸 10 min,无菌水冲洗,再用双蒸水洗净,用纱布擦干备用。

②实验菌种的准备。

接种枯草芽孢杆菌在新制备的牛肉膏蛋白胨斜面培养基上（斜面下部要有少量冷凝水）,连续移种 3~4 次,每次培养 12~18 h,最后一次培养 12~16 h。

③制片。

在载玻片一端加一滴无菌水里,用接种环从枯草芽孢杆菌斜面上挑取少许菌苔底部有水部分的菌体。将接种环悬放在水滴中片刻,将载玻片稍倾斜,使菌液随水滴缓缓流到另一端,再返转一次使菌液流经面积扩大,然后放平,自然干燥。

④染色。

1）利夫森氏染色（Leifson's flagella stain）法。

用蜡笔将涂菌区圈起,滴加染液,过数分钟后,当染液的 1/2 以上区域表面出现金属光泽膜时,用水轻轻将金属膜及染液冲洗干净,自然干燥。

镜检时应在涂片上按顺序进行观察。经常是在部分涂片区的菌体染出鞭毛,菌体及鞭毛均为红色。

2）银染法。

涂片方法同上。滴加硝酸银染色液 A 液于涂片上,染色 7 min。滴加无菌水冲洗 5 min。用 B 液冲去残水,再滴加 B 液于涂片上,用微火加热至出现水汽。再用无菌水洗去染液,自然干燥。

镜检菌体为深褐色,鞭毛为褐色。观察时要注意鞭毛着生的数目和位置。

注意:鞭毛染色的关键:玻片必须干净,无油污;菌种要求连续传代多次,处于生长活跃阶段;染色过程要仔细小心,防止鞭毛脱落。

（4）示范。

在示范镜下观察细菌的各种特殊细胞结构。

观察苏云金芽孢杆菌（*Bacillus thuringiensis*）芽孢和伴孢晶体（parasporal crystal）。

观察肺炎链球菌（*Streptococcus pneumoniae*）荚膜。

观察假单胞菌（*Pseudomonas*）鞭毛数目和着生部位。

（5）思考讨论。

鞭毛染色时为什么需用培养 12~16 h 的菌体? 染色成功的操作关键是什么?

第4章 食品微生物形态观察

4.1 蓝藻的培养与观察

4.1.1 检验目的

(1)通过对代表种类的实验观察,掌握蓝藻的主要特征,学会区分各种蓝藻。

(2)理解蓝藻在植物界演化中的地位。

(3)制作螺旋藻装片、碘染、观察、分析结果。

4.1.2 检验原理/过程

细胞接种或传代以后,实验者每天或至多间隔 1~2 d,要对细胞进行常规性检查。观察细胞形态和生长情况以及培养液的 pH 变化、有无污染等。根据细胞动态变化,做换液或传代处理,如发现异常情况应及时采取措施。

(1)细胞形态。

生长状态良好的细胞,在一般显微镜下观察时可见,细胞透明度大、折光性强、轮廓不清。细胞生长不良时,轮廓增强,胞质中常出现空泡、脂滴和其他颗粒状物,细胞之间空隙加大,细胞形态可变得不规则甚至失去原有特点,如上皮细胞变成类上皮细胞等。当细胞死亡时,某些染料能透过变性的胞膜与解体的细胞核 DNA 结合,而令其着色。因而常用台盼蓝(trypan blue)鉴别细胞死活,活细胞不着色,死细胞核呈蓝色。

(2)细胞生长。

初代培养或传代的细胞悬液接种以后,经过长短不同的潜伏期后开始增殖。传代细胞系、胚胎组织或幼体组织一般在第二天即可见细胞生长,一周内便可连接成片。接种细胞长满瓶壁后,应及时做再培养。否则由于营养物消耗和代谢积累,细胞即进入停止期或退化期。此时细胞轮廓增强,细胞内常出现颗粒状堆积物,为膨胀的线粒体,细胞质呈空泡化,细胞变圆、粗糙,严重时细胞从瓶壁脱落,只有及时再做传代处理,才能使细胞继续生长繁殖。

(3)营养液。

正常情况下,培养液呈桃红色。如果细胞维持在 pH 6.5~6.6 条件下,细胞会脱落死亡。当培养液酸化变黄时,说明培养液中代谢产物已堆积到一定量,需要更换新鲜培养液。培养液中如加 Hepes 或用 5%CO_2 温箱培养可使 pH 维持相对稳定。更换营养液的时间,可依营养物的消耗而定,细胞生长旺盛时,2~3 d 换一次,生长缓慢时,3~4 d 也可。要特别注意各种细胞对 pH 值的要求是不一样的。

（4）微生物污染。

微生物污染细胞培养物后会出现 pH 值改变、培养液呈现混浊状的现象。细菌感染后，由于细菌的运动，光镜观察可见有微闪光；真菌感染则在镜下见许多细丝状菌丝，有时还密集有群集孢子；支原体的污染需要借助一些检测手段才可检出。

细胞污染以后一般应当废弃，对于重要的细胞株，可以参考相关专著介绍，采取一些措施清除污染。比较重要的实验、珍贵的细胞，至少由两个实验人员独立培养操作，或由一个人分次（不同时）操作。除培养实验室的卫生条件外，空气中的湿度与微生物污染关系密切。重要的、周期长的实验尽量安排在空气湿度低的秋冬季进行。

4.1.3　仪器与材料

（1）检验仪器：显微照相系统、载玻片、盖玻片、吸管、培养皿。

（2）检验材料：蓝藻装片、活体螺旋藻。

4.1.4　蓝藻各代表属种的装片观察并照相

（1）实验材料：色球藻属、微囊藻属、螺旋藻属、颤藻属、念珠藻属、鱼腥藻属装片。

（2）步骤及方法。

将各种蓝藻的装片，置于低倍镜及高倍镜下观察并照相。蓝藻各属照相图片如图 4-1 至图 4-6 所示。

①色球藻目。

［特征］藻体单细胞或非丝状群体，无论是单细胞体还是群体都呈球形。繁殖方法通常是营养细胞的分裂，少数物种能产生微孢子，不产生内、外生孢子。

［特征］色球藻科。藻体单个细胞呈球形、盘状或卵形，但通常以群体状态出现。群体外有胶质鞘、鞘内细胞排列规则或不规则。由于群体内细胞分裂方式不同，群体呈球状或扁平状。繁殖方式为细胞分裂和群体断裂，不产生内、外生孢子。

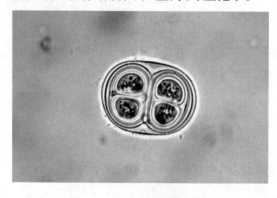

图 4-1　色球藻属细胞形态

a. 色球藻属。

[特征]藻体通常由 2~4 个细胞组成小群体,或由更多的细胞组成较大的胶质群体,或由小群体间凭借胶质鞘彼此相连而成膜状群体。群体有明显的胶质鞘,胶质鞘透明无色,厚薄不等,有层次或无层次。藻体细胞球形、半球形或椭球形。细胞内有或无细小颗粒。

b. 微囊藻属。

[特征]藻体通常由很多细胞结集成群体。群体外被无色、黏质、均匀的胶质鞘。群体内细胞呈球形,排列很紧密。细胞内常有细小的颗粒或假空泡。生殖方式为细胞分裂,少数产生微孢子。藻体自由漂浮或附着,多生于淡水湖泊和池塘中,温暖季节常大量生长而形成水花;海生物种较少,自由漂浮或附着生活。

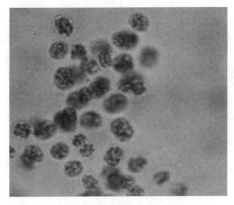

图 4-2 微囊藻属细胞形态

②颤藻目。

[特征]藻体为丝状体。繁殖时不产生内、外生孢子,而是形成藻殖段(连锁体)、异形胞或厚壁孢子。根据藻丝体是否产生异形胞,把颤藻目分为两个亚目。分别为颤藻科和念珠藻科。

1)颤藻科。

[特征]藻体为不分枝的单列丝状体,直形或螺旋状弯曲,单条或多条丝体在一起生活,有或无胶质鞘。丝状体的顶端细胞外侧钝圆或尖细。繁殖时形成藻殖段,不产生异形胞。

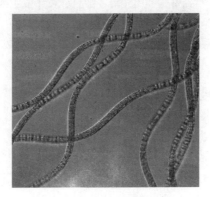

图 4-3 颤藻属细胞形态

a. 颤藻属

[特征]藻体为不分枝的单列丝状体,直形或略有弯曲,没有胶质鞘或有一层非常薄的胶质。细胞圆柱形,环面呈窄长方形(少数呈正方形)。藻丝体的所有细胞宽度相等,或细胞由丝体前段向顶端其宽度逐渐减小,使丝体末端渐尖。顶端细胞的外侧呈弧形凸出或钝圆。藻丝有特征性的摆动运动。

b. 螺旋藻属

[特征]螺旋藻属与颤藻属的不同之处在于藻丝体常围绕其纵轴旋转,呈螺旋状卷曲。本属物种有横壁,其藻丝体能做螺旋状或弯曲状活动。分布较广,淡水和海水中都有本属物种。

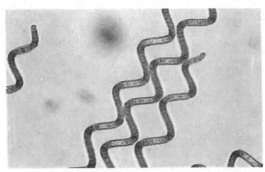

图 4-4　螺旋藻属细胞形态

2)念珠藻科。

[特征]藻丝体不分枝,繁殖时产生异形胞和厚壁孢子。异形胞在丝体的顶部或插在丝体的中央产生。细胞直接分裂。

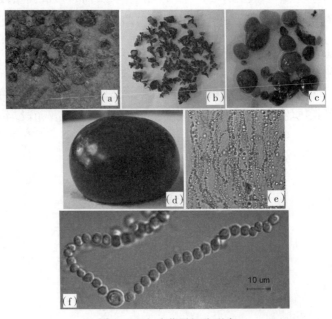

图 4-5　念珠藻属细胞形态

a. 念珠藻属

[特征] 藻丝体不分枝，丝体通常结集成较大的肉眼可见的胶质球形或不规则形群体（图 4-5）。细胞通常呈球形或卵形。繁殖时产生异形孢和厚壁孢子。本属物种主要生活在淡水环境中和潮湿的土壤表面。

b. 鱼腥藻属

[特征] 藻丝体不分枝，外被胶质鞘，单独生活或结集成小团块。细胞呈球形至椭球形，异形胞间生，厚壁孢子间生或顶生。海水种较少，淡水种较多，有的能固定游离氮素。

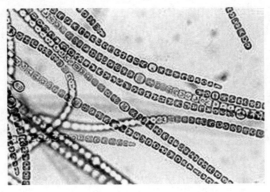

图 4-6　鱼腥藻属细胞形态

4.1.5　螺旋藻活体观察

（1）实验材料：新鲜螺旋藻属样品。

（2）实验方法：

①用镊子夹取少许样品置于载玻片中央，将其展平，盖上盖玻片，在显微镜下观察。

②将丝状蓝藻放置在载玻片中央，在显微镜下观察。注意观察蓝藻的储藏物质蓝藻颗粒体。

③照相并保存（图 4-7）。

4.1.6　蓝藻储存物质的观察

（1）实验材料：I—KI 溶液

（2）实验方法：

①滴加 I—KI 溶液于螺旋藻装片一侧，用吸水纸在另一侧吸，使藻体内蓝藻颗粒体染色。

②观察显色反应。

③照相并保存（图 4-8）。

通过染色及观察，得出蓝藻（螺旋藻）体内储存物质为肝醣类物质。利用 I—KI 溶液可将其染成棕褐色。

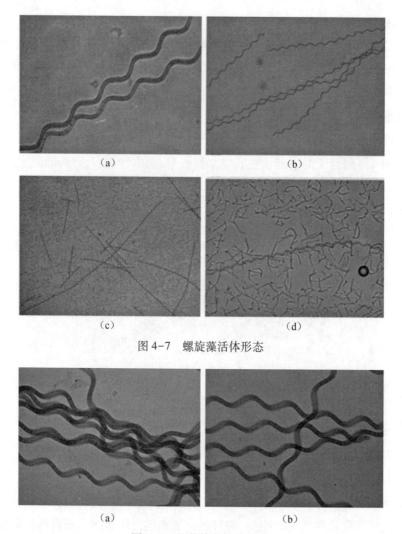

（a） （b）

（c） （d）

图 4-7 螺旋藻活体形态

（a） （b）

图 4-8 蓝藻储存物质形态

4.1.7 实验注意事项

（1）制作螺旋藻活体装片时注意小心操作，以免将水溅出，污染显微镜。

（2）使用显微照相系统后，要依据使用情况填写使用记录。

（3）显微镜使用完毕后，要将低倍镜对准通光孔。

（4）蓝藻装片使用完毕要放回原处。桌面要清扫干净。

4.2 放线菌的形态观察

4.2.1 基本知识

放线菌是指能形成分枝丝状体或菌丝体的一类革兰氏阳性菌。常见放线菌大多能形成菌丝体,紧贴培养基表面或深入培养基内生长的为基内菌丝(简称"基丝"),基丝生长到一定阶段还能向空气中生长出气生菌丝(简称"气丝"),并进一步分化产生孢子丝及孢子。

有的放线菌只产生基丝而无气丝。在显微镜下直接观察时,气丝在上层,基丝在下层,气丝色暗,基丝较透明。孢子丝依种类的不同,有直、波曲、各种螺旋形或轮生等形态。

在油镜下观察,放线菌的孢子有球形、椭圆、杆状或柱状。能否产生菌丝体及由菌丝体分化产生的各种形态特征是放线菌分类鉴定的重要依据。

4.2.2　检验目的

(1)学习并初步掌握观察放线菌形态的基本方法。

(2)初步了解放线菌的形态特征。

4.2.3　检验原理

为了观察放线菌的形态特征,人们设计了各种培养和观察方法,这些方法的主要目的是尽可能保持放线菌自然生长状态下的形态特征。本试验介绍几种常用方法。

(1)插片法:将放线菌接种在琼脂平板上,插上灭菌盖玻片后培养,使放线菌菌丝沿着培养基表面与盖玻片的交接处生长而附着在盖玻片上。观察时,轻轻取出盖玻片,置于载玻片上直接镜检。这种方法可观察到放线菌自然生长状态下的特征,而且便于观察不同生长期的形态。

(2)玻璃纸法:玻璃纸是一种透明的半透膜,将灭菌的玻璃纸覆盖在琼脂平板表面,然后将放线菌接种于玻璃纸上,经培养,放线菌在玻璃纸上生长形成菌苔。观察时,揭下玻璃纸,固定在载玻片上直接镜检。这种方法既能保持放线菌的自然生长状态,也便于观察不同生长期的形态特征。

(3)印片法:将要观察的放线菌的菌落或菌苔,先印在载玻片上,经染色后观察。这种方法主要用于观察孢子丝的形态、孢子的排列及其形状等。方法简便,但形态特征可能有所改变。

4.2.4　示例(本次试验采用插片法)

(1)菌种:青色链霉菌、弗氏链霉菌。

(2)培养基:高氏 1 号培养基。

(3)仪器及其他用具:经灭菌的平皿、玻璃纸、盖玻片、玻璃涂棒,以及载玻片、接种环铲、石碳酸复红染液、显微镜等。

(4)操作步骤:

①倒平板:取融化并冷却至大约 50℃的高氏 1 号琼脂约 20 mL 倒平板,凝固待用。

②接种:用接种环挑取菌种斜面培养物(孢子)在琼脂平板上划线接种。

③插片:以无菌操作用镊子将灭菌的盖玻片以大约 45°角插入琼脂内(插在接种线

上),插片数量可根据需要而定。

④培养:将插片平板倒置,28℃培养,培养时间根据观察的目的而定,通常为3~5 d。

⑤镜检:用镊子小心拔出盖玻片,擦去背面培养物,然后将有菌的一面朝上放在载玻片上,直接镜检。

观察时,宜用略暗光线;先用低倍镜找到适当视野,再换高倍镜观察;若要用油镜观察,需将有菌的一面朝下,并用胶纸将盖玻片固定在载玻片上再观察。

(5)实验照片(图4-9)。

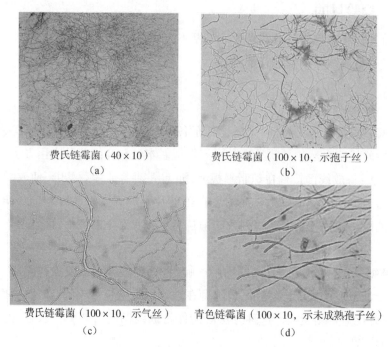

费氏链霉菌（40×10）
（a）

费氏链霉菌（100×10,示孢子丝）
（b）

费氏链霉菌（100×10,示气丝）
（c）

青色链霉菌（100×10,示未成熟孢子丝）
（d）

图4-9 插片法下链霉菌的形态

4.2.5 思考讨论

(1)试比较三种培养和观察放线菌方法的优缺点。

(2)玻璃纸培养和观察法是否还可用于其他类群微生物的培养和观察? 为什么?

(3)镜检时,如何区分放线菌的基内菌丝和气生菌丝?

4.3 真菌的形态观察

4.3.1 基本知识检验目的

了解酵母菌和霉菌的菌落特征及在培养基中的生长表现,学习真菌水浸片的制备及形态观察。本实验通过真菌的固体培养,酵母菌水浸片的制备观察及划线分离培养的方法进行形态观察。在固体培养基上,观察到 A 菌落成绿色且比较光滑,有分生孢子,菌丝有横隔的,为青霉。D 菌落有大量直立菌丝并且顶部发黑,有孢子囊,菌丝无横隔的,为根霉。B 菌落大而光滑,显微镜下菌体较大,有假菌丝,为酵母菌。

真菌:真菌界(学名:Fungi,单数为 Fungus,复数可为 Fungi 或 Funguses)又称菌物界,是真核生物中的一大类群,包含酵母、霉菌之类的微生物以及为人熟知的菇类。真菌自成一界,独立于植物、动物和其他真核生物。

4.3.2　检验原理/过程

(1)材料。

菌种:酵母菌、青霉、根霉的斜面培养菌种。

试剂:沙堡琼脂培养基、美蓝染色液、70%酒精、无菌水等。

仪器及其他用具:解剖针、玻片、盖玻片、接种环、显微镜等。

(2)方法。

①真菌的划线分离培养。

培养基:将沙堡琼脂培养基融化后,冷却至45℃,注入无菌平皿中,每皿 15~20 mL,做成平板备用。

接种:取待分离的材料少许,投入无菌水试管中,振荡,使分离菌悬浮于水中,将接种环火焰灭菌后冷却,取上述悬液,进行平板划线分离。

培养与观察:划线完毕后,置于 28℃温箱培养 2~5 d,待形成子实器官后,取单个菌落部分,制片镜检。若只有一种菌,即得纯培养物。如有杂菌可取培养物少许制成悬液,用作划线分离,有时反复多次可获得纯种。也可在放大镜下观察,用无菌镊子夹取一段分离的真菌菌丝,在平板上分离培养,即可得到真菌的纯培养物。

②形态观察。

酵母菌水浸片的制备:将美蓝染色液或无菌水滴于干净的载玻片中央,用接种环以无菌操作取培养48 h 的酵母菌少许,均匀涂于液滴中,染色 2~3 min 后加盖玻片。注意:切勿产生气泡,然后用低倍镜和高倍镜观察其细胞形态、芽殖方式,注意酵母菌的形态、大小和芽体,同时可以根据是否染上颜色来区别死活细胞。

挑取真菌孢子接入盛有灭菌水的试管中,振荡试管制成孢子悬液,用灭菌滴管吸取灭菌后融化的固体培养基少许,滴于载玻片中央,用接种环将孢子悬液接种在培养基四周,将玻片加在培养基上,轻轻压一下,在适宜温度下培养,定期取出,低倍镜下观察孢子的着生状态及菌丝的生长状况等。

4.3.3　结果分析

真菌载玻片的直接观察和显微镜下观察如图 4-10 所示。

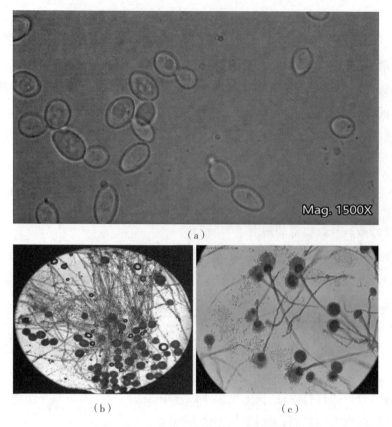

（a）

（b）　　　　　　　　　　　（c）

图4-10　真菌的直接观察和显微镜观察

4.3.4　思考讨论

（1）放线菌、酵母菌、细菌在细胞形态与结构上有何区别？

（2）制取霉菌水浸片时为什么用乳酚油？

4.4　病毒的形态观察

4.4.1　基本知识

病毒是一类极其微小的非细胞生物,没有细胞结构,不能独立代谢和繁殖,只能在特定的宿主细胞中复制。病毒可以寄生在几乎所有的生物体内。根据宿主的不同,病毒可分为昆虫病毒、脊椎病毒、植物病毒和微生物病毒(噬菌体)等。

病毒和噬菌体感染往往给人类健康和工农业生产带来极大危害,而病毒和噬菌体常作为基因工程中外源基因的载体。因此,病毒的分离和培养技术引起了人们的极大关注。病毒的培养和测定主要依赖于对特定宿主的实验感染。噬菌体培养必须使用特定的细菌或放线菌进行感染;动物病毒培养常用的有鸡胚培养、组织培养和细胞培养;植物病毒培养采用宿主侵染和组织培养;昆虫病毒是通过感染昆虫或组织培养的。

4.4.2　检验目的

①学会快速检查发酵液中的噬菌体。

②学习噬菌体的分离、纯化。

③观察噬菌斑的形态。

噬菌体是一种专为宿主微生物细胞而存在的病毒。根据感染细菌的过程,噬菌体被分为烈性噬菌体和温和噬菌体。最敏感细菌引起的烈性噬菌体裂解后迅速感染细菌,释放大量的子代噬菌体,因此可以肉眼看见在平板出现包含敏感细菌菌斑(斑块)。温和噬菌体显示前噬菌体感染后细菌状态,一般不会引起细菌裂解,宿主可以变成溶原性细菌,在双琼脂平板上出现带透明斑块中心的菌落。了解噬菌体的特性,防止噬菌体污染,以及对噬菌体的快速检测、分离和纯化,在生产和科学研究中具有重要的作用。用于生产或科研的菌株如果被噬菌体污染,往往会有异常表现:斜面或克氏烧瓶细菌包衣不生长的透明带;液体发酵过程中,细菌染色不均匀,细胞形态不规则或膨大破裂,活菌数量减少。发酵过程中糖消耗减慢,氨基氮和 pH 值变化异常。发酵液变稀,产品产量降低等异常情况。用生物测定法检测噬菌体需 12 h 左右,无法迅速采取必要的抢救措施。

噬菌体快速检查方法有两种:

1)定期取发酵液,显微镜下检查异常细菌;

2)根据噬菌体裂解微生物细胞后逃逸细胞大分子含量(如 DNA 等)的特点,将发酵液离心后加热上清液快速检测噬菌体。正常发酵液离心后,菌体沉淀,加热后上清液澄清。异常发酵液离心后上清液中有大分子包含体从菌体中逸出,加热后不明显。该方法简便、快速、准确,可用于发酵液中噬菌体污染的测定。然而,在噬菌体感染较少的原代种子培养基中,该方法往往不适用于检测溶原性细菌和温和噬菌体。自然界中有细菌和放线菌的地方,就有相应的特定噬菌体。

噬菌体可以从土壤、污水、空气、工厂周围中其宿主的异常发酵液中分离出来,也可以从在含有敏感细菌的平板上观察到的菌斑中分离出来。通常情况下,噬菌体粒子会形成空斑,可提取空斑进行纯化。

4.4.3　检验原理/过程

(1)菌种和噬菌体。

菌种:多黏芽孢杆菌 19(多黏菌素产生菌)、短杆菌 T6-13(谷氨酸产生菌)。

噬菌体:多黏菌素异常发酵液和谷氨酸异常发酵液中分离纯化出的噬菌体,即多黏芽孢杆菌 19、噬菌体 19-1 和短杆菌 T6-13、噬菌体 530。

(2)培养基。

LB 液体或肉提取蛋白胨半固体、固体及液体培养基,1%蛋白胨水。

（3）仪器和其他用具。

仪器：台式离心机、分光光度计、显微镜、恒温箱、摇床、台秤、恒温水浴锅等；

其他物品：滤膜滤菌器、培养皿、试管、移液管、玻璃涂棒、离心管、抽滤瓶、锥形瓶等。

（4）噬菌体污染的快速检查。

①直接镜检取正常发酵液和异常发酵液中的微生物，染色涂片，用显微镜观察细菌形态。

②取微生物正常发酵液和异常发酵液，离心（4000 r/min）20 min。取两组发酵液离心上清液（A1），用分光光度计测量 A1 板透光率值；然后将两组发酵液离心上清液各取 5 mL 放入试管中。在沸水浴中加热 2 min（A2），检测溶液 A2 的透光率值。

（5）噬菌体的分离和制备。

①接种：将细菌（多黏芽孢杆菌 19 或短杆菌 T6-13）接种于 250 mL 锥形瓶中，填充 20 mL LB 或肉提取物蛋白胨液体培养基，30℃ 下，摇匀培养 12~16 h，使细菌生长到对数期。

②培养：将 100 mL 的异常发酵肉汤放置在一个锥形烧瓶（或 100 mL 的多黏菌素发酵肉汤，或味精生产工厂的污水样本，或 1 g 车间附近的土壤），并添加 100 mL 二倍浓缩肉膏提取蛋白质的液体培养基和 5 mL 的上述对数生长期细菌液体，于 30℃ 摇瓶培养 24 h。

③噬菌体增殖液的制备：

第一个噬菌体增殖液：4000 r/min 离心 10 min，取离心后的上清液 5 mL 作为第一个噬菌体增殖液加入无菌锥形瓶中。

第二个噬菌体增殖液：同时，将对数中期菌液接种于锥形瓶中，30℃ 继续振荡培养 24 h，离心后的上清液为第二噬菌体增殖液。

第三个噬菌体增殖溶液：制备方法同上。

如果在未知样本中分离噬菌体，需要寻找被噬菌体裂解的敏感指示菌作为宿主，噬菌体才能繁殖。

④裂解液的制备：向增殖液中加 3~5 滴氯仿，用力摇匀，静置 5 min，3000 r/min 离心 10 min，离心后的上清液过滤和消毒。滤液加入无菌锥形瓶中，30℃ 振荡培养过夜。如果没有细菌生长，则表示完全灭菌。存放于 4℃ 的冰箱中，以备日后使用。

⑤噬菌体分离：取上述噬菌体裂解液，用无菌蛋白胨水稀释 10 倍至 10^{10}~10^7 稀释度。取 3 组无菌培养皿，再取一组无菌培养皿加热到 50℃。

肉膏蛋白胨固体培养基融化在水里，倒在无菌培养皿中，并使用无菌吸管加入噬菌体原液和最后两个稀释的噬菌体稀释剂 0.1 mL，并添加 0.2 mL 对数生长中期敏感细菌液体 5 mL 的半固态媒介，保存在一个 50℃ 水浴锅中，然后迅速混合均匀后倒在培养皿中。

凝固后，在 30℃ 恒温下培养 6~12 h。如果含有敏感细菌的双层板上出现透明斑，则证明滤液中存在该细菌的噬菌体。在有菌斑的培养皿上可以观察到透明的圆形。

⑥注意：

1)检验噬菌体的细菌,必须是敏感细菌纯种;加入培养皿中的对数中期菌液,应在皿中均匀形成菌层(细菌密度约为 109 CFU/皿)。

2)钙、镁等离子帮助噬菌体尾丝吸附在细菌表面,用无菌水配制的肉膏蛋白培养基或 LB 培养基和蛋白水即可满足噬菌体增殖和检测需要,不必另外添加无机离子。培养基中的琼脂浓度对噬菌斑大小有显著影响,底层琼脂浓度以 1.5%~2.0% 为宜,上层琼脂浓度以 0.8%~1.0% 为宜。

3)噬菌体对温度极其敏感,一般噬菌体 60℃ 中 5 min 绝大部分失活。加入上层培养基的温度要严格保持 50 ℃ 以下,为防止琼脂凝固,此步操作要快,均匀铺满,不能出现气泡。

4)为保证获得单个、彼此分离的噬菌斑,培养皿盖上和培养基表面不得有凝结水滴,平置培养,不能倒放。每皿中噬菌体数量不能太多,维持在 100~300 个噬菌斑为宜,否则,噬菌斑易连成一片。

(6)观察噬菌斑的形态及噬菌体的纯化。

平板中出现的噬菌斑,其形态、大小常不一致。按照下列特点观察噬菌斑形态:对透明空斑、透明空斑外有一模糊圈、有特征性轮环、透明噬斑中心呈现菌落等不同特征进行记录;对于噬菌斑大小,按 0.5~1 mm,2~3 mm,4~5 mm 进行记录。

用接种针在单个透明噬菌斑中刺几下,接入含有对数中期敏感菌的培养液中,于 30℃ 振荡培养 24 h。之后,依上述(5)中的方法增殖和制备噬菌体裂解液,再用双层平板法分离。反复 3~5 次,便可得到形态、大小特征基本一致的噬菌斑,过滤除菌后获得噬菌体纯株。

(7)注意事项。

①记录正常发酵液、异常发酵液显微镜下观察的菌体形态,并绘图。

②记录煮沸前后正常发酵液、异常发酵液离心上清液的透光度的变化。

③记录正常发酵液和异常发酵液在双层平板上的噬菌斑数,记录所分离纯化后多黏芽孢杆菌 19 或短杆菌 T6-13 的噬菌体噬菌斑的特征。

(8)思考讨论。

①比较分离纯化细菌与分离纯化噬菌体的异同,能否只用培养基培养噬菌体? 在具体操作方法上,噬菌体分离纯化有什么特点?

②可用哪些方法检查发酵液中确有噬菌体存在? 比较其优缺点。

③比较正常发酵液与异常发酵液 A 透光率值的差别,说明什么问题?

4.5　噬菌体的增殖、效价测定及保藏

4.5.1　检验目的

(1)学习噬菌体浓缩液的制备。

（2）学习噬菌体效价的测定方法。

（3）学习噬菌体简易保藏法。

4.5.2　检验原理/过程

噬菌体滴度是指在 1 mL 培养基中感染性噬菌体颗粒的数量。根据噬菌体对宿主细胞的溶解原理，在含有敏感菌株的平板上出现可见的菌斑，表明存在噬菌体。一般来说，一个噬菌体颗粒即会形成一个斑块，所以可以根据一定体积的噬菌体培养液中出现的斑块数量来计算噬菌体滴度。

理论上，一个噬菌体颗粒应该形成一个菌斑，但少量的活噬菌体可能不会引起感染，而菌斑的数量往往低于活噬菌体的实际数量。为了准确表达噬菌体悬浮液的滴度，一般不采用噬菌体颗粒的绝对数目，而采用噬菌斑形成单位（PFU）表达。

如果新分离、纯化或保存的噬菌体滴度不高，则检测噬菌体的最低滴度一般为 1 PFU/mL，需要进行增殖。如果只需要少量的噬菌体浓缩物，可以采用平板膨胀法；如果需要大量的噬菌体浓缩物，则需要采用液体膨胀倍增法。

4.5.3　实验材料

（1）菌种和噬菌体。

大肠杆菌 B 株和 T4 噬菌体。

（2）培养基。

LB 或肉膏蛋白胨液体培养基、半固体培养基（每支试管装 5 mL）及固体培养基，1%蛋白胨水。

（3）仪器和其他用具。

仪器：台式离心机、恒温水浴锅、电炉等；

其他用具：试管、培养皿、移液管、离心管、滤膜滤菌器、滤膜、玻璃刮刀（玻璃涂棒）等。

所有物品均应先行灭菌处理。

4.5.4　检验过程

（1）噬菌体浓缩液的制备。

①平板法：在培养皿中倒入融化并冷却至约50℃的固体介质，制成底物；吸收制备和纯化的 T 细菌悬浮液、噬菌体滤液（1.0 mL）和对数期敏感的大肠杆菌 B（0.5 mL）添加到 5 mL 融化的上半固体培养基中，冷却至45~50℃，然后充分混合并倒入上板。

同样的方法，用5~10个噬菌体扩增带有敏感细菌的双层板和一个对照板（不使用噬菌体）。在 30℃下孵育 6~12 h 后，对照板中没有噬菌斑出现，而其他板在形状和大小上均表现出相似的噬菌斑特征。如果噬菌斑太稠密，可能会使板的表面透明。向每个透明培养皿中加入 10 mL 不含细菌的蛋白胨，然后静置。用无菌玻璃刮刀轻轻刮下噬菌体，然后将噬菌体扩散到蛋白胨水中。用无菌移液管将培养物转移到离心管中,并以 5000 r/min 的速度离心 20 min。丢弃细菌碎片和小琼脂块。过滤上清液,并用无菌膜除菌,滤液为浓缩噬菌体溶液。测量滴定度并储存在冰箱中。通常可用 10 PFU/mL 的浓缩溶液。

②液体繁殖方法:将纯化的 T 细菌悬浮液[约 5 mL 噬菌体滤液(取决于噬菌体滴度的水平)]接种到 20 mL 对数期大肠杆菌 B 株肉汤中并在 30℃下振荡培养 24~48 h。T 细菌裂解后(此时,摇动锥形瓶,发现烧瓶的壁不再附着 T 细菌,并且细菌液没有混浊,在光照射下有丁达尔效应),然后接种 5 mL 对数期细菌液体,并在 30℃下摇动以继续培养。噬菌体重复增殖 3~5 次,最后得到的噬菌体裂解物按照先前的方法进行离心和过滤,通常也可以得到 1~10 PFU/mL 的浓缩溶液。

(2)噬菌体效价测定

取经二次斜面活化后的大肠杆菌 B 株,接入装有 20 mL 肉膏蛋白胨培养液的 250 mL 锥形瓶中,30℃下振荡培养 12~16 h,分别吸取 0.2 mL 菌液于 11 支无菌空试管中。

取 0.5 mL 上述制备的噬菌体浓缩液,加到加有 4.5 mL 1%蛋白胨水的试管中进行十倍稀释,依次稀释到相应稀释度。

分别吸取最后 3 个稀释度的噬菌体稀释液 0.1 mL,加入已含有 0.2 mL 敏感菌菌液的试管中(每个稀释度平行做 3 个管;在另外两支 0.2 mL 敏感菌菌液的试管中,各加入 0.1 mL 无菌水做对照)。将 11 支含敏感菌及增殖的噬菌体混合液与 11 支于 45~50℃保温的 5 mL 上层半固体培养基混合,立即摇匀,对号倒入底层平板上,迅速摇匀,使上层培养基均匀地铺满整个底层平板(操作过程见图 4-14)。为防止皿盖上的冷凝水珠滴落,可用灭菌的陶瓷皿盖换下玻璃培养皿盖,或在玻璃培养皿盖内夹一层灭菌滤纸。

待上述平板凝固后,平置于 30℃恒温箱中培养 6~12 h 观察结果。根据平板上的噬菌斑数,计算噬菌体的效价(PFU/mL)。

(3)噬菌体简易保藏法。

噬菌体可于低温条件下长期保存。常采用低温保藏法、甘油保藏法、液氮保藏法和真空冷冻干燥法等。

①低温保藏法:取无菌滤纸片浸沾无菌高效价噬菌体裂解液,分装于带塞的无菌试管内,置于 4℃冰箱贮存,或挑取平板上的噬菌斑,加入 1 mL 100 mmol/L Tris~HCK(pH=7.6)缓冲液,再加 2 滴氯仿,置于 4℃冰箱贮存。有效期半年。

②甘油保藏法:取无菌高效价噬菌体裂解液,加入等量无菌的 20%甘油作保护剂(终浓度为 10%),混合均匀,分装在试管或 Eppendorf 管中,置于-20~-70℃温度下,低温冰箱贮存。

③液氮保藏法:液氮保藏法是目前公认的长期保藏方法。取无菌高效价噬菌体裂解液,加入等量无菌的 20%脱脂乳作保护剂(也可用甘油),分装于液氮罐中,密封。与菌种液氮保藏法相同。

④真空冷冻干燥法:取无菌高效价噬菌体裂解液,加入等量无菌的 20%脱脂乳作保护剂,分装于瓶中,密封。与菌种保藏真空冷冻干燥法相同。有重要价值的噬菌体也可用冷

冻干燥法保存噬菌体 DNA 文库。

4.5.5　思考讨论

(1)增殖噬菌体的关键步骤是哪几步？增殖结果有时噬菌体悬液效价不是很高，请总结原因。

(2)测定噬菌体悬液效价需严格控制哪些关键步骤？根据种种迹象得知裂解液中有噬菌体，但总测不出噬菌体悬液效价，请分析原因。

4.6　藻类和原生动物的形态观察

4.6.1　检验目的

(1)以草履虫为实验对象，认识和理解原生动物作为一个完整的单细胞动物有机体的科研价值。

(2)通过对草履虫、变形虫和眼虫的形态结构的比较观察，掌握原生动物的基本形态特征。

(3)通过对池水中常见原生动物的观察，了解淡水原生动物的生物多样性。

4.6.2　检验原理

(1)设备仪器。

普通光学显微镜(每人 1 台)，吸管、镊子等(每排实验台可共用 8 套)，载玻片和盖玻片若干，手术刀片若干、脱脂棉、棉签、擦镜纸。

(2)试剂。

草履虫培养液、5%冰醋酸、0.01%中性红、蓝墨水、甲醇、吉氏染色液、磷酸缓冲液或生理盐水等(试剂全部由教师课前制备好)。

(3)实验材料。

提前培养好的草履虫、新鲜采集的池塘水、感染鼠疟原虫的小鼠 5 只、肉鸽若干只。

草履虫横分裂及接合生殖的玻片标本。

表壳虫、砂壳虫、有孔虫、放射虫、阿米巴变形虫、利什曼原虫、毛滴虫、蓝氏贾第鞭毛虫、疟原虫、弓形虫和结肠小袋纤毛虫等原虫制片标本。

4.6.3　检验过程

(1)草履虫的观察。

①草履虫的形态结构与运动。

1）草履虫临时装片的制备。

为限制草履虫的迅速游动以便观察,将少许松散的棉花纤维或小块擦镜纸放在载玻片中部,再用滴管吸取草履虫培养液,滴 1 滴在擦镜纸上,盖上盖玻片,在低倍镜下观察。

如果草履虫游动仍很快,则用吸水纸在盖玻片的一侧吸去部分水(注意不要吸干),再进行观察。

2）草履虫的外形与运动。

草履虫形似倒置草鞋底,前端钝圆,后端稍尖,体表密布纤毛,体末端纤毛较长(图 4-11)。游泳时,草履虫全身纤毛有节奏地呈波状依次快速摆动,沿螺旋状路径前进。

大、小核位于内质中央,生活时小核不易观察到。在盖玻片一侧滴 1 滴 5% 冰醋酸,另一侧用吸水纸吸引,使盖玻片下的草履虫浸在冰醋酸中。将光线适当调亮,1~2 min 后,草履虫被杀死。在显微镜下观察细胞核形状。

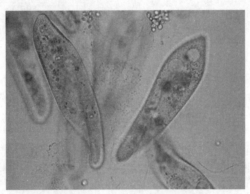

图 4-11　草履虫的内部构造

②草履虫食物泡的形成及变化。

取 1 滴草履虫培养液于另一载玻片中央,滴少许中性红液于草履虫培养液液滴中,混匀,再加少量擦镜纸纤维并加盖玻片。

立即在低倍镜下寻找被棉花纤维阻拦而不易游动,但口沟未受压迫的草履虫。

转高倍镜仔细观察食物泡的形成、大小变化及在虫体内环流的过程(图 4-12),食物泡

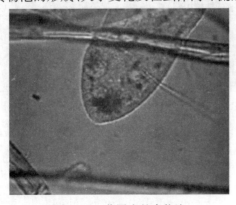

图 4-12　草履虫的食物泡

内的残渣从胞肛处排出。

（2）藻类植物的形态观察。

①颤藻是由一列细胞组成的不分枝的丝状体。低倍镜下选择丝状体较宽、细胞界限清楚的种类，换高倍镜仔细观察。其藻丝是由单列细胞组成，无异形胞。注意区分藻丝中的死细胞和隔离盘，死细胞和隔离盘均为双凹形，但死细胞是空的，在镜下看起来发亮，隔离盘内含胶质，色深绿（图4-13）。

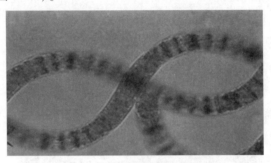

图4-13　颤藻的细胞形态

②鱼腥藻是蓝藻念珠藻科的一属。植物体为单一丝状体，或不定形胶质块，或柔软膜状。藻丝等宽或末端尖细，直或不规则螺旋弯曲。细胞球形、桶形，异形胞间生，孢子1个或几个成串靠异形胞或位于异形胞之间。每条藻丝也呈念珠状（图4-14）。

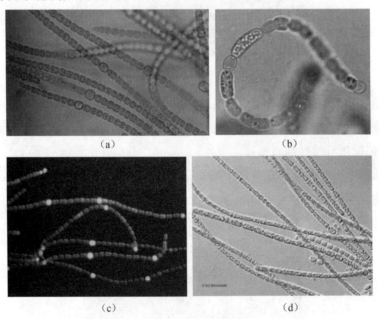

（a）　　　　　　　　　　（b）

（c）　　　　　　　　　　（d）

图4-14　鱼腥藻的细胞形态

③念珠藻藻体为多细胞的丝状体，单一或多数藻丝在公共的胶质被中。藻丝单列，细胞为球形、椭圆形、圆柱形、腰鼓形等，同大，或从基部至梢端逐渐变细；藻丝平直，弯曲或规则地卷曲、旋绕；丝状体无分枝或具各式样的伪分枝；鞘内有一至多条藻丝。依属种的不

同,其胶鞘为透明无色或有颜色,均质或有层理,胶状或坚韧;藻丝大多数具异形胞,为球形,长球形或锥形(图 4-15)。

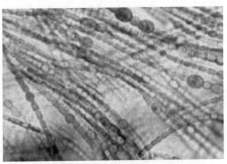

图 4-15　念珠藻的细胞形态

④衣藻也称单衣藻属绿藻门,衣藻科。藻体为单细胞,球形或卵形,前端有两条等长的鞭毛,能游动。鞭毛基部有伸缩泡两个,另在细胞的近前端,有红色眼点一个,载色体大型杯状,且有淀粉核一枚(图 4-16、图 4-17)。

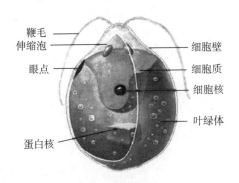

图 4-16　衣藻的立体结构

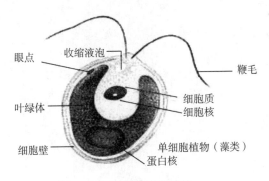

图 4-17　衣藻的细胞结构

⑤团藻为百个细胞以上的大型群体,细胞排列在群体表面。群体中只有少数细胞能行生殖作用。无性生殖中仅有少数的繁殖孢(大型细胞)发育成子群体,陷入母群体腔内,待母体破裂子群体才放出。母群体中可以有数个子群体,在子群体中又可以有孙群体(图 4-18)。

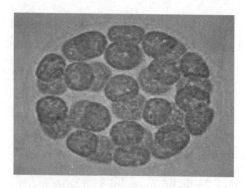

图 4-18　团藻的细胞结构

4.6.4　思考讨论

（1）原生动物的主要特征是什么？

（2）原核藻类和真核藻类的主要特征是什么？

（3）绘制衣藻、眼虫、草履虫的结构图，注明各结构名称。

第 5 章　食品微生物的大小与数量测定

5.1　食品微生物大小的测定

5.1.1　实验目的

学习测微技术,测量微生物细胞大小。

5.1.2　实验原理

微生物细胞的大小是微生物基本的形态特征,也是分类鉴定的依据之一。微生物的大小可用测微尺在显微镜下进行测量。

测微尺分为镜台测微尺和目镜测微尺两部分。镜台测微尺是一个特制载玻片,上面贴一圆形盖玻片,中央封固有标准刻尺,其尺度总长为 1 mm,精确分为 10 个大格,每个大格又分为 10 个小格,共 100 个小格,每小格长 0.01 mm(= 10 μm)。目镜测微尺是一个可以放入目镜内的特制圆玻璃片,载玻片中央是一个细长带刻度的尺,等分为 50 小格或 100 小格。目镜测微尺每格大小是随显微镜的不同放大率而改变的(图 5-1)。

在测定时,先将目镜测微尺放在目镜中的隔板上,物镜测微尺置于显微镜的载物台上,用镜台测微尺标定,以求出某一放大率下目镜测微尺每小格所代表的相对长度,然后移去

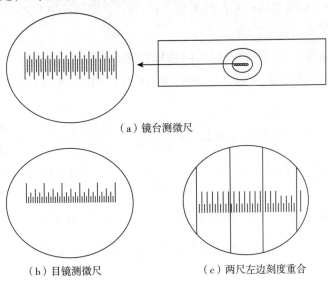

（a）镜台测微尺

（b）目镜测微尺　　　　　（c）两尺左边刻度重合

图 5-1　测微尺

镜台测微尺,换上待测标本片,根据微生物细胞相当于目镜测微尺的格数,即可计算出细胞实际大小。

5.1.3 实验材料

(1)器械及试剂。

显微镜、目镜测微尺、镜台测微尺、载玻片、盖玻片、血球计数板、擦镜纸、吸水纸、玻片架、洗瓶、接种环、酒精灯、滴管、革兰氏染液。

(2)菌种。

培养48 h的啤酒酵母斜面菌苔。

5.1.4 实验程序

放置目镜测微尺→放置镜台测微尺→标定测微尺→菌体大小的测定→记录结果→测定完毕,用完保存。

5.1.5 操作步骤

(1)目镜测微尺的标定。

①更换目镜镜头:取下目镜,旋下目镜上的透镜,将目镜测微尺装入接目镜的隔板上,使有刻度的一面朝下,再旋上透镜,并装入镜筒内,制成一个有目镜测微尺镜头。

②将镜台测微尺置于显微镜的载物台上,使有刻度的一面朝上(同观察标本一样,使具有刻度的小圆圈位于视野中央)。

③用低倍镜观察校对,至看清物镜测微尺的刻度后,移动镜台测微尺和转动目镜测微尺,使目镜测微尺的刻度与物镜测微尺的刻度相平行,并使两尺的左边第一条线相重合,再向右寻找两尺的另外一条重合线。

④记录两条重合线间的目镜测微尺的格数和物镜测微尺的格数。由于镜台测微尺的每格长度是已知的(每小格10 μm),可从物镜测微尺的格数,求出目镜测微尺的每小格的长度。

$$目镜测微尺的每小格长度(\mu m) = \frac{两个重合刻度间镜台测微尺格数}{两个重合刻度间目镜测微尺格数} \times 10$$

⑤用高倍镜或用油镜校正,求出目镜测微尺在该放大率下目镜测微尺每小格所代表的相对长度。

例如:目镜测微尺的5格等于镜台测微尺的2格(即20 μm),

$$则目镜测微尺1小格 = \frac{2}{5} \times 10 = 4(\mu m)$$

(2)菌体大小的测定。

①将啤酒酵母菌制成水浸片。

②取下镜台测微尺,换上酵母菌水浸片标本,将标本先在低倍镜下找到目标物,然后在高倍镜下用目镜测微尺测定每个菌体的长度和宽度所占的刻度,即可换算成菌体的长和宽。

③求平均值:一般测量微生物细胞的大小,用同一放大倍数在同一标本上任意测定10~20个菌体后,求出其平均值即可代表该菌的大小。

5.1.6　实验结果

算出目镜测微尺在低、高倍镜下的刻度值,记录菌体大小的测定结果。

注:有些高级显微镜安装的软件具有测得菌大小的功能,测微尺的格数,即可计算出细胞实际大小。

5.2　显微镜直接计数法

5.2.1　实验目的

(1)明确血球计数板计数的原理。

(2)掌握使用血球计数板进行微生物计数的方法。

5.2.2　实验原理

利用血球计数板(图5-2)在显微镜下直接计数,是一种常用的微生物计数方法。此法

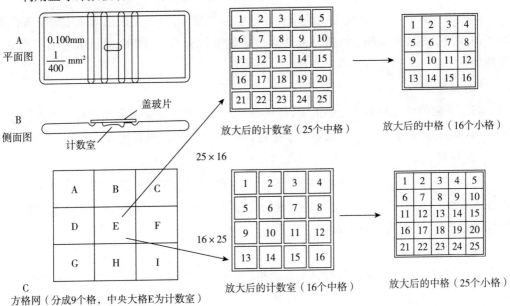

图 5-2　血球计数板

的优点是直观、快速。将经过适当稀释的菌悬液放在血球计数板载玻片与盖玻片之间的计数室中,在显微镜下进行计数。

血球计数板是一块特制的厚的载玻片,其上由 4 条竖槽构成 3 个平台,中间较宽的平台又被一短的横槽隔成两半,其上各刻有一个方格网,每个方格网共分为 9 个大方格,中间的大方格为计数室,微生物的计数就在计数室中进行。

计数板的刻度有两种,即 25×16 或 16×25,现在常用 25×16 的计数板,即计数室(一个大方格)分成 25 个中方格,每个中方格又分为 16 个小方格。两种计数板总共都是 400 小格;体积均为 0.1 mm³ 的空间(面积为 1 mm²,高为 0.1 mm)。

要计数的样品做成悬液,加一滴在计数板上,盖上盖玻片,就可根据显微镜下观察到的每个小方格内平均的微生物细胞数,计算出每毫升样品中含有的细胞数目。此法计得的是活菌体和死菌体的总和,故又称总菌计数法。

5.2.3 实验材料及用具

(1)菌种:培养 48 h 的啤酒酵母菌悬液。
(2)仪器或其他:血球计数板、显微镜、盖玻片、滴管。

5.2.4 实验流程

检查计数板→稀释样品→加样→计数→计算→清洗。

5.2.5 实验步骤

(1)镜检计数室。

取血球计数板一块,先用显微镜检查计数板的计数室,看其是否沾有杂质或干涸的菌体,若有污物,则通过擦洗、冲洗,使其清洁。镜检清洗后,直至计数板的计数室无污物时才可使用。

(2)稀释样品。

将培养后的酵母培养液振荡混匀,然后做一定倍数的稀释。稀释度选择以小方格中分布的菌体清晰可计数为宜。一般以每小格内含 4~5 个菌体的稀释度为宜。

(3)加样。

取出一块干净盖玻片盖在计数板中央,取样前要摇匀菌液,然后用滴管取 1 滴菌悬液注入盖玻片边缘(不可有气泡),让菌液沿缝隙靠毛细管渗透作用自行渗入,若菌液太多可用吸水纸吸去,静置 5~10 min。

(4)显微镜计数。

待细胞不动时将血球计数板置于显微镜载物台上,先用低倍镜找到计数室方格后,换成高倍镜进行计数。一般应取四角及中央 5 个中格的总菌数。每个样品重复 3 次。

调节显微镜光线的强弱适当,对于用反光镜采光的显微镜还要注意光线不要偏向一边,否则视野中不易看清楚计数室方格线,或只见竖线或横线。

在计数前若发现菌液太浓或太稀,需重新调节稀释度后再计数。位于格线上的菌体一般只数上方和右边线上的。如遇酵母出芽,芽体大小达到母细胞一半时,即作为两个菌体计数。

(5)计算每毫升菌液的含菌量。

取以上每个中方格的平均值,再乘以 25 或 16,得出一个大方格中的总菌数,然后换算成每毫升菌液中的总菌数。设 5 个中方格中的总菌数为 A,注:B 表示稀释倍数。如果是 25 个中方格的计数板,则

$$菌体细胞数(CFU/mL) = \frac{A}{5} \times 25 \times 10^4 \times B = 50000A \times B$$

同理,如果是 16 个中方格的计数板,则

$$菌体细胞数(CFU/mL) = \frac{A}{5} \times 16 \times 10^4 \times B = 32000A \times B$$

(6)清洗血球计数板。

计数板使用完毕后先用 95% 的乙醇轻轻擦洗,再用无菌水淋洗,自然晾干或用擦镜纸擦干净。若计数的样品是病原微生物,则需先浸泡在 5% 石炭酸溶液中进行消毒后再清洗。

镜检,观察每小格内是否有残留菌体或其他沉淀物。若不干净,则必须重复洗涤至干净为止。洗净后放回原位。切勿用硬物洗刷。

5.2.6　实验结果

计算样品中酵母菌浓度。

5.2.7　作业

完成实验报告。

5.2.8　思考讨论

(1)为什么随着显微镜放大倍数的改变,目镜测微尺每格相对的长度也会改变?能找出这种变化的规律吗?

(2)根据测量结果,为什么同种酵母菌的菌体大小不完全相同?

(3)能否用血球计数板在油镜下进行计数?为什么?

(4)根据自己的体会,说明血球计数板计数的误差主要来自哪些方面?如何减少误差?

5.3 平板菌落计数法

5.3.1 实验目的

(1)掌握平板菌落总数的测定方法。

(2)掌握稀释倾注平皿法。

5.3.2 基本原理

食品中微生物在适当培养条件下可长出菌落,食品样品经过处理,在一定的条件下(如合适的培养基、培养温度和培养时间等)培养后,所得单位质量样品中的细菌菌落总数,一般以每克(或每毫升)检样中的细菌菌落形成单位数表示,即 CFU/g(mL)。在试验中为了确定样品中活菌的数量,常需要对菌种的数量进行计数,常用的菌种计数方法有倾注法和涂板法,根据检样的污染程度,进行不同倍数的稀释,选择其中的 2~3 个适宜的稀释度,与培养基混合、培养后,进行菌落计数。

5.3.3 实验材料

(1)待检试样:各类液态或固态食品、农产品。

(2)培养基及试剂:平板计数琼脂培养基、磷酸盐缓冲液、无菌生理盐水。

(3)仪器及其他:恒温培养箱、冰箱、恒温水浴箱、天平、振荡器、无菌吸管或微量移液器及吸头、无菌锥形瓶、无菌培养皿、pH 计或精密 pH 试纸、放大镜或菌落计数器。

5.3.4 操作步骤

(1)倾注法的操作流程。

对于倾注法的使用在实际操作中会根据具体的情况而做出适当的修改,例如,如果样品中的菌比较多的话,在倾注之前可以对样品进行适当的稀释,具体的稀释倍数根据实际情况而定。常用的稀释方法为 10 倍稀释法,即取 0.5 mL 原液(或 0.5 g 固体)加入 4.5 mL 的生理盐水中混匀,相当于对原液稀释了 10 倍。

另外,对于培养基中的乳酸菌,在倾注计数之前还有一个洗菌的过程,洗菌的具体操作为:首先将 5 mL 培养液在 3000 r/min 下离心 10 min,弃去上面的培养基,然后在离心管中加入 5 mL 生理盐水,在旋涡振荡器上混匀,继续在 3000 r/min 下离心 10 min,弃掉上清液。反复此步骤 2~3 次,彻底洗掉菌体上的培养基。最后在离心管中加入 5 mL 生理盐水,在旋涡振荡器上震匀后得到原始菌悬液,根据菌悬液中菌的数量适当稀释后进行倾注培养或直接吸取一定量的菌悬液进行倾注培养。下面是具体的过程:

①操作方法:根据标准要求或对活菌数量的估计,选择 2~3 个适宜稀释度,用移液枪

取 1 mL 稀释液于灭菌平皿中,每个稀释度做 3 个平皿。将冷至 46℃ 左右的营养琼脂培养基注入平皿 20 mL,并沿"∞"字形转动平皿,使菌与培养基混合均匀。同时将营养琼脂培养基倾入加有 1 mL 稀释液(不含样品)的灭菌平皿内作空白对照。待琼脂凝固后,翻转平板,置于 37℃ 温箱内培养 48 h 后取出。计算平板内菌落数目,乘以稀释倍数,得到每 1 mL 样品所含菌落总数。

②注意事项:

1)倾注用培养基应在 46℃ 水浴内保温,温度过高会影响细菌生长,温度过低则琼脂易于凝固而不能与菌液充分混匀。如无水浴,应以皮肤感受较热而不烫为宜。倾注培养基的量规定不一,从 15~30 mL 不等,一般以 20 mL 较为适宜,平板过厚则影响观察,太薄又容易干裂。倾注时,培养基底部如有沉淀物,应将底部弃去,以免与菌落混淆而影响计数观察。

2)为使菌落能在平板上均匀分布,检液加入平皿后,应尽快倾注培养基并旋转混匀,检样从开始稀释到倾注最后一个平皿所用时间不宜超过 20 min,以防止细菌死亡或繁殖。

3)培养温度一般为 37℃(不同微生物培养温度会有差异,由于水产品的生活环境水温较低,培养温度多采用 30℃)。培养时间一般为 48 h,有些方法只要求培养 24 h 即可计数。培养箱应保持一定的湿度,琼脂平板培养 48 h 后,培养基失重不应超过 15%。

4)为了避免食品中的微小颗粒或培养基中的杂质与细菌菌落发生混淆,不易分辨,可同时作一稀释液与琼脂培养基混合的平板,不经培养,置于 4℃ 环境中放置,以便计数时作对照观察。

(2)涂板法的操作流程。

涂板法与倾注法在准备工作上没有什么区别,二者的区别在于涂板法是先将营养琼脂培养基倾注到灭菌的培养皿内,等培养基凝固了以后再进行加菌涂板,菌液是注在培养基表面的。注了菌液以后要用灭菌的涂布棒将菌液均匀地涂在培养基的表面,然后进行培养。培养时间、培养温度、培养基的加入量等都与倾注法相同,不再赘述。

5.3.5　实验报告

(1)分别计数平皿中的菌落数,并乘以对应的稀释倍数。

(2)样品菌落总数单位为 CFU/g(mL)。

5.3.6　思考讨论

(1)采用菌落计数法的活菌计数公式是什么?

(2)在细菌总数的测定中,10 倍系列稀释的目的是什么?

(3)培养皿接种后为什么要倒置培养?

5.4 光电比浊计数法

5.4.1 实验目的

(1)了解光电比浊计数法的原理。
(2)学习和掌握光电比浊计数法的操作方法。

5.4.2 基本原理

当光线通过微生物菌悬液时,由于菌体的散射及吸收作用使光线的透过量降低。在一定的范围内,微生物细胞浓度与透光度成反比,与光密度成正比,而光密度或透光度可以由光电池精确测出。因此,可用一系列已知菌数的菌悬液测定光密度,作光密度—菌数标准曲线。然后,以样品液所测得的光密度,从标准曲线中查出对应的菌数。制作标准曲线时,菌体计数可采用血球计数板计数、平板菌落计数或细胞干重测定等方法。

光电比浊计数法的优点是简便、迅速,可以连续测定,适合于自动控制。但是,由于光密度或透光度除了受菌体浓度影响之外,还受细胞大小、形态、培养液成分以及所采用的光波长等因素的影响。因此,对于不同微生物的菌悬液进行光电比浊计数应采用相应的菌株和培养条件制作标准曲线。光波的选择通常在 400~700 nm 之间,具体到某种微生物采用多少还需要经过最大吸收波长以及稳定性试验来确定。另外,对于颜色太深的样品或在样品中还含有其他干扰物质的悬液不适合用此法进行测定。

5.4.3 器材

(1)菌种:酿酒酵母培养液。
(2)仪器或其他:721 型分光光度计、血球计数板、显微镜、试管、吸水纸、无菌吸管、无菌生理盐水等。

5.4.4 操作步骤

(1)标准曲线的制作。
①编号:取无菌试管 7 支,分别用记号笔将试管编号为 1、2、3、4、5、6、7。
②调整菌液浓度:用血球计数板计数培养 24 h 的酿酒酵母菌悬液,并用无菌生理盐水分别稀释调整为每毫升 1×10^6、2×10^6、4×10^6、6×10^6、8×10^6、10×10^6、12×10^6 含菌数的细胞悬液,再分别装入已编好号的 1 至 7 号无菌试管中。
③测 OD 值:将 1~7 号不同浓度的菌悬液摇均匀后于 560 nm 波长,测定 OD 值,用无菌生理盐水作空白对照,并将 OD 值记下。
注:每管菌悬液在测定 OD 值时必须先摇匀。

④以光密度(OD)值为纵坐标,以每毫升细胞数为横坐标绘制标准曲线。

(2)样品测定。

将待测样品用无菌生理盐水适当稀释,摇匀后,在 560 nm 波长,1 cm 比色皿中测定光密度。测定时用无菌生理盐水作空白对照。各种操作条件必须与制作标准曲线时相同,否则,测得值所换算的含菌数就不准确。

(3)根据所测得的光密度值,从标准曲线查得每毫升的含菌数。

每毫升样品原液菌数 = 从标准曲线查得每毫升的菌数×稀释倍数。

5.4.5　思考讨论

(1)光电比浊计数的原理是什么? 这种计数法有何优缺点?

(2)光电比浊计数在生产实践中有何应用价值?

(3)本实验为什么采用 560 nm 波长测定酵母菌悬液的光密度? 如果你在实验中需要测定大肠杆菌生长的 OD 值,你将如何选择波长?

5.5　大肠杆菌生长曲线的测定

5.5.1　实验目的

(1)了解细菌生长曲线特点及测定原理。

(2)学习用光电比浊计数法测定细菌的生长曲线。

5.5.2　实验原理

将少量细菌接种到一定体积的、适合的新鲜培养基中,在适宜的条件下进行培养,定时测定培养液中的菌量,以菌量的对数作纵坐标,生长时间作横坐标,绘制的曲线叫生长曲线。它反映了单细胞微生物在一定环境条件下于液体培养时所表现出的群体生长规律。依据其生长速率的不同,一般可把生长曲线分为延缓期、对数期、稳定期和衰亡期。这 4 个时期的长短因菌种的遗传性、接种量和培养条件的不同而有所改变。因此,通过测定微生物的生长曲线,可以了解各菌的生长规律,对于科研和生产都具有重要的指导意义。

测定微生物生长曲线有多种方法,包括血球计数板法、平板菌落计数法、称重法和光电比浊计数法等,通常可根据要求和实验室条件选用。本实验采用光电比浊计数法测定,由于细菌悬液的浓度与光密度(OD 值)成正比,因此可利用分光光度计测定菌悬液的光密度来推知菌液的浓度,并将所测的 OD 值与其对应的培养时间作图,即可绘出该菌在一定条件下的生长曲线,此法快捷、简便。但是由于光密度表示的是培养液中的总菌数,不区分死活菌,因此光电比浊计数法所测定的生长曲线的衰亡期不明显。

5.5.3 材料

(1)菌种。

大肠杆菌(*Escherichia coli*)。

(2)培养基。

牛肉膏蛋白胨培养基。

(3)仪器用品。

721 型分光光度计、比色皿、恒温摇床、无菌吸管、试管、锥形瓶。

5.5.4 实验流程

种子液制备→标记编号→接种→培养→测定。

5.5.5 操作步骤

(1)种子液制备。

取大肠杆菌斜面菌种 1 支,以无菌操作挑取 1 环菌苔,接入牛肉膏蛋白胨培养液中,静止培养 18 h 作种子培养液。

(2)标记编号。

取含有 50 mL 无菌牛肉膏蛋白胨培养液的 250 mL 锥形瓶 12 个,分别编号为 0 h、1.5 h、3 h、4 h、6 h、8 h、10 h、12 h、14 h、16 h、20 h 和对照。

(3)接种培养。

用 2 mL 无菌吸管分别准确吸取 2 mL 种子液加入已编号的前 11 个锥形瓶中,于 37℃下振荡培养。然后分别按对应时间将锥形瓶取出,立即放冰箱中贮存。待培养结束时一同测定 *OD* 值。

(4)生长量测定。

将对照的牛肉膏蛋白胨培养基倾倒入比色皿中,选用 600 nm 波长分光光度计调节零点,作为空白对照,并对不同时间培养液从 0 h 起依次进行测定,对浓度大的菌悬液用未接种的牛肉膏蛋白胨液体培养基适当稀释后测定,使其 *OD* 值在 0.10~0.65 以内,注意经稀释后测得的 *OD* 值要乘以稀释倍数,才是培养液实际的 *OD* 值。

5.5.6 实验结果

(1)将测定的 *OD* 值填入表 5-1。

表 5-1 *OD* 值测定结果

时间(t)/h	对照	0	1.5	3	4	6	8	10	12	14	16	20
光密度值(OD_{600})												

（2）以上述表格中的时间为横坐标，OD_{600} 值为纵坐标，绘制大肠杆菌的生长曲线。

5.5.7　注意事项

（1）测定 OD_{600} 值时，要从低浓度到高浓度测定。

（2）严格控制培养时间。

5.5.8　思考讨论

（1）用本实验方法测定微生物生长曲线，有何优缺点？

（2）若同时用平板计数法测定，所绘出的生长曲线与用光电比浊计数法测定绘出的生长曲线有何差异，为什么？

第6章　微生物接种与培养技术

6.1　培养基的制备

6.1.1　实验目的

（1）了解培养基的种类及成分。

（2）掌握培养基的配制、分装及灭菌操作方法。

6.1.2　原理

培养基是人工配制的适合微生物生长繁殖或积累代谢产物的营养基质，主要用于培养、分离、鉴定、保存各种微生物或积累代谢产物等。由于微生物具有不同的营养类型，对营养物质的要求也各不相同，加之实验和研究目的的不同，所以培养基的种类很多，使用的原料也各有差异。但从营养角度分析，培养基中含有微生物所必需的碳源、氮源、无机盐、生长因子和水等，另外，培养基还应具有适宜的 pH、一定的缓冲能力、一定的氧化还原电位及合适的渗透压。

培养基的种类繁多。根据培养基的营养物质来源，可将其分为天然培养基、合成培养基和半合成培养基；根据培养基制成后的物理状态，又可将其分为液体培养基、固体培养基和半固体培养基；根据培养基的功能和用途，可将其分为基础培养基、选择性培养基、加富培养基和鉴别性培养基等。使用时要根据不同目的选择需要的培养基。

任何一种培养基一经制成应及时彻底灭菌，以备纯培养用。一般培养基的灭菌采用高压蒸汽灭菌。

不同培养基的配制步骤大致相同：主要包括器皿的洗涤、包扎与灭菌、培养基的配制与分装、棉塞的制作、培养基的灭菌、斜面与平板的制备以及培养基的无菌检查。

6.1.3　实验材料

（1）试剂。

牛肉膏、蛋白胨、氯化钠、琼脂、可溶性淀粉、麦芽汁、葡萄糖、蔗糖、马铃薯、黄豆芽、硫酸亚铁（$FeSO_4 \cdot 7H_2O$）、硝酸钠（$NaNO_3$）、硫酸镁（$MgSO_4 \cdot 7H_2O$）、磷酸氢二钾（K_2HPO_4）、磷酸二氢钾（KH_2PO_4）、氯化钾（KCl）、0.1 mol/L 盐酸溶液、0.1 mol/L 氢氧化钠溶液。

(2)仪器与用具。

高压蒸汽灭菌锅、天平、微波炉、称量纸、烧杯、试管、量筒、锥形瓶、漏斗、玻璃棒、吸管、纱布、牛皮纸或报纸、移液管、棉花、分装架、酸度计(pH 试纸)等。

6.1.4　实验流程

原料称量→溶解→调节 pH 值→融化琼脂→过滤分装→包扎标记→灭菌→摆放斜面或倒平板→无菌检查。

6.1.5　操作步骤

(1)培养基的制备。

①原料称量。

按照培养基配方和实际用量,计算并准确称取各种原料成分。称完一种药品后需要将药匙洗净、擦干,再称取另一药品,严防药品混杂。

②溶解。

用量筒取一定量(约占总量的1/2)无菌水倒入烧杯中,依次将除琼脂外的各种原料加入水中,用玻璃棒搅拌使之溶解。某些不易溶解的原料如蛋白胨、牛肉膏等可先加少量待原料全部放入后,加热使其充分溶解,再补足需要量。

③调节 pH 值。

根据培养基对 pH 值的要求,用0.1 mol/L 盐酸溶液或0.1 mol/L 氢氧化钠溶液调至所需 pH 值。测定 pH 值可用精密 pH 试纸或 pH 计进行。

④融化琼脂。

配置固体培养基或半固体培养基时需加入琼脂。将预先称好的琼脂粉加入液体培养基内,加热融化,并补足水分。

⑤过滤分装。

培养基配好后,趁热(60℃)用多层纱布过滤,目的是使培养基清澈透明,以利于某些实验结果的观察。一般无特殊要求,此步可以省略。根据不同的使用目的,采用移液器或量筒、分装装置分装到各种试管或锥形瓶中。

培养基的过滤分装可以参照图 6-1 进行。如果是液体培养基,玻璃漏斗中放一层滤纸,如果是半固体或固体培养基,则需在漏斗中放置多层纱布,或在两层纱布中夹一层薄薄的脱脂棉趁热进行过滤,过滤后立即进行分装。各容器的分装量为:锥形瓶不超过容量的1/2,高度的1/3;试管液体分装高度以1/4 左右为宜,固体斜面分装高度为1/5,半固体分装高度为1/2~1/3。分装过程中,注意不要使培养基沾在管(瓶)口上以免污染棉塞而引起污染。

⑥包扎标记。

培养基分装后在试管口或锥形瓶口塞上试管塞、棉塞,包扎。贴上标签,写清培养基类

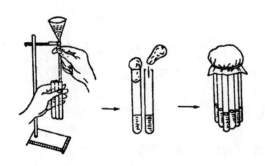

图 6-1　培养基分装装置图

型、组别、配制时间。标签用记号笔或者铅笔书写,以防高温灭菌时蒸汽模糊字迹。

（2）灭菌。

培养基的灭菌时间和温度,应按各种培养基的规定要求进行,以保证灭菌效果和不损伤培养基的营养成分。普通培养基采用 121℃(0.1 MPa)高压蒸汽灭菌 15 min。牛奶培养基用 115℃(0.07 MPa)高压蒸汽灭菌 20 min。当培养基中含有糖类、尿素、氨基酸、酶、维生素、抗生素、血清等不耐热的成分时,应单独使用滤菌器过滤除菌,再按规定的温度和用量加入已灭菌的培养基中。

（3）摆放斜面或倒平板。

已灭菌的固体培养基要趁热制作斜面试管和固体平板。

①斜面培养基的制作方法。

需做斜面的试管,斜面的斜度要适当,使斜面的长度不超过试管长度的 1/2(图 6-2)。摆放时注意不可使培养基沾污棉塞,冷凝过程中勿移动试管。制得的斜面以稍有凝结水析出者为佳。待斜面完全凝固后,再进行收存。制作半固体或固体深层培养基时,灭菌后则应垂直放置至冷凝。

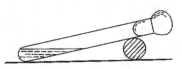

图 6-2　培养基斜面试管的摆放

②平板培养基制作方法。

将已灭菌的琼脂培养基装在锥形瓶融化后,于水浴锅中冷却至 50℃左右倾入无菌培养皿中(图 6-3)。

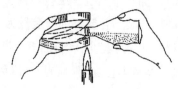

图 6-3　平板培养基制作方法

(4)无菌检查。

接种用的培养基均需要先做无菌培养检查试验。最好从中取 1~2 管(瓶),置于 30~37℃恒温箱中恒温培养 1~2 d,如发现有杂菌生长,应及时再次灭菌,以保证使用前的培养基处于绝对无菌状态。

6.1.6　结果与讨论

本次实验结束后,你认为在制备培养基时要注意些什么问题?

6.2　消毒与灭菌

6.2.1　实验目的

(1)掌握高压蒸汽湿热灭菌的具体操作步骤和方法。
(2)学习过滤除菌的方法和步骤。

6.2.2　概述

在微生物实验中,需要进行纯培养,不能有任何杂菌污染,因此配制好的培养基、微生物实验中所用的器材(如培养皿、试管、锥形瓶等)和工作场所均需进行严格的消毒和灭菌处理。消毒与灭菌的意义有所不同。消毒一般是消灭病原菌和有害微生物的营养体,灭菌则是指杀灭一切微生物的营养体、芽孢和孢子。微生物学实验中常用的消毒和灭菌方法很多,一般可分为加热、过滤除菌、照射和使用化学药品等方法。其中加热灭菌包括湿热灭菌和干热灭菌两种。

以下主要介绍高压蒸汽灭菌和过滤除菌等方法。

(1)高压蒸汽灭菌。

常规加压蒸汽灭菌是实验室中最常用的湿热灭菌方法。这种灭菌方法是基于水的沸点随着蒸汽压力的升高而升高的原理设计的。灭菌锅工作时,其底部的水受热产生蒸汽,充满内部空间,由于灭菌锅密闭,使水蒸气不能逸出,增加了锅内压力,因此水的沸点随水蒸气压力的增加而上升,可获得比 100℃更高的蒸汽温度。当蒸汽压力达到 0.1 MPa(1.05 kg/cm^2)时,水蒸气的温度升高到 121℃,经 15~30 min,可全部杀死锅内物品中的所有微生物及其孢子和芽孢。

灭菌所需时间和温度取决于被灭菌培养基中营养物的耐热性、容器体积的大小和装物量等因素。高压蒸汽灭菌时常用的灭菌压力、温度与时间参考表 6-1。

对于像沙土、石蜡油或含菌量大的物品,应适当延长灭菌时间。

虽然不同类型的灭菌锅外形、大小各异,但其主要结构基本相同,由锅体、锅盖、压力表、排气口、安全阀、灭菌桶等几部分构成,高压蒸汽灭菌器 TOMY-SX700(见图 6-4)。

表 6-1　高压蒸汽灭菌时常用的灭菌压力、温度与时间

蒸汽压力/MPa	蒸汽温度/℃	灭菌时间/min	适用范围
0.05	112	20~30	用于含糖培养基及不耐热物品的灭菌
0.07	115	20~30	用于脱脂乳、全脂牛奶培养基的灭菌
0.10	121	15~20	用于普通培养基、缓冲液、生理盐水、玻璃器皿、金属器械、工作服及传染性、致病性标本等的灭菌

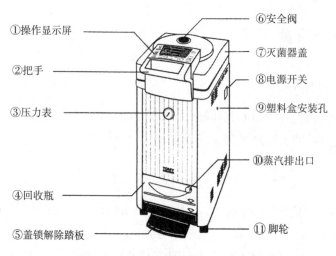

① 操作显示屏　②把手　③压力表　④回收瓶　⑤盖锁解除踏板　⑥安全阀　⑦灭菌器盖　⑧电源开关　⑨塑料盒安装孔　⑩蒸汽排出口　⑪脚轮

图 6-4　高压蒸汽灭菌器 TOMY-SX700

①实验操作流程。

（培养基的制备）→确认回收瓶水位在最低水位和最高水位之间→灭菌锅加无菌水→装料→盖盖→设置灭菌条件→开始运行（经过加压→减压）→开盖→（摆放斜面或倒平板）。

②使用方法。

1）加水。

打开灭菌锅，向锅内加去离子水到标定水位线以上，通常与隔架圈同样高度。加水量以水稍没灭菌锅底部的加热管为宜。水不能过少，以免将灭菌锅烧干引起爆炸。

2）装料。

将待灭菌的物品放入灭菌桶内，排放要疏松，不可太挤，否则阻碍蒸汽流通，影响灭菌效果。装有培养基的容器放置时要防止液体溢出，瓶塞不要紧贴桶壁，以防冷凝水沾湿棉塞。

3）盖盖。

按要求盖好灭菌锅锅盖。

4）加压灭菌。

通常根据制作要求的温度、时间设置灭菌条件。一般培养基和玻璃器皿多采用

0.1 MPa、温度 121℃、20~30 min 灭菌。当压力升至 0.10 MPa(121℃)或其他规定的压力时,开始计算灭菌时间。

5)降压。

压力下降到零后,开盖,取出灭菌物品。

③注意事项。

1)切记向锅内加去离子水,同时加水量要充足,以防灭菌锅烧干而引起加热管烧坏或炸裂事故。若连续使用灭菌锅,每次使用前应补足锅内的去离子水。

2)锅内物品不要摆放太密或太满,以免妨碍蒸汽流通,影响灭菌效果。

3)灭菌时人不得离开现场,并经常观察压力变化,随时调节。

4)切勿在锅内压力尚在"0"点以上完全开启排气阀,否则在较高压力下会因容器内压力下降的速度比锅内慢,造成培养基剧烈沸腾而冲出容器口,使棉塞沾染培养基而发生污染。

5)锅内压力未下降到"0",不能打开锅盖,避免发生人身事故。

(2)过滤除菌法。

过滤除菌主要采用微孔滤膜除菌,常用的装置有抽滤式和注射式两种(图6-5),薄膜细菌过滤器的操作过程如下:

①清洗:新的滤器应在流水中彻底冲洗,滤膜不用清洗。如果是玻璃滤菌器,应先放在 1∶100 盐酸中浸泡数小时,再用流水洗涤。如滤过物含传染性的物质,应先将滤器浸泡于 2% 石炭酸溶液中,2 h 后再行洗涤。

②灭菌:清洗干净晾干后的滤菌器,插入瓶口安装有橡皮塞的抽滤瓶内,在抽滤瓶与橡皮管连接的抽气口中装上棉花,抽滤瓶口用纱布和牛皮纸包扎,将滤膜放于盛有蒸馏水的锥形瓶中单独灭菌,也可放在滤器的筛板上,旋转拧紧螺栓后与滤器一起灭菌。收集滤液的试管或锥形瓶、小镊子单独用牛皮纸包好,另外还需准备一支 10 mL 注射器,用纱布及牛皮纸包好。上述物品于 115℃ 灭菌 1 h,烘干备用。

③过滤除菌:用无菌注射器直接吸取待过滤的牛肉膏蛋白胨培养基或抗生素水溶液,在超净工作台上将此溶液注入不锈钢过滤器的上导管,溶液经滤膜、下导管慢慢流入无菌试管内[图6-5(a)]。若待过滤液体量大,需要连接抽滤瓶[图6-5(b)]。在超净工作台上以无菌操作用小镊子取出滤膜,安放在下节滤器筛板上,旋转拧紧上、下节滤器,将滤器与抽滤瓶连接,用抽滤瓶上的橡皮管和安全瓶上的橡皮管相连,两瓶间安装一个弹簧夹,最后将安全瓶接于电动抽气机上。将待过滤液注入滤菌器内,滤液收集瓶内压力逐渐减低,滤液渐渐流入滤液收集瓶(或抽滤瓶的无菌试管内)。待过滤结束后,先夹紧弹簧夹,然后关闭抽气装置(先使安全瓶与抽滤瓶间橡皮管脱离,防止空气倒流使滤液重新被污染)。在超净工作台上松动抽滤瓶口的橡皮塞,迅速将瓶中滤液倒入无菌的锥形瓶或无菌试管内。滤器用后应立即清洗干净。

④无菌检查:将移入无菌试管或收集瓶内的除菌滤液,取出数滴,接种于牛肉膏蛋白胨

琼脂斜面,于37℃培养24 h。若无菌生长,可保存于4℃冰箱,备用。

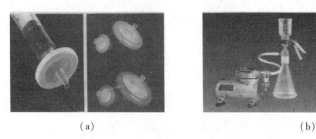

(a)   (b)

图 6-5 过滤除菌装置图

6.2.3 实验结果与报告

(1)了解重要的灭菌技术有哪几种。

(2)简述高压蒸汽湿热灭菌和过滤除菌的原理及操作要点。

6.2.4 思考讨论

(1)对血清、氨基酸溶液、维生素溶液、抗生素溶液等不能进行高压蒸汽灭菌的材料应采用何种方法除菌?

(2)如何检查灭菌后的培养基是否无菌?

6.3 微生物接种技术

6.3.1 实验目的

(1)学习掌握微生物的几种接种技术。

(2)建立无菌操作的概念,掌握无菌操作的基本环节。

(3)掌握细菌、放线菌、酵母菌与霉菌的液体培养、斜面培养与平板培养方法。

6.3.2 基本原理

将微生物的培养物或含有微生物的样品移植到培养基上的操作技术称为接种。微生物接种是微生物实验和科学研究中最基本的操作技术。无论微生物的分离、培养、纯化或鉴定以及有关微生物的形态观察及生理研究等都必须进行接种。常用的接种方法有斜面接种、液体接种、平板接种、穿刺接种等。

接种的关键是严格进行无菌操作。无菌操作是培养基经灭菌后,用经过灭菌的接种工具,在无菌的条件下接种含菌材料于培养基上的过程。如操作不慎引起污染,则实验结果就不可靠,影响下一步工作的进行。

为了获得微生物纯培养物,首先应创造无菌操作条件,一般接种操作在无菌室、超净工作台和酒精灯火焰旁进行。操作时需注意以下要点:所有使用器皿均需严格灭菌;接种用的培养基均需事先做无菌培养试验;双手用 75% 酒精棉或新洁尔灭擦拭消毒;操作过程不离开酒精灯火焰;操作要正确、迅速;接种工具使用之前和之后需经火焰烧灼灭菌,才能接种或放在桌上;棉塞不能乱放,操作时始终夹持于手指中,棉塞回塞时应松紧适宜。

根据不同实验目的和培养方式,接种工具和接种方法各异。常用的接种工具有接种环、接种针、接种钩、吸管、滴管、玻璃涂布棒及接种铲等。

6.3.3　实验材料

(1)菌种。

大肠杆菌斜面菌种、啤酒酵母斜面菌种。

(2)培养基。

①牛肉膏蛋白胨培养基(也叫营养琼脂培养基)。

蛋白胨 10 g,牛肉膏 3 g,氯化钠 5 g,琼脂 15~20 g,无菌水 1000 mL。

制法:将除琼脂以外的各成分溶解于无菌水内,用氢氧化钠溶液校正 pH 值至 7.2~7.4。加入琼脂,加热煮沸,使琼脂溶化。分装于锥形瓶或试管中,121℃高压灭菌 15 min。

注:配方添加一半琼脂即为半固体培养基,不添加琼脂即为液体培养基,以下同。

②麦芽汁培养基。

麦芽浸膏 15 g,无菌水 1000 mL。

将麦芽浸膏在无菌水中充分溶解,滤纸过滤,校正 pH 值至 4.5~4.9,分装,121℃灭菌 15 min。

注:固体培养基加 1.5%~2% 琼脂,配方添加一半琼脂即为半固体培养基,不添加琼脂即为液体培养基,以下同。

(3)仪器与用具。

接种环、接种针、酒精灯、培养皿、记号笔等。

6.3.4　实验内容

实验操作流程:接种(试管斜面、试管穿刺、液体、平板划线)→培养→观察记录。

(1)接种。

①试管斜面接种。

主要用于接种纯种,使其增值后用于鉴定或保存菌种。具体操作如下:

1)在斜面培养基试管上用记号笔标明接种的菌种名称、株号、日期。

2)点燃酒精灯或煤气灯。

3)将菌种斜面培养基(简称菌种管)与待接种的新鲜斜面培养基(简称接种管)持在左手拇指、食指及中指之间,菌种管在前,接种管在后,斜面向上管口对齐,应斜持试管呈 45°角,并能清楚地看到两个试管的斜面,注意不要持成水平,以免管底凝集水浸湿培养基表面

（图6-6）。在火焰边用右手松动试管塞以利于接种时拔出。

4）右手持接种环柄,将接种环垂直放在火焰上,灼烧。镍铬丝部分(环和丝)必须烧红,以达到灭菌目的,然后将手柄部分的金属杆全用火焰灼烧一遍,尤其是接镍铬丝的螺口部分,要彻底灼烧以免灭菌不彻底(图6-7)。

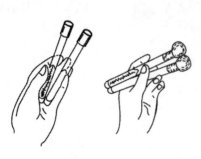
图6-6　斜面接种时试管的两种拿法

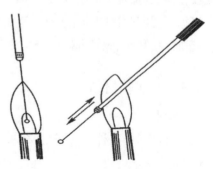
图6-7　接种环的灭菌

5）在火焰边用右手的手掌边缘和小指,小指和无名指分别夹持棉塞或试管塞将其取出,并迅速烧灼管口。将灭菌的接种环探入菌种管内,先将接种环接触试管内壁或未长菌的培养基,使接种环的温度下降达到冷却的目的,然后挑取少许菌苔。将接种环退出菌种试管,迅速伸入接种管,用接种环在斜面上自试管底部向上划 Z 字线(图6-8)。

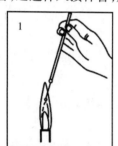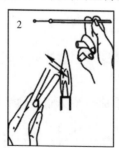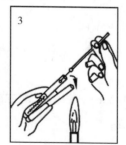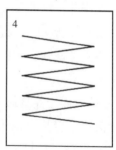
图6-8　斜面接种无菌操作程序

6）接种完毕,接种环应通过火焰抽出管口,并迅速塞上棉塞。再重新仔细灼烧接种环后,放回原处,并塞紧棉塞。

②液体接种。

与斜面接种基本相同,只不过待接试管中的培养基为液体培养基。蘸取斜面菌种后,接种环应在液体培养基中振摇几下,使接种环上的培养物能够分散到液体培养基中。

③试管穿刺接种。

用接种针下段挑取斜面菌种,将接种针从半固体琼脂中心垂直分离刺入底部约0.5 cm处,然后沿原穿刺线将针退出,塞上试管塞,烧灼接种针。

④平板划线接种。

用接种环蘸取少量的斜面菌种,在平板的边缘上反复划几次,然后将接种环置于酒精灯火焰上反复灼烧。待接种环冷却后,再将其置于平板上涂有菌液的末端,开始第二次划线。操作完成后,将接种环再次置于酒精灯火焰上,以杀灭残存的微生物。

(2)培养。

将接种后的试管/平板在适温下培养[大肠杆菌培养温度为(36±1)℃,酵母菌培养温度为(29±1)℃]2 d。

(3)观察记录。

观察各种接种方法的培养结果,并记录菌种生长状态。

6.3.5　实验结果

(1)观察并描述同菌种在斜面、半固体及液体培养基中的培养特征。

(2)观察并描述大肠杆菌和酵母菌在平板划线培养时的菌落特征。

6.4　微生物的培养技术

6.4.1　实验目的

(1)了解不同微生物所需的培养条件。

(2)掌握细菌需氧和二氧化碳培养方法。

(3)熟悉常用的厌氧培养技术。

6.4.2　概述

微生物的培养技术是能够满足微生物所需的营养成分和环境条件,使微生物迅速生长繁殖,表现生理作用或产生某种代谢产物的操作技术。微生物的生长,除了受本身的遗传特性决定外,还受到许多外界因素的影响,如营养物浓度、温度、水分、氧气、pH 等,微生物的种类不同,培养条件也不同。

常用的细菌培养方法分为 4 类,即需氧(普通)、二氧化碳、微需氧和厌氧方法。

6.4.3　实验材料

(1)器材:普通孵育箱、磨口玻璃干燥器、厌氧培养箱、厌氧袋或厌氧罐、二氧化碳孵育箱、真空泵等。

(2)试剂:碳酸氢钠、盐酸、硼氢化钠、氯化钴、焦性没食子酸、钯粒、亚甲蓝、1 mol/L NaOH。

(3)气体:N_2、CO_2 和 H_2。

6.4.4 实验步骤

实验操作流程:依据菌种选用培养技术→培养→观察记录。

(1)依据菌种选用培养技术。

①需氧培养法。

将已接种细菌的培养基置于35℃孵育箱大气环境孵育18~24 h,观察细菌生长情况。一般细菌孵育18~24 h即可出现明显生长,但若标本中的细菌量少或细菌生长较慢,则需培养3~7 d,甚至4~8周后才能观察到生长迹象。本法适用于需氧菌和兼性厌氧菌。

②二氧化碳培养法。

a. 二氧化碳孵育箱:能自动调节二氧化碳的含量和温度,使用较为方便。

b. 化学法(碳酸氢钠—盐酸法):按每升容积碳酸氢钠0.4 g与盐酸1 mol/L 3.5 mL比例,分别将两试剂置于容器内,连同容器放置于标本缸或干燥器内,密封后倾斜容器,使盐酸与碳酸氢钠接触产生CO_2。

上述方法适用于奈瑟菌属和布鲁菌属等苛养菌的培养。

③微需氧培养法。

有些微需氧菌,如空肠弯曲菌、幽门螺杆菌等,在低氧分压的条件下生长良好。可采用抽气换气法,先用真空泵将密闭容器内的空气排尽,然后注入$5\%O_2$、$10\%CO_2$、$85\%N_2$气体,放入35℃孵箱孵育。

④厌氧培养法。

用理化方法除去密闭容器中的氧气,造成无氧环境,以利于专性厌氧菌生长。在实验室中,为了分离某些厌氧菌,可以利用装有原培养基的试管作为培养容器,把这支试管放在沸水浴中加热数分钟,以便逐出培养基中的溶解氧。然后快速冷却,并进行接种。接种后,加入无菌的石蜡于培养基表面,使培养基与空气隔绝。另一种方法是,在接种后,利用N_2或CO_2取代培养基中的气体,然后在火焰上把试管口密封。有时为了更有效地分离某些厌氧菌,可以把所分离的样品接种于培养基上,然后把培养皿放在完全密封的厌氧培养装置中。

常用的方法有抽气换气法和气体发生袋法。

a. 抽气换气法:利用真空干燥缸或厌氧罐,将已接种的平板放入缸或罐中,放入催化剂钯粒和指示剂亚甲蓝,先用真空泵将缸(罐)内抽成负压99 kPa(750 mmHg),然后充入无氧N_2,反复3次,最后充入$80\%N_2$、$10\%H_2$和$10\%CO_2$的混合气体。如缸(罐)内已达无氧状态,则指示剂亚甲蓝为无色。每次观察标本需重新抽气换气,钯粒可催化缸(罐)内残存的O_2和H_2生成水,用过的催化剂钯粒干烤160℃ 2 h可恢复活力而重复使用。

b. 气体发生袋法:厌氧罐是由透明的聚碳酸酯或不锈钢制成,盖子内侧有金属网状容器,用于装厌氧指示剂亚甲蓝和用铝箔裹封的催化剂钯粒。气体发生袋是铝箔袋,内装硼氧化钠—氯化钴合剂和碳酸氢钠—柠檬酸合剂各1丸及1条滤纸条。使用时剪去指定部位,注入 10 mL 水,水沿滤纸条渗到两种试剂丸,发生化学反应,产生 H_2 和 CO_2。

c. 厌氧袋法:采用无毒、透明不透气的复合塑料薄膜制成的厌氧菌培养袋。袋内装有催化剂钯粒和 2 支安瓿,1 支装有化学药品(成分同上),以产生一定比例的 H_2 和 CO_2(H_2、CO_2 发生器),另 1 支装有指示剂亚甲蓝。使用时将已接种厌氧菌的平板装入袋内,用文具夹夹紧袋口,使成密闭状态,然后折断放在袋内的产气安瓿,数分钟后再折断亚甲蓝安瓿,若亚甲蓝无色即表示袋内已处于无氧状态,即可置于 35℃ 孵育。

d. 平皿碱性焦性没食子酸法:按每 100 mL 容积需用焦性没食子酸 1 g 和 2.5 mol/L NaOH 10 mL 的用量,先将焦性没食子酸放入平皿盖背面折叠的灭菌纱布中,然后滴入 NaOH,立即将接种好厌氧菌的平板扣上,用熔化的石蜡密封平皿与平皿盖的间隙,置于 35℃ 孵育。由于碱性溶液与焦性没食子酸作用,不仅吸收 O_2 也吸收 CO_2,对某些细菌生长不利,同时焦性没食子酸氧化时,可放出少量 CO,也对有些细菌生长不利,为此,可将 NaOH 改为 $NaCO_3$,方法同上。

e. 厌氧手套箱培养法:厌氧手套箱是迄今为止国际上公认的培养厌氧菌最佳仪器之一。它是一个密闭的大型金属箱,箱的前面有一个有机玻璃做的透明面板,板上装两个手套,可通过手套在箱内进行操作。由手套操作箱及传递箱两个主要部分组成,操作箱内有一个小型恒温培养箱。适用于在无氧环境中连续进行标本接种、培养和鉴定等全部工作。

(2)培养。

(3)观察记录。

观察不同微生物的培养方法,并记录菌种的生长状态。

6.4.5　结果

观察并描述不同微生物在所需条件下的菌种生长情况。

6.4.6　思考讨论

比较一种微生物在不同培养条件下的生长差异。

第7章 微生物分离纯化技术

7.1 纯种分离技术

7.1.1 检验目的

通过学习微生物的纯种分离、培养和接种技术,进而学会微生物生理生化反应的实验。在水处理的细菌检查中,细菌的分离、培养和接种也是一个重要的环节。微生物纯种分离的方法有两种:稀释平板法和平板划线法。

7.1.2 基本知识

纯种分离技术是微生物学中重要的基本技术之一。从混杂微生物群体中获得单一菌株纯 培养的方法称为分离(isolation)。纯种(纯培养,pure cultivation)是指一株菌种或一个培养物中所有的细胞或孢子都是由一个细胞分裂、繁殖而产生的后代。获得纯种的关键是在操作过程中必须严格按照无菌操作技术进行。为了生产和科研的需要,人们往往需从自然界混杂的微生物群体中分离出具有特殊功能的纯种微生物。一些被其他微生物污染的菌株,或在长期培养或生产过程中丧失原有优良性状的菌株以及经过诱变或遗传改造后的突变株、重组菌株,均需进行分离和纯化。

7.1.3 实验材料

无菌培养皿(直径90 mm)、无菌吸管、无菌锥形瓶、无菌试管、无菌水(每管有9 mL无菌水)、营养琼脂培养基(已灭菌)、活性污泥、接种环、酒精灯、恒温箱等。

7.1.4 检验过程

(1)培养基的制备及灭菌。

(2)玻璃器皿的包扎与灭菌。

(3)9套培养皿一组,用报纸包装。

(4)取4支吸量管,在其吸端塞少许棉花后用长报纸条包扎。

(5)干热灭菌:上述玻璃器皿在160 ℃烘箱内灭菌2 h。

(6)无菌水的制备:在3支试管中各装入9 mL无菌水,塞上硅胶塞,同下述培养基一起用高压蒸汽灭菌。

(7)培养基的制备。

称量:牛肉膏、蛋白胨、NaCl、琼脂、无菌水。

(8)溶化:用烧杯在电炉上将上述各物依次溶解,注意补充水。

(9)调节 pH:用 10% NaOH 或 10% HCl 调节溶液 pH 为 7.6 左右。

(10)分装:4 支试管各装其高度 1/5 的溶液,其余溶液装锥形瓶。

(11)加塞包扎:锥形瓶加棉塞并用牛皮纸包扎。

(12)湿热灭菌:高压蒸汽灭菌[1.05 kg/cm² (103 kPa)]、灭菌条件为 121℃灭菌 20 min。

(13)搁置斜面:试管培养基冷至 50℃时斜搁使斜面长度不超过试管一半。

①平板划线分离法。

1)倒平板:将融化并冷至 50℃的细菌培养基倒 15~20 mL 于无菌培养皿中,立即放在桌上轻轻转动使之均匀。冷后成平板。

2)划线:在火焰旁,左手拿平板,右手拿接种环,取一环菌液(原污水)在平板上划线。

3)划线完毕后盖上皿盖,倒置于 37℃恒温箱中培养 48 h 后观察结果。

②稀释平板分离法。

1)取样。

2)稀释水样:以无菌操作按 10 倍稀释法用无菌吸量管和无菌水将 10^{-3} 倍的水样稀释至 10^{-4}、10^{-5}、10^{-6} 倍。

3)平板制作:将 3 套无菌培养皿编号,将上述 3 种浓度的水样各吸 0.5 mL 于相应的培养皿中。加热融化培养基,待其冷却至约 50℃时以无菌操作倾注 10~15 mL 培养皿中,马上将培养皿平放桌上轻轻转动使之混合均匀,冷却后成平板。倒置,于 37℃培养 48 h 后观察结果。

7.1.5　思考讨论

(1)分离活性污泥为什么要稀释水样? 你考虑怎样来进行生物膜法生物膜的纯种分离和培养?

(2)用一根无菌吸管取几种浓度的水样时,应从哪一个浓度开始? 为什么?

7.2　菌种分离纯化的步骤

7.2.1　检验目的

(1)了解微生物分离与纯化的原理。

(2)掌握常用的分离与纯化微生物的方法。

(3)学习并掌握微生物的几种接种技术。

（4）建立无菌操作的概念，掌握稀释菌液、倒平板等无菌操作技术。

7.2.2　实验原理

土壤是微生物生活的大本营，土壤中所含的微生物在数量和种类上都是极其丰富的。因此，土壤是微生物多样性的重要场所，是发掘微生物资源的重要基地，可以从中分离和纯化得到许多有价值的菌株。本实验将采用分离纯化技术从土壤中分离得到的微生物，此技术是微生物学中重要的基本技术之一。从混杂微生物群体中获得只含有某一种或某一株微生物的过程称为微生物的分离与纯化。从食品或其他样品中分离微生物的目的是查找与污染有关的微生物，或找出能应用于食品加工的微生物，这对于食品生产和研究很有价值。所以，在分离时应掌握原则，以便指导检出微生物，避免漏查误查。微生物在固体培养基上生长形成的单个菌落，通常是由一个细胞繁殖而成的集合体。因此，可以通过挑取单一菌落而获得一种纯培养。本次实验采取平板划线法完成。将微生物的培养物或含有微生物的样品移植到培养基上的操作技术称为接种。接种是微生物实验及科学研究中的一项最基本的操作技术。无论微生物的分离、培养、纯化或鉴定以及有关微生物的形态观察及生理研究都必须进行接种。接种的关键是要严格地进行无菌操作，如果操作不慎引起污染，则会导致实验结果不可靠，继而会影响下一步工作的进行。根据菌落的生长特征，在一定程度上可以鉴定是何种微生物。

7.2.3　实验设备及材料

照相设备、烘箱、显微镜、天平、乳胶头、橡皮圈、牛皮纸、接种环、无菌培养皿、含有 9 mL 生理盐水的试管（带有试管塞）、盛有 99 mL 生理盐水并带有瓶塞的锥形瓶、移液管、洗耳球、烧杯、玻璃棒、试管架、电炉、手套、酒精灯、打火机、生理盐水（0.85% NaCl）、营养琼脂培养基、棉绳等。

7.2.4　实验方法步骤及注意事项

（1）采土样。

选择校园内肥沃（微生物较多）的土壤，去表层土，挖 5 cm 深度的土壤约 10 g，装入洁净的小烧杯中，封好口，带回实验室。

（2）制备土壤稀释液。

用天平称取土样 1.0 g，放入盛有 99 mL 生理盐水的锥形瓶中，充分搅拌振荡 10 min，使土壤均匀分散成为土壤悬液，用 1 mL 移液管从中吸取 1 mL 土壤悬液，注入装有 9 mL 生理盐水的试管中，吹吸 3 次，振荡均匀，然后用同样方法，配制成稀释度为 $10^{-1} \sim 10^{-6}$ 的土壤菌悬液。用一支新的无菌移液管，由低浓度开始，从各浓度土壤稀释液中各吸取 1 mL，对号均匀地放入已写好稀释度的培养基平板上，在酒精灯火焰上方操作，每个浓度做 3 个平板（重复）。注意：操作时每一个稀释度换一支试管移取液体，移取液体和将液体置于培养皿中时必须在火焰上方操作,这样可以在一定程度上保证是无菌操作。

(3)倒平板。

右手持含有培养基的锥形瓶置于火焰旁边,左手将瓶塞轻轻地拔出,瓶口保持对着火焰,然后左手拿培养皿并将皿盖在火焰附近打开一缝,迅速倒入培养基约 1/3,加盖后轻轻摇动培养皿,右三圈,左三圈,右三圈,使培养基均匀分布在培养皿底部,然后平置于桌面上,冷却后倒置。注意:倒平板必须在火焰上方操作,这样可以在一定程度上保证是无菌操作。

(4)培养:用牛皮纸包好,放到温度为 37℃ 的恒温箱中培养 24 h 后观察。

(5)纯化和接种:用已经灭菌的接种环从平板培养基上挑取分离的单个菌落,接种到培养皿和斜面培养基(接种管)上,培养皿用平板划线法完成,平板划线应不少于 150 条线,用牛皮纸包好恒温培养 24 h 后观察。

(6)鉴定:根据菌落的生长特征,对照食品微生物学课本,鉴定是何种微生物。

7.2.5　实验数据处理方法

观察培养基和试管里的微生物的生长情况,根据菌落的生长特征,对照食品微生物学课本,鉴定是何种微生物。

7.3　病毒的培养

7.3.1　培养原理

实验室培养病毒常使用动物接种和鸡胚培养两种方法,鸡胚培养更为常见。鸡胚培养方法操作简便,禽病毒病大部分可通过鸡胚培养分离病毒。最常用的鸡胚接种方法有四种即绒毛尿囊膜接种法、羊膜腔(羊水囊)接种法、尿囊腔接种法和卵黄囊接种法。根据不同病毒和不同实验目的适宜采用不同的接种方法。

7.3.2　所需材料

鸡胚[无特定病原体(SPF)鸡胚或低母源抗体的鸡胚,多采用 9~11 日龄的活鸡胚种]、3% 碘酒、蛋托、石蜡、氧化锌胶布、孵化箱、无菌吸管、无菌试管和无菌平皿。

7.3.3　培养步骤

7.3.3.1　接种前的准备

主要是鸡胚准备:选择 9~11 日龄的鸡胚,在照蛋时以记号笔勾出气室,于气室稍下方胚胎活跃而血管明显的区域中,在血管之间的间隙划上记号,作为接种部位。用 3% 碘酒对接种部位进行消毒,再用 75% 乙醇棉球擦一遍,在接种定位处打孔,气室向上竖放于蛋托上。

7.3.3.2 鸡胚的接种

(1)尿囊腔接种。

取 9～11 日龄鸡胚,锥子在酒精灯火焰烧灼消毒后,在气室顶端蛋壳消毒处钻一小孔,针头从小孔处插入深 1.5 cm,即已穿过了外壳膜且距胚胎有半指距离,注射量 0.1～0.2 mL。注射后以石蜡封闭小孔,置孵育箱中直立孵化。

(2)卵黄囊接种。

取 6～8 日龄鸡胚,可从气室顶侧接种(针头插入 3～3.5 cm),因胚胎及卵黄囊位置已定,也可从侧面钻孔,将针头插入卵黄囊接种。侧面接种不易伤及鸡胚,但针头拔出后部分接种液有时会外溢,需用酒精棉球擦去。其余同尿囊腔内注射。

(3)绒毛尿囊膜接种。

取 9～11 日龄鸡胚,先在照蛋灯下划出气室位置,并在尿囊膜接种部位作一"记号"。将胚蛋横卧于蛋座上"记号"朝上。用碘酒消毒记号处及气室部。在气室部位钻一小孔,然后用锥子在记号处蛋壳上部位钻一小孔,并用小镊子剥离蛋壳使孔扩大,勿损伤壳膜。用注射针头在壳膜上划一小缝,勿伤绒毛尿囊膜,将一滴生理盐水滴于卵膜缝隙处。用针尖刺破气室囊膜,用大胶球自小孔处吸气造成负压,生理盐水下沉,绒毛尿囊膜凹下,人工气室制造成功。用注射器从上面小孔注入 0.1～0.2 mL 病毒液于尿囊膜上。接种完毕用熔化石蜡封闭两孔。人工气室向上,横卧于孵化箱中,逐日观察。

(4)羊膜腔接种。

取 10～12 日龄鸡胚,消毒气室顶上的蛋壳,将气室顶端的蛋壳钻出一三角形的裂痕,从窗口用小镊子剥开蛋膜,手用镊子夹住羊膜腔并向上提,另一手注射 0.05～0.1 mL 病毒液入腔内,然后以氧化锌胶布封闭人工窗口,滴上熔化的固体石蜡,使蛋直立孵化。

7.3.4 接种后检查

接种后 24 h 内死亡的鸡胚,系由于接种时鸡胚受损或其他原因而死亡,应该弃去。24 h 后,每天照蛋 2 次,如发现鸡胚死亡立即放入冰箱,于一定时间内不能致死的鸡胚也放入冰箱冻死。死亡的鸡胚置于冰箱中 1～2 h 即可取出,收取材料并检查鸡胚病变。

7.3.5 鸡胚材料的收获

原则上接种什么部位,收获什么部位。尿囊腔接种通常收取尿囊液,用无菌法去气室顶壳,并撕去壳膜,撕破尿囊膜,用镊子轻轻按住胚胎,以无菌吸管吸取尿囊液置于无菌试管中,多时可收获 5～8 mL,将收获的材料低温保存。收获时注意将吸管尖置于胚胎对面,管尖放在镊子两头之间。若管尖不放于镊子两头之间,游离的膜便会挡住管尖吸不出液体。收集的液体应清亮,混浊则表示有细菌污染。最后取 2 滴尿囊液滴于斜面培养基上,放在温箱培养作无菌检查。无菌检查不合格,收集材料废弃。羊膜腔接种首先收完尿囊液,后用注射器带针头插入羊膜腔内收集,约可收到 1 mL 液体,无菌检查合格保存。卵黄囊内接种者,先收掉绒毛尿囊液和羊膜腔液,后用吸管吸卵黄液,无菌检查同上,并将整个内容物倾入无菌平皿中,剪取卵黄膜保存。

7.3.6　废料处理

操作完毕后,将所有用具煮沸消毒,擦干净后,再以消毒水浸洗,卵壳、卵膜和胚胎等残物煮沸后消毒弃去。

7.4　食用真菌的培养

7.4.1　实验原理

液体培养是研究食用菌多种生化特征及生理代谢的最适方法。高等真菌菌丝体在液体培养基里分散状态好,营养吸收及氧气等气体交换容易,生长快。发育成熟的菌丝体及发酵液可制成药物或饮料和食品添加剂等。在固体栽培时,用液体菌种代替固体原种(由斜面接种,俗称母种扩大培养而成的菌种)时,由于其流动性大,易分散,很快就能布满整瓶,大大缩短培养时间。培养方法可影响菌丝体的形态和生理特征,菌丝体的多少除与培养基有关外,还与环境条件,尤其是与液体培养时的转速有关。

瓶栽、袋料栽培、室外栽培及段木露天栽培等是食用菌(包括药用真菌)大规模生产的方法,本实验以侧耳为材料,学习真菌的液体培养和固体栽培技术。

7.4.2　培养材料

马铃薯培养基、玉米粉蔗糖培养基、玉米粉综合培养基、侧耳(俗称平菇、北风菌等)、接种铲、接种针、棉籽壳。

7.4.3　实验步骤

基本流程:

菌丝→固体栽培→一级种(斜面菌种)→二级种(摇瓶种子)→发酵培养。

7.4.3.1　食用菌的液体培养

(1)一级种培养(斜面菌种,俗称母种,母种斜面移种后称原种)。

用无菌接种环挑取斜面菌丝 1 块,接种于马铃薯培养基斜面中部;26~28℃培养 7 d。食用菌的细胞分裂仅限于菌丝顶端细胞,若用接种环刮下表面菌苔接种,因切断薄丝,DNA流失严重,大多生长不好。

(2)二级种培养(摇瓶种子)。

将上述一级种用无菌接种铲铲下约 0.5 cm² 的菌块至装有 50 mL 玉米粉蔗糖培养基的

250 mL 锥形瓶中,26~28℃静置培养 2 d,再置旋转式摇床,同样温度,(150~180) r/min,培养 3 d。静置培养,促使铲断菌丝的愈合,有利于繁殖。大规模菌丝生产,一般都进行二级摇瓶种子培养。

作为固体栽培的种子,在菌丝球数量达到最高峰时(3 d 左右),放入 10 颗左右灭菌玻璃珠,适度旋转摇动 5~10 min 均质菌丝,将这种均质化的菌丝片段悬液作为接种物(或用匀浆器,均质一定时间)。取 1 mL 涂布在酵母膏麦芽汁琼脂平板上,重复 3 份,置于 28℃温度下培养 3 d 后计算菌落数。

用摇瓶种子可以直接作固体栽培种。用均质菌丝悬浮液作栽培种,发育点多、接种效果好,也可以用成熟的摇瓶种子接种处理好的麦粒,制成液体麦粒栽培种,细胞年龄一致,老化菌丝少,用作栽培种,则生产时间缩短,污染率低,可增产 5%~25%。

（3）发酵培养。

上述摇瓶种子无杂菌污染即可分别以 10%接种量接入三个玉米粉综合培养基中(250 mL 锥形瓶),25~28℃培养 3~4 d。从第一天起至结束,每天取已知重量的干燥离心管 3 支,分别重复取样 2 mL,4000 r/min,离心 10 min,弃上清液,60~62℃,24 h 干燥至恒重。发酵液由稠变稀,菌丝略有自溶即应暂停培养。

7.4.3.2 食用菌的固体培养

（1）配料、装瓶和消毒。

3 个 550 mL 罐头瓶,按比例称好 330 g 棉籽壳培养基,依法配制,及时装瓶。底部料压得松一些,瓶口压紧些,中间扎直径约 1.5 cm 洞穴,用牛皮纸及时封瓶口,高温灭菌 1.5~2 h。

（2）接种培养。

待培养基温度降至 20~30℃时,用大口无菌吸管于中部接进 5%摇瓶种子或 3%均质易浮液,培养基表面稍留点。扎好牛皮纸移入培养室。

（3）栽培管理。

①发菌:即菌丝在营养基质中向四周的扩散伸长期。室温控制在 20~23℃,相对湿度 70%~75%。7 d 以后菌丝伸长最快,室内 CO_2 浓度升高。要早晚各通风 1 次,保持空气新鲜。25~30 d 菌丝可长满全瓶,及时给予散射光照,继续培养 4~5 d,让其达到生理成熟。

菌丝繁殖时,瓶内实际温度一般高于室温 4~6℃,瓶内温度不应高于 29℃。侧耳菌丝在黑暗中能正常生长,有光可使菌丝生长速度减缓。

②桑葚期:菌丝成熟后给予 200 lx 左右散射光照,将瓶子移至 12~20℃培养室进行周期低温刺激,一般 3~5 d 后瓶口内略见空隙和小水珠,产生瘤状突起,这是子实体原基,叫原基形成期,形似桑葚。

7.5　微生物菌种的复壮技术

7.5.1　实验原理

菌种在长期保存过程中会出现部分菌种退化现象。"退化"是一个群体概念,即菌种中有少数个体发生变异,不能算退化,只有相当一部分乃至大部分个体的性状都明显变劣,群体生长性能显著下降时,才能视为菌种退化,菌种退化往往是一个渐变的过程,菌种退化只有在发生有害变异的个体在群体中显著多至占据优势时才会显露出来。因此,尽管个体的变异可能是一个瞬时的过程,但菌种呈现"退化"却需要较长的时间。菌种退化的原因和基因的负突变有关。菌种退化是一个从量变到质变的过程。最初,在群体中只有个别细胞发生负突变,这时如不及时发现并采取有效措施而一味地传代,就会造成群体中负突变个体的比例逐渐增高,最后占据优势,从而使整个群体表现出严重的退化现象。菌种衰退最易察觉到的是菌落和细胞形态的改变,菌种衰退会出现生长速度慢,代谢产物生产能力减弱或其对宿主寄生能力明显下降。因此,在使用菌种前需对菌种进行复壮。

复壮就是通过分离纯化,把细胞群体中一部分仍保持原有典型性状的细胞分离出来,经过扩大培养,最终恢复菌株的典型性状,但这是一种消极的复壮措施;广义的复壮即在菌株的生产性能尚未退化前就经常有意识地进行纯种分离和生产性能的测定,保证生产性能的稳定或逐步提高。常用的菌种分离纯化方法很多,大体上可分为三种。第一种分为两类,一类较粗放,一般只能达到菌落纯的水平,即从种的水平上来说是纯的,例如,在琼脂平板上进行划线分离、表面涂布或与尚未凝固的琼脂培养基混匀后再倾注并铺成平板等方法获得单菌落;另一类较精细,是单细胞或单孢子水平上的分离方法,它可达到细胞纯的水平。第二种是在宿主体内进行复壮,对于寄生性微生物退化菌株,可直接接种到相应的动植物体内、通过寄主体内的作用来提高菌株的活性或提高它的某一性状。第三种方法是淘汰已衰退的个体,通过物理、化学的方法处理菌体(孢子),使其死亡率达到80%以上或更高一些,存活的菌株一般是比较健壮的,从中可以挑选出优良菌种,达到复壮的目的。食品微生物菌种的复壮主要是采用第一种方法。

7.5.2　培养材料

(1)菌种。

保加利亚乳杆菌(*Lactobacillus bulgaricus*)(要求接种奶管已在冰箱中保藏两周)。

(2)试剂及器材。

MRS 培养基、标准 NaOH 溶液、无菌移液管、旋涡振荡器、无菌培养皿、含 9 mL 无菌生理盐水试管及接种针等。

7.5.3 实验步骤

（1）编号。

取盛有 9 mL 无菌水的试管排列于试管架上，依次标明 10^{-1}、10^{-2}、10^{-3}、10^{-4}、10^{-5}、10^{-6}。取无菌培养皿 3 套，分别用记号笔标明 10^{-4}、10^{-5}、10^{-6}。

（2）稀释。

手持复壮菌种培养液在旋涡振荡器上混合均匀，用 1 mL 无菌吸管精确地吸取 1 mL 菌悬液于 10^{-1} 试管中，振荡混合均匀，然后另取一支吸管自 10^{-1} 试管内吸 1 mL 移入 10^{-2} 试管内，依此方法进行系列稀释至 10^{-6}。

（3）倒平板。

用 3 支 1 mL 无菌吸管分别吸取 10^{-4}、10^{-5}、10^{-6} 的稀释液各 0.1 mL 对号放入已编号的无菌培养皿中。无菌操作倒入熔化后冷却至 45℃ 左右的 MRS 固体培养基 10~15 mL，置水平位置，按同一方向，迅速混匀，待凝固后置于 40℃ 培养箱中培养。

（4）分离。

取出培养 48 h 的培养皿，在无菌工作台上，用接种针挑取 10 个成棉花状较大的菌落，分别接种于液体 MRS 培养基中，置 40℃ 培养箱中培养 24 h。

（5）接种。

按 1% 的接种量将纯化的培养物接种于已灭菌的复原脱脂乳中，同时接种具有较高活力的保加利亚乳杆菌于复原脱脂乳中作为对照。

7.5.4 活力测定

（1）观察：观察复原脱脂乳的凝乳时间。

（2）酸度：采用 NaOH 滴定法测定发酵乳液的酸度。

（3）计数：采用倾注平板法，测定活菌菌落数量。

7.5.5 实验结果

描述保加利亚乳杆菌菌落形态及单个保加利亚乳杆菌的形态。根据凝乳时间最短、酸度最高、活菌数最大挑选出优良菌株。

7.5.6 注意事项

（1）在用吸管吸取稀释液时，吸管尖端不要碰到液面，以免吹出时管内液体外溢。

（2）在使用吸管抽吸时吸管深入管底，吹时离开液面，使其混合均匀。

7.6　微生物的人工诱变育种技术

7.6.1　紫外线诱变筛选淀粉酶活力高的菌株

7.6.1.1　实验原理

诱变育种是指利用物理、化学等各种诱变剂处理均匀分散的微生物细胞,显著提高基因的随机突变频率,而后采用简便、快速、高效的筛选方法,从中挑选出少数符合育种目的的优良突变株,以供科学实验或生产实践使用。诱变育种主要环节:一是选择合适的出发菌株,制备单孢子(或单细胞)悬浮液;二是选择简便有效的诱变剂,确定最适的诱变剂量;三是设计高效率的筛选方案和筛选方法,即利用和创造形态变异、生理变异与产量间的相关指标进行初筛,再通过初筛的比较进行复筛,精确测定少量潜力大的菌株的代谢产物量,从中选出最好的菌株。常采用摇瓶或台式发酵罐放大实验,以进一步接近生产条件的生产性能测定。

本实验采用最常用且简便有效的紫外线(简称 UV)物理诱变剂筛选淀粉酶活力高的菌株。紫外线诱变最有效的波长为 250~270nm,在 260nm 左右的紫外线被核酸强烈吸收,引起 DNA 结构变化。一般紫外线杀菌灯所发射的紫外线大约有 80%是 254nm。紫外线引起 DNA 结构变化的形式很多,如引起 DNA 链或氢键的断裂、DNA 分子内或分子间的交联、核酸与蛋白质的交联、胞嘧啶的水合物作用。但其最主要的作用是形成胸腺嘧啶二聚体。若在同链 DNA 的相邻嘧啶间形成胸腺嘧啶二聚体,将阻碍碱基间的正常配对;若在两条 DNA 链之间形成胸腺嘧啶二聚体,将阻碍 DNA 的复制,或引起碱基序列的变化。最终导致复制突然停止或错误复制,轻者引起基因突变,重者造成死亡。

经紫外线照射后,损伤的 DNA 能被可见光复活。因此,经紫外线照射后的菌液必须在暗室或红光下进行操作或处理,培养时需用黑纸或黑布包裹,避免可见光的照射。此外,照射处理后的菌液不要贮放太久,以免突变在黑暗中修复。

7.6.1.2　培养材料

(1)菌种。

枯草芽孢杆菌 BF7658 牛肉膏蛋白胨斜面培养物。

(2)试剂及器材。

牛肉膏蛋白胨斜面培养基、牛肉膏蛋白胨液体培养基(装 20 mL/250 mL 锥形瓶,用纱布塞)、淀粉琼脂培养基、碘液、无菌 0.85%生理盐水(9 mL/管,装 20 mL/100 mL 三角瓶,带适量玻璃珠)、无菌培养皿(ϕ6 cm 2 套、ϕ9 cm 40 套)、无菌吸管(1 mL、5 mL)、锥形瓶、试管、量筒、烧杯、紫外灯箱(紫外灯 15 W,距离 30 cm)、磁力搅拌器、无菌磁力搅拌棒、台式离心机、培养箱、振荡培养箱、接种环、玻璃涂布棒、酒精灯、火柴、记号笔、黑布或黑纸、红光灯等。

7.6.1.3　实验步骤

（1）菌悬液的制备。

挑取枯草芽孢杆菌 BF7658 斜面原菌转接于新鲜牛肉膏蛋白胨斜面上，经 30℃ 活化培养 24 h 后，取一环接种于盛 20 mL 牛肉膏蛋白胨培养基的锥形瓶中，30℃ 摇瓶培养 14~16 h（为该菌的对数期）后倒入无菌离心管，以 3000 r/min 离心 15 min，弃上清液，将菌体用无菌生理盐水离心洗涤 2 次后，转入盛有 20 mL 生理盐水带玻璃珠的锥形瓶中，强烈振荡 20 min 或在旋涡混合器上振荡 30 s，以打散菌团，用显微镜直接涂片计数法计数，调整菌悬液的细胞浓度为 10^8 个/mL。

（2）菌悬液的活菌计数。

取菌悬液 1 mL 按 10 倍稀释法逐级稀释至 10^{-7}。取 10^{-5}、10^{-6}、10^{-7} 三个稀释度各 0.1 mL 移入淀粉琼脂培养基平板上（作为对照平板），用无菌玻璃涂布棒涂布均匀，每个稀释度涂 2 个平板，置 30℃ 培养 48 h 后进行菌落计数。根据平均菌落数计算诱变处理前 1 mL 菌悬液内的活菌数，据此数再计算诱变处理后的存活率和致死率。

（3）紫外线诱变处理。

打开紫外灯预热约 20 min。分别吸取菌悬液 5 mL 移入 2 套 6 cm 的无菌培养皿中，放入无菌磁力搅拌棒，置磁力搅拌器上，距 15 W 紫外灯下 30 cm 处。打开磁力搅拌器，再打开皿盖，开始计时，边搅拌边照射，照射剂量分别为 3 min、5 min。盖上皿盖，关闭紫外灯。所有操作必须在红光灯下进行。

（4）稀释、涂平板。

在红光灯下分别取 3 min 和 5 min 诱变处理菌悬液 1 mL 于装有 9 mL 无菌生理盐水的试管中，按 10 倍稀释法逐级稀释至 10^{-4}，取 10^{-2}、10^{-3}、10^{-4} 三个稀释度（3 min 和 5 min 处理）各 0.1 mL 移入淀粉琼脂培养基平板上，用无菌玻璃涂布棒涂布均匀，每个稀释度涂 2 个平板。用黑布或黑纸包好平板，于 30℃ 避光培养 48 h 后进行菌落计数。根据平均菌落数计算诱变处理后的 1 mL 菌液内的活菌数。注意：在每个平板背后要标明处理时间、稀释度、组别。

（5）观察诱变效应（初筛）。

枯草芽孢杆菌能分泌淀粉酶，分解周围基质中的淀粉产生透明圈。分别向菌落数在 5~6 个的平板内加数滴碘液，在菌落周围将出现透明圈，分别测量平板上透明圈直径与菌落直径，并计算两者之比值（HC 比值），与对照平板进行比较。一般透明圈越大，淀粉酶活性越高；透明圈越小，则酶活性越低。根据 HC 比值作为鉴定高产淀粉酶菌株的指标。挑取 HC 比值大且菌落直径也大的单菌落 40~50 个移接到新鲜牛肉膏蛋白胨斜面上，30℃ 培养 24 h 后，留待进一步复筛用。

7.6.1.4　实验结果

（1）计算存活率和致死率。

将培养好的平板取出进行菌落计数。根据对照平板上菌落数，计算出每毫升菌液中的活菌数。同样计算出紫外线处理 3 min 和 5 min 后每毫升菌液中的活菌数。

存活率＝(处理后每毫升活菌数/处理前每毫升活菌数)×100%

致死率＝[(处理前每毫升活菌数－处理后每毫升活菌数)/处理前每毫升活菌数]×100%

(2)测量经 UV 处理后的枯草芽孢杆菌菌落周围的透明圈直径与菌落直径,并计算两者的比值(HC 比值),与对照菌株进行比较。

7.6.1.5　注意事项

(1)紫外线照射时注意保护眼睛和皮肤。应戴防护眼镜,以防紫外线灼伤眼睛。

(2)诱变过程及诱变后的稀释操作均在红光灯下进行,并在黑暗中培养。

7.6.2　紫外线诱变筛选高产酸的酸乳发酵菌株

7.6.2.1　实验原理

酸乳质量的好坏,决定于菌种的性能。筛选出产酸力、感官、黏度等性能指标优良的菌株,对生产高质量的酸乳意义重大。

7.6.2.2　实验材料

(1)菌种。

德氏乳杆菌保加利亚亚种。

(2)试剂及器材。

脱脂乳培养基(培养基 18)、MRS 培养基(培养基 14)、无菌平皿(ϕ6 cm 2 套、ϕ9 cm 40 套)、无菌离心管(10 mL)、无菌吸管(1 mL、5 mL)、锥形瓶、试管、量筒、烧杯、紫外灯箱(紫外灯 15 W,距离 30 cm)、磁力搅拌器、无菌磁力搅拌棒、台式离心机、培养箱、振荡培养箱、接种环、玻璃涂布棒、酒精灯、火柴、记号笔、黑布或黑纸、红光灯等。

7.6.3　实验步骤

(1)菌悬液的制备。

挑取德氏乳杆菌保加利亚种原种转接于新鲜 MRS 斜面上,经 40℃ 活化培养 24 h 后,加入无菌水 5 mL,刮下表面培养物制成菌悬液,在旋涡混合器上振荡 30s,以打散菌团,用显微镜直接涂片计数法计数,调整菌悬液的细胞浓度为 10^8 个/mL。

(2)菌悬液的活菌计数。

取菌悬液 1 mL 按 10 倍稀释法逐级稀释至 10^{-7}。取 10^{-5}、10^{-6}、10^{-7} 三个稀释度各 0.1 mL 移入 MRS 琼脂培养基平板上(作为对照平板),用无菌玻璃涂布棒涂布均匀,每个稀释度涂 2 个平板,置 40℃ 培养 48 h 后进行菌落计数。根据平均菌落数计算诱变处理前 1 mL 菌悬液内的活菌数,据此数再计算诱变处理后的存活率和致死率。

(3)紫外线诱变处理。

打开紫外灯预热约 2 min。分别吸取菌悬液 5 mL 移入 2 套 6 cm 的无菌培养皿中,放入无菌磁力搅拌棒,置磁力搅拌器上,距 15 W 紫外灯下 30 cm 处。打开磁力搅拌器,再打开皿盖,开始计时,边搅拌边照射,照射剂量分别为 150s、300s。盖上皿盖,关闭紫外灯。所有操作须在红光灯下进行。

(4)稀释、涂平板。

在红光灯下分别取 150s 和 300s 诱变处理菌悬液 1 mL 于装有 9 mL 无菌生理盐水的试管中,按 10 倍稀释法逐级稀释至 10^{-4}。取 10^{-2}、10^{-3}、10^{-4} 三个稀释度(150 s 和 300 s 处理)各 0.1 mL 移入 MRS 琼脂培养基平板上,用无菌玻璃涂布棒涂布均匀,每个稀释度涂 2 个平板。用黑布或黑纸包好平板,于 40℃ 避光培养 48 h 后进行菌落计数。根据平均菌落数计算诱变处理后的 1 mL 菌液内的活菌数。注意:在每个平板背后要标明处理时间、稀释度、组别。

(5)筛选方法。

①初筛:挑取筛选培养皿中黄色的、生长较快的菌株,接种于脱脂乳试管中,每株 1 支。再取凝乳较快的菌株,进行酸乳摇瓶发酵实验,菌株按 3% 接种量接入固形物为 11% 的灭菌乳中,42℃ 培养,重点观察凝乳时间、乳清析出情况、组织状态。经过多次实验,最终淘汰凝乳时间长、乳清析出严重、凝乳不良的菌株。

②复筛:选取初筛产酸活力较高的菌株,接种到脱脂乳中,每株 3 支,精确测定产酸能力和产乳糖酶能力,选出高产酸菌株。

(6)诱变效应的测定。

本实验采用直接测定各变异菌株产酸性、乳清附活性、pH 变化的方法,检测其诱变效应。

(7)高产酸菌株的稳定性实验。

将诱变菌株连续传代发酵,每次传代都要进行酸度的测定,观察产酸稳定性。

7.6.4　实验结果

(1)计算存活率和致死率。

将培养好的平板取出进行菌落计数。根据对照平板上菌落数,计算出每毫升菌液中的活菌数。同样计算出紫外线分别处理 3 min 和 5 min 后每毫升菌液中的活菌数。

存活率=(处理后每毫升活菌数/处理前每毫升活菌数)×100%

致死率=[(处理前每毫升活菌数-处理后每毫升活菌数)/处理前每毫升活菌数]×100%

(2)测量经 UV 处理后的枯草芽孢杆菌菌落周围的透明圈直径与菌落直径,并计算两者的比值(HC 比值),与对照菌株进行比较。

7.6.5　注意事项

(1)紫外线照射时注意保护眼睛和皮肤。应戴防护眼镜,以防紫外线灼伤眼睛。

（2）诱变过程及诱变后的稀释操作均在红光灯下进行，并在黑暗中培养。

7.6.6　亚硝基胍诱变筛选高产丁二酮的乳酸乳球菌菌株

7.6.6.1　实验原理

许多化学因素如亚硝基胍（NTG）、亚硝酸（HNO₂）和硫酸二乙酯（DES）等，对微生物都有诱变作用。其中亚硝基胍（NTG）是一种烷化剂，能直接与 DNA 中的碱基发生化学反应，从而引起 DNA 复制时碱基的颠换，进一步使微生物发生变异，引起遗传性状的改变。

乳酸乳球菌乳酸亚种丁二酮变种可以利用柠檬酸盐产生一些代谢产物，其中包括丁二酮（双乙酰）。丁二酮是许多乳制品中的重要风味物质，在乳品工业中具有很重要的应用价值。但野生菌株或常用于乳制品的菌株在生产过程中丁二酮产量较低，满足不了生产要求。为了提高丁二酮的产量，本实验以乳酸乳球菌乳酸亚种丁二酮变种为出发菌株，以亚硝基胍（NTC）为诱变剂筛选高产丁二酮的乳酸乳球菌株，并计算丁二酮的产量。

7.6.6.2　实验材料

（1）菌种。

乳酸乳球菌乳酸亚种丁二酮变种。

（2）试剂及器材。

①试剂。

1）GM17 培养基（M17 培养基+0.5%葡萄糖）。

2）亚硝基胍（NTG）溶液：在通风橱中称取 25 mg NTG 于棕色瓶中，加 2.5 mL 丙酮使其溶解，溶解后加水 10 mL，配制成 25 mg/mL NTG 溶液。

3）丙酮-磷酸盐缓冲溶液：K₂HPO₄150 g/L，丙酮 200 mL/L。

4）FeSO₄ 溶液：FeSO₄·7H₂O 50 g/L，H₂SO₄ 10 g/L。

5）酒石酸钾钠-氨水溶液 NH₃·H₂O 300 mL/L，酒石酸钾钠 375 g/L。

6）丁二酮标准溶液：称取 500.0 mg 丁二酮，溶于 1000 mL 双蒸水中，用棕色瓶储于冰箱内，临用前吸取 5.00 mL 稀释成 100 mL，浓度为 0.25 mg/mL。

②器材：无菌平皿、无菌离心管（10 mL）、无菌吸管（1 mL、5 mL）、锥形瓶、试管、台式离心机、培养箱、振荡培养箱、恒温培养箱、接种环、玻璃涂布棒、记号笔等。

7.6.6.3　实验步骤

（1）菌悬液的制备。

挑取乳酸乳球菌乳酸亚种丁二酮变种活化后，在 5 mL GM17 培养基中 30℃培养 18～24 h，6000 r/min 离心 10 min，收集菌体，用 PBS（100 mmol/L，pH7）冲洗 1 次，加入 0.5 mL PBS 制成菌悬液，在旋涡混合器上振荡 30s，以打散菌团，用显微镜直接涂片计数法计数，调整菌悬液的细胞浓度为 10^8 个/mL。

（2）菌悬液的活菌计数。

取菌悬液 1 mL 按 10 倍稀释法逐级稀释至 10^{-7}。取 10^{-5}、10^{-6}、10^{-7} 三个稀释度各

0.1 mL 移入 GM17 琼脂培养基平板上(作为对照平板),用无菌玻璃涂布棒涂布均匀,每个稀释度涂 2 个平板,置 40℃ 培养 48 h 后进行菌落计数。根据平均菌落数计算诱变处理前 1 mL 菌悬液内的活菌数,据此数再计算诱变处理后的存活率和致死率。

(3)NTG 诱变处理。

加入 0.5 mL NTG 溶液,置 30℃ 分别摇床振荡处理 30 min 和 60 min,NTG 浓度调整为致死率 75% 左右。

(4)中止反应。

将 NTG 处理过的菌悬液离心,用 PBS 冲洗 3 次以除去 NTG 残留。

(5)稀释涂平板。

使菌体悬浮于 5 mL GM17 液体培养基中,30℃ 培养 60 min,最后将菌悬液振荡 2 min,稀释到 10^{-1}。取 10^{-2}、10^{-3}、10^{-4} 三个稀释度(30 min 和 60 min 处理)各 0.1 mL 移入 GM17 琼脂培养基平板上,用无菌玻璃涂布棒涂布均匀,每个稀释度涂 2 个平板,30℃ 培养 60 h。注意:为了便于筛选,平板中的琼脂层较薄为好(约 12 mL),培养的菌落较大而且分散要好(每个平板中菌落数约 60 个,直径约 2 mm)。

(6)筛选方法。

由于筛选过程会使菌体死亡,所以需要把长好菌落的平板先用绒布影印培养,向每个平板中添加 60℃ 的 3 mL 琼脂(50 g/L)、3 mL 盐酸羟氨溶液(210g/L),待琼脂层凝固后置于 75℃,培养箱培养 30 min,以形成丁二酮肟盐,然后向平板中添加 8 mL 丙酮磷酸盐缓冲溶液,15 min 后将液体倒掉,在暗处向平板中加入 8 mL $FeSO_4$ 溶液和 1 mL 酒石酸钾钠氨水溶液,检查平板,在菌落周围形成红色圆圈(丁二酮肟铁酸盐)的为高产丁二酮菌株,显色反应可保持 1 h,10 min 时最为明显。

(7)诱变效应。

将菌种活化后,取 0.1 mL 菌液接种于 5 mL 12% 脱脂乳中,在振荡培养箱中 30℃ 振荡培养(100 r/min)24 h 后,测定丁二酮产量(邻苯二胺比色法)。

(8)菌株稳定性实验。

对挑选出的菌株传代 5 次,分别进行脱脂乳发酵 24 h,检测丁二酮产量。

7.6.6.4 实验结果

计算存活率和致死率。将培养好的平板取出进行菌落计数。根据对照平板上菌落数,计算出每毫升菌液中的活菌数。同样计算出 NTG 处理 30 min 和 60 min 后每毫升菌液中的活菌数。

存活率=(处理后每毫升活菌数/处理前每毫升活菌数)×100%

致死率=[(处理前每毫升活菌数−处理后每毫升活菌数)/处理前每毫升活菌数]×100%

7.6.7　硫酸二乙酯诱变筛选蛋白酶活力高的菌株

7.6.7.1　实验原理

许多化学因素如碱酸二乙酯,亚硝酸、亚硝基胍等,对微生物都有诱变作用,其中硫酸二乙酯(DES)是一种烷化剂,操作简便,诱变效果好。硫酸二乙酯能直接与DNA中碱基发生化学反应,从而引起DNA复制时碱基配对的转换或颠换,进一步使微生物发生变异,引起遗传性状的改变。本实验以产生蛋白酶的枯草芽孢杆菌 Asl. 398 为出发菌株,以硫酸二乙酯为诱变剂。根据枯草芽孢杆菌诱变后在酪蛋白培养基上出现的透明圈直径大小来指示。

7.6.7.2　实验材料

(1)菌种。

枯草芽孢杆菌、牛肉膏蛋白胨斜面培养物。

(2)试剂及器材。

牛肉膏蛋白胨斜面培养基、牛肉膏蛋白胨液体培养基(装 20 mL/250 mL 锥形瓶,用纱布塞)、酪蛋白琼脂培养基、酪素胰蛋白酶水解液、硫酸二乙酯$[(C_2H_5)_2SO_4]$、25%硫代硫酸钠溶液、0.1mol/L pH 7.0 无菌磷酸盐缓冲液(9 mL/管,装 20 mL/100 mL 锥形瓶,带适量玻璃珠)、灭菌平皿、无菌试管、无菌吸管(1 mL、5 mL)、锥形瓶、离心管、玻璃涂布棒、量筒、烧杯、培养箱、振荡培养箱等。

7.6.7.3　实验步骤

(1)菌悬液的制备。

挑取枯草芽孢杆菌 Asl. 398 斜面原菌转接于新鲜牛肉膏蛋白胨斜面上,经30℃活化培养 24 h 后,取一环接种于盛 20 mL 牛肉膏蛋白胨液体培养基的锥形瓶中(每组学生 2 瓶),30℃摇瓶培养 14~16 h(为该菌的对数期)后,倒入无菌离心管,以 3000 r/min 离心 15 min,弃上清液,将菌体用 0.1 mol/L 无菌磷酸盐缓冲液(pH 7.0)离心洗涤 2 次后,转入盛有 20 mL 0.1 mol/L pH 7.0 磷酸盐缓冲液、带玻璃珠的锥形瓶中(每组学生 2 瓶),强烈振荡 20 min 或在旋涡混合器上振荡 30s,以打散菌团,用显微镜直接涂片计数法计数,调整菌悬液的细胞浓度为 10^8 个/mL。

(2)菌悬液的活菌计数。

取菌悬液 1 mL 按 10 倍稀释法逐级稀释至 10^{-7},取 10^{-5}、10^{-6}、10^{-7} 三个稀释度各 0.1 mL 移入高蛋白琼脂培养基平板上(作为对照平板),用无菌玻璃涂布棒涂布均匀,每个稀释度涂 2 个平板,置30℃培养 48 h 后进行菌落计数。根据平均菌落数计算诱变处理前 1 mL 菌悬液内的活菌数,据此数再计算诱变处理后的存活率和致死率。

(3)碱酸二乙酯诱变处理。

在上述 2 瓶 20 mL 菌悬液带玻璃珠锥形瓶中,分别加入 0.2 mL 硫酸二乙酯原液,使硫酸二乙酯在菌悬液中的量为 1%(体积分数),置30℃摇床分别振荡处理 30 min 和 60 min。

（4）中止反应。

振荡处理到时间后，立即分别取 5 mL 处理液（用吸耳球吸）于无菌试管中，加入 1 mL 的 25%硫代硫酸钠溶液中止反应。

（5）稀释涂平板。

中止反应后，分别取 30 min 和 60 min 诱变处理菌悬液 1 mL 于装有 9 mL 无菌生理盐水的试管中，按 10 倍稀释法逐级稀释至 10^{-1}（具体可按估计的存活率进行稀释）。取 10^{-2}、10^{-3}、10^{-4} 三个稀释度（30 min 和 60 min 处理）各 0.1 mL 移入酪蛋白琼脂培养基平板上，用无菌玻璃涂布棒涂布均匀，每个稀释度涂 2 个平板，于 30℃ 培养 48 h 后进行菌落计数。根据平均菌落数计算诱变处理后的 1 mL 菌液内的活菌数。注意：在每个平板背后标明处理时间、稀释度、组别。

（6）观察诱变效应（初筛）。

枯草芽孢杆菌能分泌蛋白酶，分解周围基质中的酪蛋白产生透明圈。分别测量平板上透明圈直径与菌落直径，并计算两者的比值（HC 比值），与对照平板进行比较。一般透明圈越大，蛋白酶活性越高；透明圈越小，则酶活性越低。

将 HC 比值作为鉴定高产蛋白酶菌株的指标。挑取 HC 比值大且菌落直径也大的单菌落 40~50 个移接到新鲜牛肉膏蛋白胨斜面上，30℃ 培养 24 h 后，留待进一步复筛用。

（7）摇瓶复筛。

将初筛得到的各菌株和原菌株分别接种于酪素胰蛋白酶水解液中，30℃ 摇瓶培养 44 h，测定蛋白酶活力。将产蛋白酶高的菌株转接于新鲜牛肉膏蛋白胨斜面上培养纯化，进一步做产酶实验比较，选择酶活力高的纯培养菌株，再做各种发酵条件实验比较，进行复筛选。

7.6.7.4 实验结果

计算存活率及致死率：将培养好的平板取出进行菌落计数。根据对照平板上菌落数，计算出每毫升菌液中的活菌数。同样计算出 DES 处理 30 min 和 60 min 后的每毫升菌液中的活菌数。计算公式与紫外线诱变筛选淀粉酶活力高的菌株实验相同。

7.6.8 营养缺陷型突变株的筛选与鉴定

7.6.8.1 实验原理

营养缺陷型突变株是指野生型菌株用某些物理或化学诱变剂处理，使编码合成代谢途径中某些酶的基因突变，随之丧失了合成某种（或某些）生长因子（如氨基酸、维生素或碱基）的能力，因而它们在基本培养基上不能生长，必须在基本培养基中补充相应的营养成分才能正常生长的一类突变株。营养缺陷型突变株筛选一般分四个环节，即诱变剂处理、营养缺陷型浓缩（淘汰野生型）、检出和鉴定营养缺陷型。

诱变处理突变频率较低，只有淘汰野生型，才能浓缩营养缺陷型而选出少数突变株。浓缩营养缺陷型有青霉素法、菌丝过滤法、差别杀菌法和饥饿法四种。采用紫外线或以

DES 为诱变剂处理野生型细菌,利用青霉素能抑制细菌细胞壁的生物合成,以杀死正常生长繁殖的野生型细菌,但不能杀死正处于停止发育状态的营养缺陷型细菌,从而达到"浓缩"缺陷型菌株的目的。如果选用亚硝基胍(NTG)为超诱变剂时,因其诱变频率较高,可使百分之几十的细菌发生营养缺陷型突变,故筛选营养缺陷型时可省去浓缩营养缺陷型这一环节。

检出营养缺陷型有逐个检出法、影印培养法、夹层培养法和限量补充培养法四种。鉴定营养缺陷型一般采用生长谱法。该法是在混有营养缺陷型突变株的平板表面点加微量营养物,视某营养物的周围有否长菌,来确定该菌株的营养要求。

本实验以紫外线作为诱变因素,照射剂量 3 min,用青霉素法浓缩营养缺陷型。再根据营养缺陷型在基本培养基上不能生长,只能在完全培养基或基本培养基中补加它所缺陷的营养物质才能生长的原理,采用逐个检出法将营养缺陷型检出,然后用生长谱法将营养缺陷型加以鉴定。

7.6.8.2　实验材料

(1)菌种。

野生型枯草芽孢杆菌(*Bacillus subtilis*)、牛肉膏蛋白胨斜面培养物。

(2)试剂及器材。

①试剂:牛肉膏蛋白胨斜面培养基、牛肉膏蛋白胨液体培养基(装 20 mL/250 mL 锥形瓶,用纱布塞)、细菌完全培养基(固体,简称 CM)、细菌基本培养基(固体,简称 MM)、细菌补充(限制)培养基(固体,简称 SM)、无氮基本培养基(装 10 mL/100 mL 锥形瓶)、氮源加富培养基(装 10 mL/100 mL 锥形瓶)、0.85%无菌生理盐水(9 mL/管,装 20 mL/100 mL 锥形瓶,带玻璃珠)、青霉素钠盐(配成 200 U/mL 的母液,过滤除菌)等。

②氨基酸混合液的配制:称取 15 种氨基酸,每种 10 mg,按表 7-1 将 5 组氨基酸,混合研磨后,装入小管,于干燥器中避光保存。用时配成溶液,过滤除菌,用于生长谱测定。

表 7-1　5 组混合氨基酸

组别	氨基酸种类				
A	组氨酸	苏氨酸	谷氨酸	天冬氨酸	亮氨酸
B	精氨酸	苏氨酸	赖氨酸	甲硫氨酸	苯丙氨酸
C	酪氨酸	谷氨酸	赖氨酸	色氨酸	丙氨酸
D	甘氨酸	天冬氨酸	甲硫氨酸	色氨酸	丝氨酸
E	胱氨酸	亮氨酸	苯丙氨酸	丙氨酸	丝氨酸

③维生素混合液的配制:按表 7-2 称取各种维生素,混合装入小管,于干燥器中避光保存。临用时配成溶液,过滤除菌,用于生长谱测定。

表 7-2　维生素混合液组成

维生素	称量/mg	维生素	称量/mg
维生素 B1（硫胺素）	0.001	对氨基苯甲酸	0.1
维生素 B2（核黄素）	0.5	肌醇	1.0
维生素 B6（吡多酸）	0.1	烟酰胺	0.1
泛酸	0.1	胆碱	2.0
生物素	0.001		

④核酸碱基混合液的配制：称取腺嘌呤、次黄嘌呤、鸟嘌呤、胸腺嘧啶、尿嘧啶、胞嘧啶各 10 mg，混合研磨装入小管，于干燥器中避光保存。临用时配成溶液，过滤除菌，用于生长谱测定。

⑤器材：无菌培养皿（ϕ6 cm 2 套、ϕ9 cm 40 套）、无菌离心管（10 mL）、无菌吸管（1 mL、5 mL、10 mL）、锥形瓶、无菌试管、量筒、烧杯、紫外灯箱（紫外灯 15 W，距离 30 cm）、磁力搅拌器、无菌磁力搅拌棒、台式离心机、培养箱、振荡培养箱、接种环、玻璃涂布棒、无菌牙签（1 包）、无菌圆形滤纸片（ϕ10 mm）、酒精灯、火柴、记号笔、黑布或黑纸、红光灯等。

7.6.8.3　实验步骤

(1)菌悬液的制备。

与紫外线诱变筛选淀粉酶活力高的菌株操作步骤相同。

(2)菌悬液的活菌计数。

与紫外线诱变筛选淀粉酶活力高的菌株操作步骤相同，所用平板改为完全培养基。计算出每毫升处理前的菌悬液中的活菌数。

(3)紫外线诱变处理。

与紫外线诱变筛选淀粉酶活力高的菌株操作步骤相同，照射剂量为 3 min。

(4)中间培养。

取紫外线诱变处理 3 min 的菌液 1 mL 移入盛有 20 mL 牛肉膏蛋白胨培养基的 250 mL锥形瓶中，30℃避光振荡培养 6~8 h。中间培养的目的是使突变株的变异性状充分表达，但培养时间不宜太长，否则同一种突变株增殖过多。

(5)青霉素法淘汰野生型。

①无氮饥饿培养。

取中间培养液 10 mL 于无菌离心管中，以 3000 r/min 离心 15 min，弃上清液，打匀沉淀，加入无菌生理盐水，离心洗涤 3 次，最后悬浮于 1 mL 无菌生理盐水中，全部转入盛有10 mL 无氮基本培养基的锥形瓶中，30℃摇床振荡培养 4~6 h。无氮饥饿培养的目的是使营养缺陷型细胞中的氮源消耗殆尽，以避免加青霉素时被杀死。

②氮源加富+青霉素培养。

将上述 10 mL 无氮基本培养液全部转入装有 10 mL 氮源加富培养基的锥形瓶中，再加入 1 mL 2000 U/mL 青霉素钠盐，使青霉素在菌液中的最终浓度为 100 U/mL（若是 G⁻菌加入青霉素的最终浓度为 500 U/mL），于 30℃培养 12～16 h，达到淘汰野生型、浓缩营养缺陷型的目的。

③稀释涂平板。

取上述氮源加富培养液 1 mL 于 9 mL 无菌生理盐水试管中，按 10 倍稀释法逐级稀释至 10^{-4}。而后取 10^{-2}、10^{-3}、10^{-4} 三个稀释度各 0.1 mL 移入补充培养基平板上，用无菌玻璃涂布棒涂布均匀，每个稀释度涂 2 个平板，于 30℃培养 36～48 h 后对大小菌落进行计数，计算出每毫升处理后菌悬液中的活菌数，并计算存活率和致死率。

（6）营养缺陷型的检出（逐个检出对照培养法）。

①制平板。

融化完全和基本培养基各制备 3 个平板，划 36 个小方格，做好方位标记。

②逐个点种。

在补充培养基上生长的大菌落为野生型，小菌落可能为营养缺陷型。用无菌牙签挑取在补充培养基上长出的小菌落 100 个，分别对应点种于基本培养基和完全培养基平板上（注意：先接种基本培养基平板，后接种完全培养基平板，接种量应少些），30℃培养 48 h。

③检出营养缺陷型菌株。

凡是在完全培养基平板上生长，而在基本培养基平板的对应部位不长的菌落，可能是营养缺陷型突变株。将其用接种环小心接种于完全培养基斜面试管 10～15 支中，30℃培养 24 h，作为营养缺陷型鉴定菌株。

如用影印法检出营养缺陷型时，完全或补充培养基平板上的菌落最好控制在 30～60 个/皿，用影印法分别影印接种到基本培养基平板和完全培养基平板上。

（7）营养缺陷型生长谱鉴定法。

①制备菌悬液。

将营养缺陷型的突变株接种于盛有 5 mL 完全培养基的离心管中，30℃振荡培养 14～16 h 后，以 3000 r/min 离心 15 min，弃上清液，打匀沉淀，用无菌生理盐水洗涤离心 3 次后，加入 5 mL 生理盐水制成菌悬液。

②鉴定。

吸取 1 mL 菌悬液于无菌培养皿中，倒入约 15mL 已熔化并冷却至 45～50℃的基本培养基，摇匀待凝固。在平板底部划分三个区域，标记各营养物的位置（贴标签法）。用消毒镊子夹取灭菌的分别浸有混合氨基酸、混合核酸碱基和混合维生素溶液的圆形滤纸片，分别贴放于平皿的三个区域，注意勿使营养液流动，置于 30℃培养箱培养 24 h 后观察生长情况。如某一类营养物质滤纸片的周围长出整齐的菌圈，即为该类营养物质的营养缺陷型突变株。有的菌株是双重营养缺陷型，可在两类营养物质扩散圈交叉处有生长区。

7.6.8.4　实验结果

缺陷型突变率计算公式：

缺陷型突变率=[缺陷型菌株数/被检测的菌落总数（点种总数）]×100%

7.7　菌种保藏

7.7.1　实验目的

(1)了解常用微生物菌种保藏方法的原理。

(2)掌握几种常用的菌种保藏方法。

7.7.2　基本原理

菌种保藏的目的是要保持微生物菌种特有的性质、活力,减缓甚至阻止微生物的死亡,保持菌种的纯度,避免杂菌污染。

菌种保藏的原理是人工创造一个低温、干燥、缺氧、缺乏营养素及添加保护剂等的环境条件,将微生物的新陈代谢作用限制在最低范围内,生命活动基本处于休眠状态,而又使菌种达到不变异和不死亡的状态。此外,若要达到长期保藏菌种的目的还必须选用典型优良纯培养物、尽量采用其休眠体(如细菌的芽孢、真菌的孢子等)和尽量减少传代次数。菌种保藏方法很多,有简易的斜面划线或半固体穿刺低温保藏法、甘油保藏法、液体石蜡保藏法、沙土管保藏法以及复杂的液氮超低温保藏法、冷冻真空干燥保藏法等。

7.7.3　实验材料

(1)菌种:细菌、放线菌、酵母菌及霉菌。

(2)培养基:牛肉膏蛋白胨斜面及半固体深层培养基、豆芽汁葡萄糖斜面培养基、高氏1号斜面培养基、LB 液体培养基等。

(3)仪器和其他:无菌液体石蜡、无菌甘油、带螺口盖和密封圈的无菌试管或 1.5 mL无菌离心管、100 mL 的锥形瓶等。

7.7.4　实验步骤

(1)斜面划线低温保藏法。

将菌种接种在适宜的斜面培养基上,在适宜的温度下进行培养,使其充分生长。如果是能形成芽孢或孢子等休眠体的菌种,待形成芽孢或孢子等休眠体后再置入 4~5℃冰箱中进行保藏。通常不同种类的微生物保藏期也不同,到期后需转接至新的斜面培养基上,经适当培养后,再进行保藏。这种方法的优点是操作简单,不需特殊设备;缺点是保藏时间较短,菌种经反复转接后,遗传性状易发生变异,生理活性会出现减退现象。该方法适用于细菌、酵母菌、放线菌、霉菌等菌种,但不适用于长期保存的菌种。各类微生物的培养条件见表 7-3。

表 7-3　各种微生物斜面培养条件及保藏期

菌类	培养基名称	培养温度/℃	培养时间/d	保藏温度/℃	保藏时间/月
细菌	牛肉膏蛋白胨斜面	30~37	1~2	4~5	1~3
放线菌	马铃薯葡萄糖或高氏 1 号斜面	25~30	5~7	4~5	3~6
酵母菌	豆芽汁葡萄糖或麦芽汁斜面	25~30	2~3	4~5	2~4
霉菌	豆芽汁葡萄糖或麦芽汁斜面	25~30	3~5	4~5	3~6

（2）半固体穿刺保藏法。

使用穿刺接种法将菌种接入半固体深层培养基的中央部分,注意不要穿透底部。在适宜的温度下进行培养,使其充分生长,再将培养好的菌种置于 4~5℃冰箱中保藏。一般在保藏几个月至 1 年后,需转接到新的半固体深层培养基中,经培养后再行保藏。该方法适用于厌氧性或兼性厌氧性细菌、酵母菌等菌种的保藏。

（3）甘油保藏法。

①制备无菌 50%甘油:将甘油(丙三醇)与无菌水等体积混合,置于 100 mL 的锥形瓶内,包上透气封口膜(也可以塞上棉塞,外包牛皮纸),121℃高压灭菌 15~20 min,备用。

②接种、培养及保藏:挑选一环菌种接入 LB 液体培养基试管中,37℃振荡培养至充分生长。用无菌吸管吸取 0.7 mL 培养液,置入一支螺口冻存管中或一支 1.5 mL 的离心管中,再加入 0.3 mL 无菌 50%甘油,封口,振荡混匀,也可刮取培养物斜面上的孢子或菌体,与甘油混匀后加入冻存管内。注意:甘油使用浓度为 10%~20%,然后置于液氮中速冻,最后置于-20℃低温冰柜或-70℃超低温冰柜中保藏。保藏期可达 1 年或更长。

③复苏:保藏到期后,用接种环从冻结的表面刮取培养物,接种至 LB 斜面上或 LB 液体培养基中,37℃培养 48 h,待长出菌体或出现混浊现象即可继续使用。

（4）液体石蜡保藏法。

①无菌液体石蜡制备:将液体石蜡置于 100 mL 的锥形瓶内,每瓶装 10 mL,塞上棉塞,外包牛皮纸,高压蒸汽灭菌(121℃,30 min)。灭菌后将装有液体石蜡的锥形瓶置于 105~110℃的烘箱内约 1 h,以除去液体石蜡中的水分。

②按种、培养及保藏:将菌种接种在适宜的斜面培养基上,在适宜温度下培养,使其充分生长。用无菌吸管吸取无菌液体石蜡,注入已长好菌的斜面上,液体石蜡的用量以高出斜面顶端 1 cm 左右为准,使菌种与空气隔绝,直立于 4~5℃冰箱或室温下保藏,保藏期较长。到保藏期后,将菌种转接至新的斜面培养基上,培养后加入适量灭菌液体石蜡,再行保藏。

该方法适用于酵母菌、放线菌、霉菌及好氧性细菌等,但不能用于以石蜡为碳源或者是对石蜡敏感的微生物菌种的保藏。

（5）沙土管保藏法。

①无菌沙土管制备:取河沙若干,用 40 目筛过筛,除去大颗粒,再用 10% HCl 溶液浸泡

2~4 h 除去有机杂质,倒出 HCl,用无菌水冲洗至中性,烘干。另取非耕作层不含腐殖质的瘦黄土或红土,加无菌水浸泡洗涤数次,直至中性。烘干,磨细,用 100 目筛过筛以去除粗颗粒。按 1 份黄土加 3 份沙的比例掺和均匀,装入小试管中。装量约 1 cm 高即可,塞上棉塞,121℃灭菌 1 h,每天 1 次,连灭 3 d,烘干。

②制备菌悬液:选择培养成熟的(一般指孢子层生长丰满)优良斜面菌种,加 3~5 mL无菌水洗涤,制成孢子悬液。

③加样及干燥:每支沙土管中加入约 0.5 mL(一般以刚刚使沙土润湿为宜)孢子悬液,用接种针混匀,塞上棉塞。将已滴加菌悬液的沙土管置于预先放有 P_2O_5 或无水 $CaCl_2$ 的干燥器内。当 P_2O_5 或无水 $CaCl_2$ 因吸水变成糊状时应进行更换,重复数次,沙土管即可干燥,也可用真空泵连续抽气约 3 h,即可达到干燥效果。

④抽样检查:在抽干的沙土管中,每 10 支抽取一支进行检查。用接种环取出少数沙粒,接种于适合所保藏菌种生长的斜面上,进行培养,观察所保藏菌种的生长情况及有无杂菌生长情况。如出现杂菌或菌落数很少或根本不长,则说明制作的沙土管有问题,尚需进一步抽样检查。

⑤保藏:检查合格后,可采用以下方法进行保藏:A. 沙土管继续放入干燥器中,置于室温或冰箱中;B. 将沙土管带塞一端浸入融化的石蜡中,密封管口;C. 在煤气灯上,将沙土管棉塞下端的玻璃烧熔,封住管口,再置于 4℃冰箱中保藏。

此法多用于能产生孢子的微生物,如霉菌、放线菌等。这种方法可保藏菌种 1 年到几年。

(6)液氮超低温保藏法。

液氮超低温保藏技术是将菌种保藏在-196℃的液态氮中或-150℃的氮气中的长期保藏方法,它的原理是利用微生物在-130℃以下新陈代谢趋于停止而有效地保藏微生物。操作步骤如下:

①安瓿管或冻存管的准备:用圆底硼硅玻璃制品的安瓿管或螺旋口的塑料冻存管。注意玻璃管不能有裂纹。将冻存管或安瓿管清洗干净,121℃下高压灭菌 15~20 min,备用。

②保护剂的准备:保护剂种类要根据微生物类别选择。配制保护剂时,应注意其浓度,一般采用 10%~20%甘油。

③微生物保藏物的准备:微生物的不同生理状态对存活率有影响,一般使用静止期或成熟期培养物。分装时注意应在无菌条件下操作。

菌种的准备可采用下列几种方法:

刮取培养物斜面上的孢子或菌体,与保护剂混匀后加入冻存管内。

接种液体培养基,振荡培养后取菌悬液与保护剂混合分装于冻存管内。

将培养物进行平皿培养形成菌落后,用无菌打孔器从平板上切取一些大小均匀的小块(直径 5~10 mm),真菌最好取菌落边缘的菌块,与保护剂混匀后加入冻存管内。

在安瓿管中装 1.2~2 mL 的琼脂培养基,接种菌种,培养 2~10 d 后,加入保护剂,待保藏。

④预冻:预冻时一般冷冻速度控制在每分钟下降 1℃为宜,使样品冻结到-35℃。

目前常用的有 3 种控温方法:

程序控温降温法:应用电子计算机程序控制降温装置,可以稳定连续降温,能很好地控制降温速率。

分段降温法:将菌体在不同温级的冰箱或液氮罐口分段降温冷却,或悬挂于冰的气雾中逐渐降温。一般采用两步控温,将安瓿管或塑料小管,先放在-20~-40℃冰箱中 1~2 h,然后取出放入液氮罐中快速冷冻。这样冷冻速率大约每分钟下降 1~1.5℃。

对于耐低温的微生物,可以直接放入气相或液相氮中。

⑤保藏:将安瓿管或塑料冻存管置于液氮罐中保藏。一般气相中温度为-150℃,液相中温度为-196℃。

⑥复苏方法:从液氮罐中取出安瓿管或塑料冻存管,应立即放置在 38~40℃水浴中快速复苏并适当摇动。直到内部结冰全部溶解为止,一般需 50~100 s。开启安瓿管或塑料冻存管,将内容物移至适宜的培养基上进行培养。

⑦注意事项:

1)安瓿管需绝对密封,如有漏洞及裂口,保藏期间液氮会渗入安瓿管内,当从液氮冰箱中取出安瓿管时,液氮会从管内逸出,由于外面温度高,液氮会急剧气化而发生爆炸,因此操作人员在实验中应佩戴皮手套和面罩等。

2)液氮与皮肤接触时,皮肤极易被"冷烧",故应特别小心操作。同时,由于氮本身无色无味,在操作时应注意防止窒息。

3)取出安瓿管时,为了防止其他安瓿管升温而不利于保藏,取出至放回盛放安瓿管的容器的时间一般不要超过 1 min。

(7)真空冷冻干燥保藏法。

①准备安瓿管:安瓿管一般用中性硬质玻璃制成,内径为 6~8 mm。先用 2% HCl 浸泡过夜,然后用无菌水冲洗至中性,最后用无菌水冲 3 次,烘干备用。将印有菌名和接种日期的标签纸置于安瓿管内,印字一面向着管壁,管口塞上棉花并包上牛皮纸,高压蒸汽灭菌(121℃,30 min)。

②制备菌悬液:利用最适培养基在最适温度下培养菌种斜面,使菌种充分生长,细菌可培养 24~28 h,酵母菌培养 3 d 左右,放线菌与霉菌则可培养 7~10 d。吸取 2 mL 已灭菌的脱脂牛奶加到新鲜菌种斜面中,用接种环刮下培养物,制成菌悬液。用无菌长颈滴管吸取 0.2 mL 的菌悬液,滴加在安瓿管内的底部,注意不要使菌悬液沾在管壁上。

③菌悬液预冻:将装有菌悬液的安瓿管放在低温冰箱中(-45~-35℃)或放在乙醇—干冰中进行预冻,使菌悬液在低温条件下冻成冰。

④冷冻真空干燥:将装有冻结菌悬液的安瓿管置于真空干燥箱中,开动真空泵进行真空干燥。15 min 内使真空度达 66.7 Pa,冻结菌悬液开始升华,继续抽气,随后真空度逐渐

达 13.3~26.7 Pa 后,维持 6~8 h,干燥后样品呈白色疏松状态。

⑤安瓿管封口及保藏:样品干燥后,先将安瓿管上部棉塞下端处用火焰烧熔并拉成细颈,再将安瓿管接在封口用的抽气装置上,开动真空泵,室温抽气,当真空度达 26.7 Pa 时继续抽气数分钟,再用火焰在细颈处烧熔封口。置 4℃ 冰箱中或室温下避光保藏。

(8)厌氧性细菌保藏法。

普通保藏厌氧菌所使用的培养基可依据待保藏的菌种而定,培养基中常加入还原剂以降低其氧化还原电位。移植时不宜采用接种针接种,宜用毛细滴管移植,通常取约 0.3 mL 移植于培养基上,在移植时勿带入气泡,可用橡皮塞代替棉塞或加入 20% 甘油而不替换棉塞也可保藏较长时间。

为了长期保藏厌氧菌,最好采用冷冻真空干燥法。厌氧菌的冷冻真空干燥技术与好氧菌相似。

(9)噬菌体保藏法。

由于噬菌体需依靠寄主生活,其本身无代谢活性,因此噬菌体用低温保藏时相当稳定,但需要获得效价高、数量多的噬菌体并用其制成悬液后,才能有效地进行保藏。

①噬菌体浓缩液的制备:取用液体培养基培养 12 h 的敏感细菌,接种于适宜的液体培养基,并加入足量的噬菌体(10^5 个/mL),混合后于适温振荡培养 6 h,12000 r/min 离心 5 min 以除去未裂解的细菌细胞,上清液即噬菌体浓缩液。

②保藏:制成噬菌体浓缩液后,将噬菌体悬液分装于具塞试管中,密封或把噬菌体悬液制成稀的软琼脂(琼脂含量 0.5%),分装于玻璃管中熔封,置 5℃ 保藏。这种保藏法可不加保护剂,因而比较简便。保藏大肠杆菌噬菌体 T1 数年后其效价几乎不降低,但不是任何种类的噬菌体都适用。当保藏温度降至 −70~−20℃ 时,为防止冻结损害噬菌体,则需用甘油或二甲基亚砜(DMSO)作保护剂,也可以采用液氮保藏法,效果很好,使用的保护剂是无菌的 20% 脱脂乳(用量与噬菌体悬液量相等),也可用甘油或 DMSO 等作保护剂分装于安瓿管中,熔封。以下操作同前面介绍的液氮超低温冷冻保藏法。为了防止安瓿管爆炸,安瓿管可放在液氮冰箱的气相中保藏。

冷冻真空干燥法也是较好的保藏方法,就是把 20% 脱脂乳作保护剂和噬菌体以等量混合,制成悬液,分装于安瓿管中,用干冰—乙二醇制冷剂冻结后,真空冷冻干燥过夜,干燥完成后,熔封,在 5℃ 条件下保存。

7.7.5 实验报告

(1)试比较各种保藏方法的优缺点,结合实验室菌种的保藏,举例说明各种保藏方法最适合的保藏菌种。

(2)将自己的实验过程记录下来,并与教材所述过程予以比较,总结一套属于自己实验室的保藏方法。

7.7.6　思考讨论

（1）菌种保藏的目的是什么？

（2）微生物菌种保藏法的原理是什么？

（3）介绍几种常用菌种保藏方法和应用。

第8章 食品中常见微生物检测

8.1 水的细菌总数检测

8.1.1 检验目的

(1)掌握水中细菌总数的监测方法及其卫生学意义。

(2)掌握国家标准规定的细菌总数监测方法——平板菌落计数法。

8.1.2 基本知识

生活用水的水源常被生活污水、工业废水或人与动物的粪便所污染。粪便污物含有不同类型的微生物,有腐生性的和病原性的。腐生性微生物对人无害,而病原性微生物则会引起传染病的发生。

水源如湖水、河水、池水和溪水,常含有很多腐生菌,但仍可安全地饮用。水源一旦被粪便污染,就也可能被肠道病原体污染而引起肠道传染病甚至流行病,如霍乱、伤寒、细菌性痢疾和阿米巴性痢疾以及脊髓灰质炎和传染性肝炎等病毒性疾病。因此,水在传播传染病上有重要的作用,为了保证水的卫生安全,必须对生活用水及其水源进行严格的细菌学检查。

细菌总数是指 1 g 或 1 mL 样品或 1 cm^2 表面上的活细菌数,处理后的样品在一定条件下培养后(如培养基成分、培养温度和时间、pH、需氧性质等)生长出来的菌落数(colony form unit,CFU)用来计算细菌总数。

GB 5749—2006《生活饮用水卫生标准》中规定生活饮用水菌落总数每毫升不得超过100 CFU。

8.1.3 材料和仪器

材料:无菌吸管、灭菌平皿 3 个、无菌采样瓶(管)1 个、营养琼脂。

仪器:高压蒸汽灭菌器、电热干燥箱、恒温培养箱、电冰箱、电热恒温水浴锅、电炉、放大镜或菌落计数器、灭菌镊子、酒精灯(每组 1 只)、灭菌棉球、记号笔。

8.1.4 检验过程

(1)采样及样品处理。

①取样容器必须先消毒,以确保在运输和储存过程中不受污染。

②采集无菌水样本时,先用酒精灯将水龙头灼烧消毒,然后完全打开水龙头采样 5~10 min 关小,采集水样,经常取水水龙头释放 1~3 min 即可采样。

③采集水源时,应选择有代表性的地点和水质适宜的场所。一般应在离水面 0.2~0.5 m 的深度取样。

④采集含余氯水样时,采样瓶中应加入 1.5% 的无菌硫代硫酸钠溶液,以中和水中余氯的杀菌效果。每 500 mL 水样加 2 mL 中和。

⑤采样样品体积应为瓶体积的 80%,以便检查时摇晃。

⑥采集水样后,应立即记录水样的名称、位置、时间等事项,并尽快进行检查(一般在 2 h 内),在冰箱内存放时间不应超过 4 h。

(2)操作方法。

①将水样用力振摇 80 次,使可能存在的细菌凝团得以分散。

②以无菌操作法,用 1 mL 无菌吸管吸取 1 mL 充分摇匀的样品溶液,放入 9 mL 生理盐水中,振摇混匀,混成 1∶10 稀释液。

③用另一个 1 mL 无菌吸管吸取 1∶10 稀释液 1 mL,放入 9 mL 生理盐水中,振摇混匀,混成 1∶100 稀释液。

④同样,用灭菌吸管从高稀释管中吸取 1 mL 样品溶液,注入灭菌培养皿中。每个样本做两次稀释,每一次稀释做两个培养皿作平行样本。

⑤将融化后的营养琼脂冷却至 45℃ 左右,倒入每片培养皿约 15 mL(化妆品监测需要使用磷脂酰—吐温 80 营养琼脂),立即将培养皿放在一个平面上旋转,使样品和琼脂充分混合。每次实验均以另一个培养皿为空白对照,培养皿中放置无菌生理盐水 1 mL,营养琼脂 15 mL。

⑥待琼脂冷却固化后,翻转培养皿,底面朝上,置于(36±1)℃ 培养箱中培养 24 h。然后计算培养皿上的菌落数,计算稀释系数相同的两个培养皿上的平均菌落数。

(3)注意事项。

①操作过程要求必须无菌。

②采集的样品应根据可能的细菌污染程度按倍数稀释,选择两种最佳稀释方法。例如,无菌水适用于原始水样的检测,1∶10 和 1∶100 适用于一般物体表面的稀释,1∶100 适用于化妆品,1∶10000 适用于散装鲜奶。

③营养琼脂的温度不宜过高或过低,必须与样品充分混合。

(4)菌落计数及报告方式。

平板菌落计数可用肉眼观察,必要时可用放大镜观察,注意菌落与杂质的区别。

①计算相同稀释系数下的平均菌落数。如果其中一个平板有较大的片状菌落生长,这些菌落就被排除在外,而应以无片状菌落生长的平板作为该稀释度的平均菌落数。如果片状菌落的数量不超过平板的一半,则可以计算为另一半板上均匀分布的菌落数量的两倍。然后求该稀释度的平均菌落数。

②首先,计算平均菌落数在30~300 CFU之间的培养皿。如果在这个范围内只有一种稀释度,且有符合此规范的平均菌落数,则用稀释系数乘以菌落数。如果两次稀释度的菌落数量均在这个范围内,则应根据两者的比例来确定。如果比率小于或等于2,则报告两者的平均数;如果比例大于2,报告稀释较小的菌落数量。

③如果在所有稀释条件下的菌落数都大于300 CFU,则报告稀释度最高的菌落数乘以其稀释度的平均值。

④如果所有稀释的菌落数都小于30 CFU,则报告稀释最低的平均菌落数乘以其稀释度。

⑤如果所有稀释的平均菌落数不在30~300 CFU之间,则报告稀释最接近30 CFU或300 CFU的菌落数。

⑥菌落计数报告小于或等于100 CFU时,按实际数量报告。如果菌落数大于100 CFU,则以10的指数形式表示,保留两位有效数字。

⑦如果菌落数量难以计数,应报告"不可数",并指出稀释系数。

(5)结果计算。

$$CFU/毫升或克 = 平均菌落数 \times 稀释倍数$$

8.2 空气中的微生物检测

8.2.1 检验目的

(1)通过实验了解微生物在一定环境空气中的分布情况。

(2)学习并掌握空气中微生物检测的基本方法。

8.2.2 检验原理

空气中的病原微生物是导致呼吸道疾病的主要原因,也是呼吸道疾病传播的主要途径。食品生产和贮存环境中常有大量的微生物,影响到食品的卫生安全。因此,生产食品和贮存食品的环境应保持清洁卫生,对空气中的细菌进行定期的检查,并采取必要的清洁卫生措施,以确保食品的安全和卫生。

检验空气中细菌的方法主要有沉降法、气流撞击法及滤过法。其中沉降法所测的细菌数虽准确率较低,但方法最简便,因此使用普遍,后两者检测准确,但需要特殊设备。根据GB/T 17093—1997《室内空气中细菌总数卫生标准》,室内空气中细菌总数规定按撞击法 ≤4000 CFU/m³,沉降法 ≤45 CFU/皿。

自然沉降法:将营养琼脂平板暴露在空气中,微生物根据重力作用自然沉降到平板上,经实验室培养后得到菌落数的测定方法。

气流撞击法:采用撞击式空气微生物采样器,使空气通过狭缝或小孔产生高速气流,从而将悬浮在空气中的微生物采集到营养琼脂平板上,经实验室培养后得到菌落数的测定方法。

采用上述两种方法测定公共场所空气中的细菌总数。

8.2.3　实验材料

仪器:高压蒸汽灭菌器、干热灭菌器、恒温培养箱、采样支架、撞击式空气微生物采样器。

材料:培养皿(直径 90 mm)、营养琼脂。

8.2.4　检验过程

(1)自然沉降法。

自然沉降法指直径 9 cm 的营养琼脂平板在采样点暴露 5 min,经 37℃,48 h 培养后,计数生长的细菌菌落数的采样测定方法。

①样品采集:设置采样点时,应根据现场的大小,选择有代表性的位置作为空气细菌检测的采样点。通常设置 5 个采样点,即室内墙角对角线交点为采样点,该交点与四墙角连线的中点为另外 4 个采样点。采样高度为 1.2~1.5 m。采样点应远离墙壁 1 m 以上,并避开空调、门窗等空气流通处。

融化后的营养琼脂倒入无菌培养皿中冷却至 50℃,放置固化。将营养琼脂平板置于采样点处,打开皿盖,将盖置于皿底,但不能套叠放置或皿盖仰放,以免人为污染。暴露放置 5 min 后盖上皿盖。

②培养:翻转平板,置于(36±1)℃恒温箱中培养 48 h。

③计数和报告结果:计算每块平板生长的菌落数,求出全部采样点的平均菌落数。以每平皿菌落数(CFU/皿)报告结果。

(2)气流撞击法。

采用撞击式空气微生物采样器采样,通过抽气动力作用,使空气通过狭缝或小孔而产生高速气流,从而使悬浮在空气中的带菌粒子撞击到营养琼脂平板上,经 37℃ 培养 48 h 后,计算每立方米空气中所含的细菌菌落数的采样测定方法。

①样品采集:室内面积不足 50 m² 的设置 1 个采样点,50~200 m² 的设置两个采样点,200 m² 以上的设置 3~5 个采样点。按均匀布点原则布置,室内 1 个采样点的设置在中央,2 个采样点的设置在室内对称点上,3 个采样点的设置在室内对角线四等分的 3 个等分点上,5 个采样点的按梅花布点,其他的按均匀布点原则布置。点距离地面高度 1.2~1.5 m,距离墙壁不小于 1 m。采样点应避开通风口、通风道等。

将采样器消毒,以无菌操作,使用撞击式微生物采样器以 28.3 L/min 流量采集 5~15 min。采样器使用按照说明书要求进行。

②培养:采样后的营养琼脂平板,置于(36±1)℃恒温箱中培养 48 h。

③计数和报告结果。

采样点细菌总数结果计算:菌落计数,记录结果并按稀释比与采气体积换算成 CFU/m³(每立方米空气中菌落形成单位)。

一个区域细菌总数测定结果:一个区域空气中细菌总数的测定结果按该区域全部采样点中细菌总数测定值中的最大值给出。

8.3 食品中菌落总数测定

8.3.1 实验目的

学习食品中细菌菌落总数的检验方法,强化理解检验食品中细菌菌落总数的食品安全学意义及食品加工中进行灭菌处理的重要性。

8.3.2 基本原理

食品中污染的微生物在适当培养条件下可长出菌落,食品样品经过处理,在一定的条件下(如合适的培养基、培养温度和培养时间等)培养后,所得单位质量样品中的细菌菌落总数,一般以每克(毫升)检样中的细菌菌落形成单位数表示,即 CFU/g(mL)。

8.3.3 实验材料

(1)设备和材料。

恒温培养箱[(36±1)℃,(30±1)℃],冰箱(2~5℃),恒温水浴箱[(46±1)℃],天平(感量为 0.1 g),均质器,振荡器,无菌吸管(1 mL,具 0.01 mL 刻度);10 mL,具 0.1 mL 刻度)或微量移液器及吸头,无菌锥形瓶(容量 250 mL、500 mL),无菌培养皿(直径 90 mm),pH 计或 pH 比色管或精密 pH 试纸,放大镜或/和菌落计数器。

(2)培养基和试剂。

①平板计数琼脂(plate count agar,PCA)培养基:胰蛋白胨 5.0 g,酵母浸膏 2.5 g,葡萄糖 1.0 g,琼脂 15.0 g,加无菌水至 1000 mL,煮沸溶解,调节 pH 至 7.0±0.2。分装试管或锥形瓶,121℃高压灭菌 15 min。

②磷酸盐缓冲液:

贮存液:称取 34.0 g 的 KH_2PO_4 溶于 500 mL 无菌水中,用大约 175 mL 的 1 mol/L NaOH 溶液调节 pH 至 7.2,用无菌水稀释至 1000 mL 后贮存于冰箱。

稀释液:取贮存液 1.25 mL,用无菌水稀释至 1000 mL,分装于适宜容器中,121℃高压灭菌 15 min。

③无菌生理盐水:称取 8.5 g NaCl 溶于 1000 mL 无菌水中,121℃高压灭菌 15 min。

8.3.4　检验流程

菌落总数的检验流程见图 8-1。

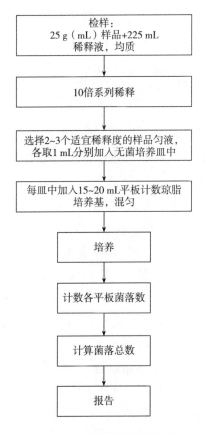

图 8-1　菌落总数的检验流程

8.3.5　实验步骤

(1)样品的稀释。

①固体和半固体样品:称取 25 g 样品置盛有 225 mL 磷酸盐缓冲液或生理盐水的无菌均质杯内,8000~10000 r/min 均质 1~2 min,或放入盛有 225 mL 稀释液的无菌均质袋中,用拍击式均质器拍打 1~2 min,制成 1∶10 的样品匀液。

②液体样品:以无菌吸管吸取 25 mL 样品置盛有 225 mL 磷酸盐缓冲液或生理盐水的无菌锥形瓶(瓶内预置适当数量的无菌玻璃珠)中,充分混匀,制成 1∶10 的样品匀液。

③用 1 mL 无菌吸管或微量移液器吸取 1∶10 样品匀液 1 mL,沿管壁缓慢注于盛有 9 mL 稀释液的无菌试管中(注意吸管或吸头尖端不要触及稀释液面),振摇试管或换用 1 支无菌吸管反复吹打使其混合均匀,制成 1∶100 的样品匀液。

④按步骤③操作,制备 10 倍系列稀释样品匀液。每递增稀释一次,换用 1 次 1 mL 无菌吸管或吸头。

⑤根据对样品污染状况的估计,选择2~3个适宜稀释度的样品匀液(液体样品可包括原液),在进行10倍递增稀释时,吸取1 mL样品匀液于无菌平皿内,每个稀释度做两个平皿。同时,分别吸取1 mL空白稀释液加入两个无菌平皿内作空白对照。

⑥及时将15~20 mL冷却至46℃的平板计数琼脂培养基[可放置于(46±1)℃恒温水浴箱中保温]倾注平皿,并转动平皿使其混合均匀。

(2)培养。

①待琼脂凝固后,将平板翻转,(36±1)℃培养(48±2)h。水产品(30±1)℃培养(72±3)h。

②如果样品中可能含有在琼脂培养基表面弥漫生长的菌落时,可在凝固后的琼脂表面覆盖一薄层琼脂培养基(约4 mL),凝固后翻转平板,按步骤①条件进行培养。

(3)菌落计数。

①可用肉眼观察,必要时用放大镜或菌落计数器,记录稀释倍数和相应的菌落数量。菌落计数以菌落形成单位(colony forming units,CFU)表示。

②选取菌落数在30~300 CFU之间、无蔓延菌落生长的平板计数菌落总数。低于30 CFU的平板记录具体菌落数,大于300 CFU的可记录为多不可计。每个稀释度的菌落数应采用两个平板的平均数。

③其中一个平板有较大片状菌落生长时,则不宜采用,而应以无片状菌落生长的平板作为该稀释度的菌落数;若片状菌落不到平板的一半,而其余一半中菌落分布又很均匀,即可计算半个平板后乘以2,代表一个平板菌落数。

④当平板上出现菌落间无明显界线的链状生长时,则将每条单链作为一个菌落计数。

(4)菌落总数的计算方法。

①若只有一个稀释度平板上的菌落数在适宜计数范围内,计算两个平板菌落数的平均值,再将平均值乘以相应稀释倍数,作为每克(毫升)样品中菌落总数结果。

②若有两个连续稀释度的平板菌落数在适宜计数范围内时,按下式计算:

$$N = \frac{\sum C}{(n_1 + 0.1n_2)d}$$

式中:N——样品中菌落数,CFU;

$\sum C$——平板(含适宜范围菌落数的平板)菌落数之和,CFU;

n_1——第一稀释度(低稀释倍数)平板个数;

n_2——第二稀释度(高稀释倍数)平板个数;

d——稀释因子(第一稀释度)。

示例(表8-1):

表 8-1　菌落总数的计数方法示例

稀释度	1∶100（第一稀释度）	1∶1000（第二稀释度）
菌落数（CFU）（两个平板）	232,244	33,35

$$N = \frac{\sum C}{(n_1 + 0.1n_2)d} = \frac{232 + 244 + 33 + 35}{[2 + (0.1 \times 2)] \times 10^{-2}} = \frac{544}{0.022} \approx 24727$$

上述数据数字修约后，表示为 25000 或 2.5×10^4。

③若所有稀释度的平板上菌落数均大于 300 CFU，则对稀释度最高的平板进行计数，其他平板可记录为多不可计，结果按平均菌落数乘以最高稀释倍数计算。

④若所有稀释度的平板菌落数均小于 30 CFU，则应按稀释度最低的平均菌落数乘以稀释倍数计算。

⑤若所有稀释度（包括液体样品原液）平板均无菌落生长，则以小于 1 乘以最低稀释倍数计算。

⑥若所有稀释度的平板菌落数均不在 30~300 CFU 之间，其中一部分小于 30 CFU 或大于 300 CFU 时，则以最接近 30 CFU 或 300 CFU 的平均菌落数乘以稀释倍数计算。

（5）菌落总数的报告。

①菌落数小于 100 CFU 时，按"四舍五入"原则修约，以整数报告。

②菌落数大于或等于 100 CFU 时，第 3 位数字采用"四舍五入"原则修约后，取前 2 位数字，后面用 0 代替位数；也可用 10 的指数形式来表示，按"四舍五入"原则修约后，采用两位有效数字。

③若所有平板上为蔓延菌落而无法计数，则报告菌落蔓延。

④若空白对照上有菌落生长，则此次检测结果无效。

⑤称重取样以 CFU/g 为单位报告，体积取样以 CFU/mL 为单位报告。

8.3.6　实验报告

总结实验过程，按实验结果写出报告，并判断所检食品细菌总数是否合格。

8.3.7　思考讨论

（1）食品中细菌总数对反映食品卫生质量有何意义？

（2）在细菌总数测定中，10 倍系列稀释的目的是什么？

8.4　牛奶中的细菌检查

8.4.1　基本知识

牛奶的质量和安全会直接影响人们的健康。牛奶在包装和运输过程中经常受到污染,在供人类食用之前必须进行消毒。常用的高压湿热杀菌法会因为温度过高(121℃)而破坏牛奶中的营养,而巴氏杀菌法是一种比较温和的消毒方法,温度为60~90℃。在温度为63℃、30 min,或80℃、15 min,或90℃、5 min 的不同时间处理后,可以杀灭牛奶中大部分需氧非发芽病原菌,例如,结核分枝杆菌在62℃下,15 min 内杀灭,并能保持原有的营养。

8.4.2　检验目的

(1)学习美蓝还原酶试验(methylene blue reductase test)对牛奶质量评估的原理和方法。

(2)学习巴氏消毒法(pastarilization)的原理及方法。

(3)学习利用牛奶中细菌菌落总数判断牛奶是否被污染的指标。

8.4.3　检验原理

亚甲基蓝是一种氧化还原指示剂,氧化态为蓝色,还原态为无色。好氧和兼性呼吸细菌在呼吸过程中都使用氧作为细胞中最后的电子受体。如果在牛奶中加入亚甲基蓝,牛奶中的细菌越多,消耗的溶解氧就越多,氧化还原电位降低,亚甲基蓝脱色。相反,细菌数量越少,亚甲基蓝脱色时间越长,即牛奶质量越好。因此,根据亚甲基蓝脱色时间的长短,可以大致估算出牛奶的品质。6℃、8 h 内变色,判定为一级;2~6 h 内变色,判定为 2 级;在30℃、2 h 内变色,判定为 3 级;30 min 内变色则判定为 4 级。用标准平板计数法检测每毫升牛奶的菌落数,可以确定牛奶及乳制品的质量是否符合卫生标准。牛奶是否被污染,大肠菌群的存在或不存在可以作为一个指标。

根据 2010 年中华人民共和国卫生部颁布的食品安全国家标准《生乳》,菌落总数小于等于 2×10^6 CFU/mL,致病菌不得检出。

8.4.4　材料与设备

优质生牛奶 10 mL、差质生牛奶 10 mL、肉膏蛋白胨琼脂培养基、伊红美蓝琼脂培养基、美蓝溶液(1∶250000)、革兰氏染色液、显微镜、试管架、水浴锅、载玻片、无菌移液管(1 mL 及 10 mL)、无菌培养皿、无菌水(9 mL/支)等。

8.4.5　检验过程

(1)亚甲基蓝还原酶法评价牛奶品质。

①取 2 支带盖无菌试管,用记号笔标记"优"和"差"。

②用无菌 10 mL 移液管取优质原料奶和差质原料奶各 10 mL,加入相应的试管中。

③用吸管吸取亚甲基蓝溶液(1∶25000),每根试管加 1 滴。

④盖上试管盖,轻轻翻转试管 4 次,使亚甲基蓝和牛奶混合均匀。

⑤将试管放入 37℃的水浴中,水面应在牛奶上方。5 min 后取出试管,再次倒置,放回水浴中,开始计时。

⑥每隔 30 min 在试管中观察颜色变化,并记录结果,3~6 h 后结束。

(2)检测巴氏消毒法消毒牛奶的效果。

①调节水浴温度至 80℃。

②用 10 mL 无菌移液管从优、差质原料奶样品中抽出 5 mL,放入无菌试管中,将试管置于 80℃水浴中,保温 15 min。不时轻轻摇动试管,使其均匀受热。水浴中的水面应高于乳面。

③15 min 后,立即取出试管,沿管壁倒入冷水,使牛奶迅速冷却。放置于试管架上,供细菌计数使用。

④另外,用同样的方法取两种原料奶各 5 mL,放入无菌试管中,但不要保温,留作对照,并做标记。

(3)稀释平板计数法测定牛奶含细菌总数。

①分组,每组做一种生牛奶消毒前后菌落数的比较。按实验所述 10 倍稀释平板计数法进行试验。

②将已消毒的牛奶用 1 mL 无菌移液管吸取 1 mL 到含 9 mL 无菌水的试管内,即为 10^{-1},依次稀释。

③取已经灭菌的培养皿 6 套,每一稀释度同时做两套平皿,在底部分别标明-2、-3、-4。从最大的稀释度开始,依次从 10^{-4}、10^{-3}、10^{-2} 试管内取 1 mL 已经消毒牛奶到相应稀释度的平皿内。

④将已融化并冷却至 45~50℃肉膏蛋白胨琼脂(每管约 15 mL)倾入上列所述平皿内。在桌面上轻轻转动,使菌液混合均匀,待冷凝后倒置。放入 37℃恒温箱,培养 24 h 后观察结果,并计算经巴氏消毒的牛奶每毫升含细菌总数。

⑤另取培养皿 6 套,用未消毒的牛奶重复上述步骤(①~④)做对照,比较二者结果。注意本实验所用器皿均应经高压蒸汽灭菌,操作均需按无菌操作进行。

8.4.6　思考讨论

(1)两种样品牛奶的美蓝脱色时间有差异,请解释其原因。

(2)还有哪些类食品需用巴氏消毒法进行消毒?

8.5　乳粉中的微生物及其检验

8.5.1　基本知识

乳除供鲜食外,还可制成多种乳制品,乳制品不但具有较长的保存期和便于运输等优点,而且丰富了人们的生活。常见的乳制品有奶粉、炼乳、酸乳及奶油等。

奶粉是以鲜乳为原料,经消毒、浓缩、喷雾干燥而制成的粉状产品。可分为全脂奶粉、脱脂奶粉、加糖奶粉、调制奶粉等。在奶粉制作过程中,绝大部分微生物被清除或杀死,奶粉含水量低,不利于微生物存活,故经密封包装后,细菌不会繁殖。因此,奶粉中含菌量不高,也不会有病原菌存在。

如果原料乳污染严重,加工不规范,奶粉中含菌量会很高,甚至有病原菌出现。

(1)奶粉中的细菌主要来源。

①奶粉在浓缩干燥过程中,外界温度高达150~200℃,但奶粉颗粒内部温度只有60℃左右,其中会残留一部分耐热菌。

②喷粉塔用后清理不彻底,塔内残留的奶粉吸潮后会有细菌生长繁殖,成为污染源。

③奶粉在包装过程中接触的容器、包装材料等可造成第二次污染。

④原料乳污染严重是奶粉含菌量高的主要原因。

(2)奶粉中的微生物类型。

奶粉中污染的细菌主要有耐热的芽孢杆菌、微球菌、链球菌、棒状杆菌等。奶粉中可能有病原菌存在,最常见的是沙门氏菌和金黄色葡萄球菌。

(3)设备和材料。

除微生物实验室常规灭菌及培养设备外,其他设备和材料如下:

恒温培养箱:(36±1)℃、冰箱:2~5℃、恒温水浴箱:36~56℃、天平:感量0.1 g、均质器、振荡器、无菌吸管:1 mL(具0.01 mL刻度)、10 mL(具0.1 mL刻度)或微量移液器及吸头、无菌锥形瓶:容量100 mL、500 mL、无菌培养皿:直径90 mm、涂布棒、pH计或pH比色管或精密pH试纸。

8.5.2 检验过程

(1)样品的采集。

产品按批号取样检验,取样量为1/1000(不足千件者抽1件),尾数超过500件者增抽一件,每个样品为200 g。

原包装小于或等于500 g的制品:取相同批次的最小零售原包装,采样量不小于5倍或以上检验单位的样品。

原包装大于500 g的制品:将洁净、干燥的采样钻沿包装容器切口方向往下,匀速穿入底部。当采样钻到达容器底部时,将采样钻旋转180°,抽出采样钻并将采集的样品转入样品容器。采样量不小于5倍或以上检验单位的样品。

(2)样品的处理。

①取样前将样品充分混匀。

罐装:清洁瓶或罐的表面,再用点燃的酒精棉球消毒瓶或罐口周围,然后用灭菌的开罐器打开瓶或罐,以无菌操作称取25 g检样,放入预热至45℃装有225 mL灭菌生理盐水(或其他增菌液)的锥形瓶中,振摇均匀。

袋装:用 75%酒精棉球涂擦消毒袋口,以无菌操作开封取样。称取检样 25 g,加入预热至 45℃盛有 225 mL 灭菌生理盐水等稀释液或增菌液的锥形瓶内(可使用玻璃珠助溶),振摇使充分溶解和混匀,制成 1∶10 的样品匀液。

②对于经酸化工艺生产的乳清粉,应使用 pH=8.4±0.2 的磷酸氢二钾缓冲液稀释。对于含较高淀粉的特殊配方乳粉,可使用 α-淀粉酶降低溶液黏度,或将稀释液加倍以降低溶液黏度。

③用 1 mL 无菌吸管或微量移液器吸取 1∶10 样品匀液 1 mL,沿管壁缓慢注入盛有 9 mL 稀释液的无菌试管中(注意吸管或吸头尖端不要触及稀释液面),振摇试管或换用 1 支无菌吸管反复吹打使其混合均匀,制成 1∶100 的样品匀液。

④按③操作,制备 10 倍系列稀释样品匀液。每递增稀释 1 次,换 1 次 1 mL 无菌吸管或吸头。

(3)奶粉按需要进行细菌总数、大肠菌群 MPN 测定及致病菌的检验。

①细菌总数(检验方法同 8.3 食品中菌落总数的检测)。

1)根据对样品污染状况的估计,选择 2~3 个适宜稀释度的样品匀液,在进行 10 倍递增稀释时,吸取 1 mL 样品匀液于无菌平皿内,每个稀释度做两个平皿。同时,分别吸取 1 mL 空白稀释液加入两个无菌平皿内作空白对照。

2)及时将 15~20 mL 冷却至 46℃的平板计数琼脂培养基[可放置于(46±1)℃恒温水浴箱中保温]倾注平皿,并转动平皿使其混合均匀。

3)培养。

待琼脂凝固后,将平板翻转,(36±1)培养(48±2) h。

如果样品中可能含有在琼脂培养基表面弥漫生长的菌落时,可在凝固后的琼脂表面覆盖一薄层琼脂培养基(约 4 mL),凝固后翻转平板,按上述条件进行培养。

4)菌落计数。

可用肉眼观察,必要时用放大镜或菌落计数器,记录稀释倍数和相应的菌落数量。菌落计数以菌落形成单位(colony-forming units ,CFU)表示。

②大肠菌群平板计数法。

1)检验原理。

大肠菌群在固体培养基中发酵乳糖产酸,在指示剂的作用下形成可计数的红色或紫色,带有或不带有沉淀环的菌落。

2)设备和材料。

结晶紫中性红胆盐琼脂(VRBA)、无菌磷酸盐缓冲液、无菌生理盐水、1 mol/L NaOH 溶液、1 mol/L HCl 溶液。

3)检验流程(图 8-2)。

a. 平板计数:选取 2~3 个适宜的连续稀释度,每个稀释度接种 2 个无菌平皿,每皿

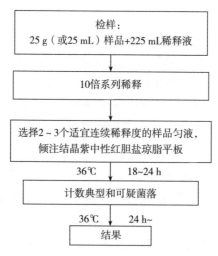

图 8-2 大肠菌群平板计数法检验流程

1 mL。同时取 1 mL 生理盐水加入无菌平皿作空白对照。

及时将 15~20 mL 融化并恒温至 46℃ 的结晶紫中性红胆盐琼脂(VRBA)倾注于每个平皿中。小心旋转平皿,将培养基与样液充分混匀,待琼脂凝固后,再加 3~4 mL VRBA 覆盖平板表层。翻转平板,置于(36±1)℃培养 18~24 h。

b. 平板菌落数的选择:选取菌落数在 15~150 CFU 之间的平板,分别计数平板上出现的典型和可疑大肠菌群菌落(如菌落直径较典型菌落小)。典型菌落为紫红色,菌落周围有红色的胆盐沉淀环,菌落直径为 0.5 mm 或更大。

c. 证实试验:从 VRBA 平板上挑取 10 个不同类型的典型和可疑菌落,少于 10 个菌落的挑取全部典型和可疑菌落。分别移种于 BGLB 肉汤管内,(36±1)℃培养 24~48 h,观察产气情况。凡 BGLB 肉汤管产气,即可报告为大肠菌群阳性。

d. 大肠菌群平板计数的报告:经最后证实为大肠菌群阳性的试管比例乘以 b. 中计数的平板菌落数,再乘以稀释倍数,即为每克(毫升)样品中大肠菌群数。若所有稀释度(包括液体样品原液)平板均无菌落生长,则以小于 1 乘以最低稀释倍数计算。

③致病菌的检验。

金黄色葡萄球菌(平板计数法)

1)培养基和试剂。

7.5%氯化钠肉汤、血琼脂平板、Baird-Parker 琼脂平板、脑心浸出液肉汤(BHI)、兔血浆、稀释液:磷酸盐缓冲液、营养琼脂小斜面、革兰氏染色液、无菌生理盐水。

2)样品的接种。

根据对样品污染状况的估计,选择 2~3 个适宜稀释度的样品匀液(液体样品可包括原液),在进行 10 倍递增稀释的同时,每个稀释度分别吸取 1 mL 样品匀液以 0.3 mL、0.3 mL、0.4 mL 接种量分别加入 3 块 Baird-Parker 平板,然后用无菌涂布棒涂布整个平板,注意不要触及平板边缘。使用前,如 Baird-Parker 平板表面有水珠,可放在 25~50℃ 的培养箱里干燥,直到平板表面的水珠消失。

3)培养。

在通常情况下,涂布后,将平板静置 10 min,如样液不易吸收,可将平板放在培养箱 (36±1)℃ 培养 1 h;等样品匀液吸收后翻转平板,倒置后于(36±1)℃ 培养 24~48 h。

4)典型菌落计数和确认。

金黄色葡萄球菌在 Baird-Parker 平板上呈圆形,表面光滑、凸起、湿润、菌落直径为 2~3 mm,颜色呈灰黑色至黑色,有光泽,常有浅色(非白色)的边缘,周围绕以不透明圈(沉淀),其外常有一清晰带。当用接种针触及菌落时有黄油样黏稠感。有时可见到不分解脂肪的菌株,除没有不透明圈和清晰带外,其他外观基本相同。从长期贮存的冷冻或脱水食品中分离的菌落,其黑色常较典型菌落浅些,且外观可能较粗糙,质地较干燥。

选择有典型金黄色葡萄球菌菌落且同一稀释度 3 个平板所有菌落数合计在 20~200 CFU 之间的平板,计数典型菌落数。

从典型菌落中至少选 5 个可疑菌落(小于 5 个全选)进行鉴定试验。分别做染色镜检,血浆凝固酶试验(方法如下);同时划线接种到血平板(36±1)℃ 培养 18~24 h 后观察菌落形态,金黄色葡萄球菌菌落较大,圆形、光滑凸起、湿润、金黄色(有时为白色),菌落周围可见完全透明溶血圈。

血浆凝固酶试验:挑取 Baird-Parker 平板或血平板上至少 5 个可疑菌落(小于 5 个全选),分别接种到 5 mL BHI 和营养琼脂小斜面,(36±1)℃ 培养 18~24 h。取新鲜配制兔血浆 0.5 mL,放入小试管中,再加入 BHI 培养物 0.2~0.3 mL,振荡摇匀,置(36±1)℃ 温箱或水浴箱内,每半小时观察一次,观察 6 h,如呈现凝固(即将试管倾斜或倒置时,呈现凝块)或凝固体积大于原体积的一半,被判定为阳性结果。同时以血浆凝固酶试验阳性和阴性葡萄球菌菌株的肉汤培养物作为对照,也可用商品化的试剂,按说明书操作,进行血浆凝固酶试验。

结果如可疑,挑取营养琼脂小斜面的菌落到 5 mL BHI,(36±1)℃ 培养 18~48 h,重复试验。

5)结果计算。

若只有一个稀释度平板的典型菌落数在 20~200 CFU 之间,计数该稀释度平板上的典型菌落,按式(8-1)计算。

若最低稀释度平板的典型菌落数小于 20 CFU,计数该稀释度平板上的典型菌落,按式(8-1)计算。

若某一稀释度平板的典型菌落数大于 200 CFU,但下一稀释度平板上没有典型菌落,计数该稀释度平板上的典型菌落,按式(8-1)计算。

若某一稀释度平板的典型菌落数大于 200 CFU,而下一稀释度平板上虽有典型菌落但不在 20~200 CFU 范围内,应计数该稀释度平板上的典型菌落,按式(8-1)计算。

若 2 个连续稀释度的平板典型菌落数均在 20～200 CFU 之间,按式(8-2)计算。
计算公式:

$$T = \frac{AB}{Cd} \qquad (8-1)$$

式中:T——样品中金黄色葡萄球菌菌落数;

    A——某一稀释度典型菌落的总数;

    B——某一稀释度鉴定为阳性的菌落数;

    C——某一稀释度用于鉴定试验的菌落数;

    d——稀释因子。

$$T = \frac{A_1 B_1 / C_1 + A_2 B_2 / C_2}{1.1d} \qquad (8-2)$$

式中:T——样品中金黄色葡萄球菌菌落数;

    A_1——第一稀释度(低稀释倍数)典型菌落的总数;

    B_1——第一稀释度(低稀释倍数)鉴定为阳性的菌落数;

    C_1——第一稀释度(低稀释倍数)用于鉴定试验的菌落数;

    A_2——第二稀释度(高稀释倍数)典型菌落的总数;

    B_2——第二稀释度(高稀释倍数)鉴定为阳性的菌落数;

    C_2——第二稀释度(高稀释倍数)用于鉴定试验的菌落数;

    1.1——计算系数;

    d——稀释因子(第一稀释度)。

沙门氏菌

沙门氏菌属($Salmonella$)是一群抗原结构、生化性状相似的革兰氏阴性杆菌。种类繁多,迄今已经发现的沙门氏菌有 2600 多个血清型,寄生于人类和动物肠道内。沙门氏菌最早是由美国人 Salmon 发现的,并以此命名。沙门氏菌与食品安全和人类健康密切相关,它是引起食品污染及食物中毒的重要致病菌,是食源性疾病的常见病原微生物。人的沙门氏菌病主要有伤寒、副伤寒、食物中毒以及败血症。据统计,在世界各国的细菌性食物中毒中,沙门氏菌引起的食物中毒常列榜首,我国内陆地区也以沙门氏菌食物中毒为首位。

1)材料准备。

a. 样品:动物食品。

b. 试剂:缓冲蛋白胨水(BPW)、四硫磺酸钠煌绿增菌液(TTB)、亚硒酸盐胱氨酸增菌液(SC)、亚硫酸铋(BS)琼脂、HE 琼脂、木糖赖氨酸脱氧胆盐(XLD)琼脂、沙门氏菌属显色培养基、三糖铁(TSI)琼脂、蛋白胨水、靛基质、尿素、氰化钾、赖氨酸脱羧酶实验培养基、糖发酵管、邻硝基酚 β-D-半乳苷培养基、半固体琼脂、丙二酸钠培养基。

c. 仪器及材料:冰箱(2～5℃)、恒温培养箱[(36±1)℃,(42±1)℃]、均质器、振荡器、电子天平(感量 0.1 g)、无菌锥形瓶(500 mL、250 mL)、无菌吸管(1 mL、10 mL)、无菌培养皿、无菌试管(3 mm×50 mm、10 mm×75 mm)、无菌毛细管、pH 计或 pH 比色管(或精密 pH 试纸)。

2)操作步骤。

a. 预增菌:称取 25 g(mL)样品放入盛有 225 mL BPW 的无菌均质杯或合适容器中,以 8000~10000 r/min 转速均质 1~2 min,或置于盛有 225 mL BPW 的无菌均质袋中,用拍击式均质器拍打 1~2min。若样品为液体,不需要均质,振荡混匀。如需调整 pH,用 1 mol/mL 无菌 NaOH 或 HCl 调 pH 至 6.8±0.2。无菌操作将样品转至 500 mL 锥形瓶或其他合适容器内,如使用均质袋,可直接进行培养,于(36±1)℃培养 8~18 h。

如为冷冻产品,应在 45℃以下不超过 15 min,或 2~5℃不超过 18 h 解冻。

b. 增菌:轻轻摇动培养过的样品混合物,移取 1 mL,转种于 10 mL TTB 内,于(42±1)℃培养 18~24 h。同时,另取 1 mL 转种于 10 mL SC 内,于(36±1)℃培养 18~24 h。

c. 分离:分别用直径 3 mm 的接种环取增菌液 1 环,划线接种于一个 BS 琼脂平板和一个 XLD 琼脂平板(或 HE 琼脂或沙门氏菌属显色培养基平板),于(36±1)℃分别培养 40~48 h(BS 琼脂平板)或 18~24h(XLD 琼脂平板、HE 琼脂平板、沙门氏菌属显色培养基平板),观察各个平板上生长的菌落,各个平板上的菌落特征见表8-2。

表8-2　沙门氏菌属在不同选择性琼脂平板上的菌落特征

选择性琼脂平板	沙门氏菌
BS 琼脂	菌落为黑色有金属光泽、棕褐色或灰色,菌落周围培养基可呈黑色或棕色;有些菌株形成灰绿色的菌落,周围培养基不变
HE 琼脂	蓝绿色或蓝色,多数菌落中心黑色或几乎全黑色;有些菌株为粉色,中心黑色或几乎全黑色
XLD 琼脂	菌落呈粉红色,带或不带黑色中心,有些菌株可呈现大的带光泽的黑色中心,或呈现全部黑色的菌落;有些菌株为黄色菌落,带或不带黑色中心
沙门氏菌属显色培养基	按照显色培养基的说明进行判定

d. 生化实验。

(i)在自选择性琼脂平板上分别挑取 2 个以上典型或可疑菌落,接种三糖铁琼脂,先在斜面划线,再于底层穿刺;接种针不要灭菌,直接接种赖氨酸脱羧酶实验培养基和营养琼脂平板,于(36±1)℃培养 18~24 h,必要时可延长至 48 h。在三糖铁琼脂和赖氨酸脱羧酶实验培养基上,沙门氏菌属的反应结果见表8-3。

表8-3　沙门氏菌属在三糖铁琼脂和赖氨酸脱羧酶实验培养基上的反应结果

三糖铁琼脂				赖氨酸脱羧酶实验培养基	初步判断
斜面	底层	产气	硫化氢		
K	A	+(−)	+(−)	+	可疑沙门氏菌属
K	A	+(−)	+(−)	−	可疑沙门氏菌属

续表

三糖铁琼脂				赖氨酸脱羧酶实验培养基	初步判断
斜面	底层	产气	硫化氢		
A	A	+(-)	+(-)	+	可疑沙门氏菌属
A	A	+/-	+/-	-	非沙门氏菌属
K	K	+/-	+/-	+/-	非沙门氏菌属

注:K 表示产碱;A 表示产酸;+表示阳性;-表示阴性;+(-)表示多数为阳性,少数为阴性;+/-表示阳性或阴性。

（ⅱ）接种三糖铁琼脂和赖氨酸脱羧酶实验培养基的同时,可直接接种蛋白胨水（供做靛基质实验）、尿素琼脂（pH 7.2）、氰化钾（KCN）培养基,也可在初步判断结果后从营养琼脂平板上挑取可疑菌落接种。于（36±1）℃培养 18~24 h,必要时可延长至 48 h。按表 8-4 判定结果。将已挑菌落的平板储存于 2~5℃或室温下,至少保留 24 h,以备必要时复查。

表 8-4   沙门氏菌属生化反应初步鉴别表

反应序号	硫化氢（H₂S）	靛基质	pH 7.2 尿素	氰化钾（KCN）	赖氨酸脱羧酶
A1	+	-	-	-	+
A2	+	+	-	-	+
A3	-	-	-	-	+/-

注:+表示阳性;-表示阴性;+/-表示阳性或阴性。

反应序号 A1。典型反应判定为沙门氏菌。如尿素、KCN 和赖氨酸脱羧酶 3 项中有 1 项异常,按表 8-5 可判定为沙门氏菌;如有 2 项异常,为非沙门氏菌。

表 8-5   沙门氏菌属生化反应初步鉴别表

pH 7.2 尿素	氰化钾（KCN）	赖氨酸脱羧酶	判定结果
-	-	-	甲型副伤寒沙门氏菌
-	+	+	沙门氏菌Ⅳ或Ⅴ
+	-	+	沙门氏菌个别变体

注:+表示阳性;-表示阴性。

反应序号 A2。补做甘露醇和山梨醇试验,沙门氏菌靛基质变体 2 项实验结果均为阳性,需要结合血清学鉴定结果进行判定。

反应序号 A3。补做邻硝基酚 β-D-吡喃半乳糖苷（ONPG）试验。ONPG 阴性为沙门氏菌,同时赖氨酸脱羧酶阳性,甲型副伤寒沙门氏菌为赖氨酸脱羧酶阴性。

e.结果报告:综合以上生化实验的结果,报告 25 g（mL）样品中检出或未检出沙门氏菌。

3）注意事项。

a. 预增菌。

（ⅰ）缓冲蛋白胨水（BPW）肉汤是基础增菌培养基，不含任何抑制成分，有利于受损伤的沙门氏菌复苏，使受损伤的沙门氏菌细胞恢复到稳定的生理状态。缓冲蛋白胨水肉汤一般用于加工食品或冷冻食品的预增菌。目的是使沙门氏菌属得到一定的增殖，增菌时间可按照相应标准的一般规定，但延长增菌时间有时可以提高阳性检出率。增菌培养的温度一般为 36~42℃。

（ⅱ）鲜肉、鲜蛋、鲜乳或其他未经加工的食品不必经过预增菌。

b. 增菌。

（ⅰ）四硫磺酸钠煌绿增菌液（TTB）含有胆盐，可抑制革兰氏阳性菌和部分大肠埃希氏菌的生长，而伤寒与副伤寒沙门氏菌仍可生长。

（ⅱ）亚硒酸盐胱氨酸增菌液（SC）可对伤寒及其他沙门氏菌做选择性增菌，亚硒酸与蛋白胨中的含硫氨基酸结合形成亚硒酸和硫的复合物，可影响细菌硫代谢，从而抑制大肠埃希氏菌、肠球菌和变形杆菌的增殖。

c. 平板分离。

（ⅰ）亚硫酸铋（BS）琼脂含有煌绿、亚硫酸铋，能抑制大肠杆菌、变形杆菌和革兰氏阳性菌的生长，但对伤寒、副伤寒等沙门氏菌的生长无影响。伤寒杆菌及其他沙门菌能利用葡萄糖将亚硫酸铋还原成硫酸铋，形成黑色菌落，周围绕有黑色和棕色的环，对光观察可见金属光泽。该培养基制备过程不宜过分加热，以免降低其选择性，且应在临用时配制，超过 48 h 不宜使用。与 TTB 或 SC 合用可获得更高的检出率。

（ⅱ）HE 琼脂在保证细菌所需营养的基础上，加入了一些抑制剂，如胆盐、柠檬酸盐、去氧胆酸钠等，可抑制某些肠道致病菌和革兰氏阳性菌的生长，但对革兰氏阴性的肠道致病菌则无抑制作用。

（ⅲ）XLD 琼脂培养基中含有去氧胆酸钠指示剂，在该浓度下的去氧胆酸钠也可作为大肠埃希氏菌的抑制剂，而不影响沙门氏菌属和志贺氏菌属的生长。XLD 培养基分离沙门菌和志贺氏菌的敏感性超过了传统的培养基，如 EMB、SS、BS。因这些培养基尚有抑制志贺氏菌属生长的潜在因素，故本培养基可用于分离鉴定沙门氏菌及志贺氏菌属，在国外被广泛使用。

（ⅳ）沙门氏菌显色培养基主要用于快速筛选、分离沙门氏菌，其基本原理是利用沙门氏菌特异性酶与显示基团的特有反应，水解底物并释放出显色基因，沙门氏菌在培养基上呈紫色或紫红色，大肠杆菌等其他肠道杆菌呈蓝绿色。

d. 生化鉴定。

（ⅰ）在 TSI 琼脂中有 2 个指示剂。

酚红：在碱性环境中呈红色，在酸性环境中呈黄色。

硫酸亚铁铵：硫化氢的指示剂，可与硫化氢反应生成硫化铁，呈黑色。硫代硫酸钠可防止硫化氢氧化形成 S—S 键而影响反应。

（ⅱ）赖氨酸脱羧酶实验阳性反应为培养基不改变颜色，而培养基变黄色者为阴性反应。本实验一定要设空白对照。培养基需用液体石蜡封盖，阻止空气的氧化作用。

（ⅲ）氰化钾实验必须设置对照管（不加氰化钾），若对照管细菌生长良好，实验管细菌不生长，可判定为阴性。若对照管与实验管均无细菌生长，则应重复试验。实验失败的主要原因是封口不严，氰化钾逐渐分解，生成氢氰酸气体逸出，以致药物浓度降低，细菌生长，呈假阳性反应。

8.5.3　思考讨论

（1）进行沙门氏菌检验时为什么要进行前增菌和增菌？

（2）沙门氏菌在三糖铁培养基上的反应结果如何？为什么？

（3）对鲜蛋中的沙门氏菌进行检验。

8.6　发酵乳微生物检测

8.6.1　基本知识

（1）乳酸菌。

乳酸菌（lactic acid bacteria，LAB）是一类可发酵碳水化合物产生大量乳酸的革兰氏阳性细菌的统称，主要包括乳杆菌属（*Lactobacillus*）、双歧杆菌属（*Bifidobacterium*）和链球菌属（*Streptococcus*）等。浓度为 5% 的二氧化碳可以促进乳酸菌的生长。乳酸菌在食品生产和加工中工被广泛应用，也是食品安全的重要内容。

（2）乳酸菌的种类及特征。

从形态上分类，乳酸菌主要有球状和杆状两大类。按照生化分类法，乳酸菌可分为乳杆菌属、链球菌属、明串珠菌属、双歧杆菌属和片球菌属 5 个属，每个属又有很多菌种，某些菌种还包括数个亚种。

乳杆菌属的乳酸菌形态多样，有长的、细长的、短杆状、棒形、球杆状及弯曲状等。乳杆菌是革兰氏阳性无芽孢菌，厌氧或兼性厌氧，在固体培养基上培养时，通常厌氧条件或充 5%~10% CO_2 时，可增加其表面生长物；发酵代谢，专性分解糖，产生大量乳酸和乳酸盐；生长温度为 2~53℃，最适生长温度为 30~40℃。在发酵工业中应用的菌种主要有同型发酵乳杆菌（如德氏乳杆菌、保加利亚乳杆菌、瑞士乳杆菌、嗜酸乳杆菌和干酪乳杆菌）、异型发酵乳杆菌（如短乳杆菌和发酵乳杆菌）。

链球菌属乳酸菌一般呈短链或长链状排列，为无芽孢的革兰氏阳性菌，兼性厌氧；发酵葡萄糖的主要产物是乳酸，但不产气；触酶呈阴性，通常溶血；生长温度为 25~45℃，最适温度为 37℃。生产中常用的主要菌种有乳酸链球菌、丁二酮乳酸链球菌、乳酪链球菌和嗜热乳链球菌等。

明串珠菌属乳酸菌大多呈圆形或卵圆形的链状排列,常存在于水果和蔬菜中,能在高浓度的含糖食品中生长。该菌属的乳酸菌均是异型发酵菌,常见的有肠膜明串珠菌及其乳脂亚种和葡萄糖亚种、嗜橙明串珠菌、乳酸明串珠菌和酒明串珠菌,尤以肠膜明串珠菌的乳脂亚种最为常见,它可发酵柠檬酸而产生特征风味物质,又称风味菌、香气菌和产香菌。

双歧杆菌属的细胞呈多形态,有棍棒状或匙形的,呈各种分枝、分叉形的,短杆较规则等;单个或链状、V 形、栅栏状排列,革兰氏染色阳性(24 h 培养),无芽孢,不耐酸,不运动;厌氧,在有氧条件下不能在平板上生长,但不同的种对氧的敏感性不同;菌落一般光滑、凸圆、边缘完整,乳脂呈白色,闪光并具有柔软的质地;生长温度为 25~45℃,最适温度为 37~41℃,初始最适生长 pH 为 6.5~7.0,在 pH 为 4.0~5.0 或 pH 为 8.0~8.5 不生长;触酶阴性;分解糖,对葡萄糖的代谢为异型发酵。在发酵中,2 mol 葡萄糖产生 2 mol 乳酸和 3 mol 乙酸。该菌属应用于发酵乳制品生产的仅有 5 种,即两歧双歧杆菌、长双歧杆菌、短双歧杆菌、婴儿双歧杆菌和青春双歧杆菌,它们都存在于人的肠道内。

8.6.2　发酵食品中微生物检验技术

(1)设备和材料。

①仪器及材料:冰箱(2~5℃)、恒温培养箱[(30±1)℃、(36±1)℃]、均质器及无菌均质袋、电子天平(感量 0.1 g)、无菌试管(φ18 mm×180 mm、φ15 mm×100 mm)、无菌吸管(1 mL、10 mL)、无菌锥形瓶(500 mL、250 mL)。

②试剂:MRS 培养基(莫匹罗星锂盐改良 MRS 培养基)、MC 培养基。

③样品:发酵乳。

(2)检验过程。

①样品制备。

1)样品的全部制备过程均应遵循无菌操作程序。

2)冷冻样品可先使其在 2~5℃ 条件下解冻,时间不超过 18 h,也可在温度不超过 45℃ 的条件下解冻,时间不超过 15 min。

3)固体和半固体食品。以无菌操作称取 25 g 样品,置于装有 225 mL 生理盐水的无菌均质杯内,于 8000~10000 r/min 转速下均质 1~2 min,制成 1∶10 样品匀液,或置于 225 mL 生理盐水的无菌均质袋中,用拍击式均质器拍打 1~2 min 制成 1∶10 的样品匀液。

4)液体样品。应先将其充分混匀后以无菌吸管吸取样品 2 mL 放入装有 225 mL 生理盐水的无菌锥形瓶(瓶内预置适当数量的无菌玻璃珠)中,充分振摇,制成 1∶10 的样品匀液。

②样品稀释。

1)用 1 mL 无菌吸管或微量移液器吸取 1∶10 样品匀液 1 mL,沿管壁缓慢注于装有 9 mL 生理盐水的无菌试管中(注意吸管尖端不要触及稀释液),振摇试管或换用 1 支无菌吸管反复吹打使其混合均匀,制成1:100的样品匀液。

2)另取1 mL无菌吸管或微量移液器吸头,按上述操作顺序做10倍递增样品匀液,每递增稀释1次,即换用1次1 mL无菌吸管或吸头。

③乳酸菌计数。

1)乳酸菌总数。

乳酸菌总数计数培养条件的选择及结果说明见表8-6。

表8-6 乳酸菌总数计数培养条件的选择及结果说明

样品中所包括乳酸菌菌属	培养条件的选择及结果说明
仅包括双歧杆菌属	按GB 4789.34—2016的规定执行
仅包括乳杆菌属	按照4)操作。结果即为乳杆菌属总数
仅包括嗜热链球菌	按照3)操作。结果即为嗜热链球菌总数
同时包括双歧杆菌属和乳杆菌属	①按照4)操作。结果即为乳酸菌总数; ②如需单独计数双歧杆菌属数目,按照2)操作
同时包括双歧杆菌属和嗜热链球菌	①按照2)和3)操作。两者结果之和即为乳酸菌总数; ②如需单独计数双歧杆菌属数目,按照2)操作
同时包括乳杆菌属和嗜热链球菌	①按照3)和4)操作。两者结果之和即为乳酸菌总数; ②3)结果为嗜热链球菌总数; ③4)结果为乳杆菌属总数
同时包括双歧杆菌属、乳杆菌属和嗜热链球菌	①按照3)和4)操作。两者结果之和即为乳酸菌总数; ②如需单独计数双歧杆菌属数目,按照2)操作

2)双歧杆菌计数。

根据对检样品双歧杆菌含量的估计,选择2~3个适宜的连续稀释度,每个稀释度吸取1 mL样品匀液于灭菌平皿内,每个稀释度做2个平皿。稀释液移入平皿后,将冷却至48℃的莫匹罗星锂盐和半脱氨酸盐酸盐改良的乳酸细菌(MRS)培养基倾入平皿约15 mL,转动平皿使其混合均匀。(36±1)℃厌氧培养(72±2) h,培养后计数平板上的所有菌落数。从样品稀释到平板涂布要求在15 min内完成。

3)嗜热链球菌计数。

根据待检样品嗜热链球菌活菌数的估计,选择2~3个适宜的连续稀释度,每个稀释度吸取1 mL样品匀液于灭菌平皿内,每个稀释度做2个平皿。稀释液移入平皿后,将冷却至48℃的MC培养基倾入平皿约15 mL,转动平皿使混合均匀。(36±1)℃需氧培养(72±2) h,培养后计数。嗜热链球菌在MC琼脂平板上的菌落特征:菌落中等偏小,呈红色,边缘整齐光滑,直径(2±1) mm,菌落背面为粉红色。从样品稀释到平板涂布要求在15 min完成。

4)乳杆菌计数。

根据对检样品活菌总数的估计,选择2~3个适宜的连续稀释度,每个稀释度吸取1 mL样品匀液于灭菌平皿内,每个稀释度做2个平皿。稀释液移入平皿后,将冷却至48℃的

MRS 琼脂培养基倾入平皿约 15 mL,转动平皿使混合均匀。(36±1)℃厌氧培养(72±2) h,培养后计数平板上的所有菌落数。从样品稀释到平板涂布要求在 15 min 内完成。

④菌落计数。

可用肉眼观察,必要时用放大镜或菌落计数器,记录稀释倍数和相应的菌落数量。菌落计数以菌落形成单位[CFU/g(mL)]表示。

1)选取菌落数在 30~300 CFU/g(mL)无蔓延菌落生长的平板计数菌落总数。小于 30 CFU/g(mL)的平板记录具体菌落数,大于 300 CFU/g(mL)的可记录为多不可计。每个稀释度的菌落数应采用 2 个平板计数的平均值。

2)其中一个平板有较大片状菌落生长时,则不宜采用,而应以无片状菌落生长的平板作为该稀释度的菌落数。若片状菌落不到平板的一半,而其余一半中菌落分布又很均匀,即可计算半个平板菌落数乘以 2,来代表一个平板菌落数。

3)当平板上出现菌落间无明显界线的链状生长时,将每条单链作为 1 个菌落计数。

⑤结果的表述。

1)若只有一个稀释度平板上的菌落数在适宜计数范围内,计算 2 个平板菌落数的平均值,再将平均值乘以相应稀释倍数,作为每克(毫升)中菌落总数结果。

2)若有两个连续稀释度的平板菌落数在适宜计数范围内,则按公式计算:

$$N = \frac{\sum C}{(n_1 + 0.1n_2) d}$$

式中:N——样品中菌落数;

$\sum C$——平板(含适宜范围菌落数的平板)菌落数之和;

n_1——第一稀释度(低稀释倍数)平板数;

n_2——第二稀释度(高稀释倍数)平板数;

d——稀释因子(第一稀释度)。

3)若所有稀释度的平板上菌落数均大于 300 CFU/g(mL),则对稀释度最高的平板进行计数,其他平板可记录为多不可计,结果按平均菌落数乘以最高稀释倍数计算。

4)若所有稀释度的平均菌落数均小于 30 CFU/g(mL),则应按稀释度最低的平均菌落数乘以稀释倍数计算。

5)若所有稀释度(包括液体样品原液)平板均无菌落生长,则以小于 1 乘以最低稀释倍数计算。

6)若所有稀释度的平均菌落数均不在 30~300 CFU/g(mL),其中一部分小于 30 CFU/g(mL)或大于 300 CFU/g(mL),则以最接近 30 CFU/g(mL)或 300 CFU/g(mL)的平均菌落数乘以稀释倍数计算。

⑥菌落数的报告。

1)菌落数小于 100 CFU/g(mL)时,按"四舍五入"原则修改,以整数报告。

2)菌落数不小于 100 CFU/g(mL)时,第 3 位数字采用"四舍五入"原则修改后,取前 2 位数字,后面用 0 代替位数;也可用 10 的指数形式来表示,按"四舍五入"原则修改后,采用 2 位有效数字。

3)称重取样以 CFU/g 为单位报告,体积取样以 CFU/mL 为单位报告。

8.6.3 思考讨论

(1)乳酸菌菌落总数的定义是什么? 在乳酸菌饮料中检验乳酸菌有什么意义?
(2)简述不同乳酸菌计数培养基的选择及培养条件的选择。
(3)简述乳酸菌在不同培养基上的菌落特征。

8.7 饮料中微生物检测

8.7.1 基本知识

滤膜是一种微孔薄膜,当一定量的样液通过滤膜时,细菌、霉菌和酵母等微生物被截留在滤膜上。然后将滤膜贴于相应的培养基上培养,计算滤膜上的菌落数并进行相应确认试验,即可测得该样品的菌落总数,以及霉菌和酵母、大肠菌群等微生物数量。

可过滤样品指可在一定时间内通过滤膜过滤的样品原液或稀释液。可过滤样品包括可完全过滤的液体饮料样品和可完全溶解过滤的溶解稀释后的固体饮料、饮料浓浆样品。

可过滤液体饮料样品取样量不少于 10 mL;可完全溶解稀释的固体饮料、饮料浓浆样品溶解后检测量不少于 10 mL。

8.7.2 设备和材料

除微生物实验室常规灭菌及培养设备外,其他设备和材料如下:

无菌滤膜:微孔薄膜,直径 47~50 mm,孔径为 0.45 μm(根据过滤样品的特性选择适宜材质的膜片);过滤装置;真空泵或隔膜泵等;恒温培养箱:(36±1)℃,(28±1)℃;抽滤瓶或废液瓶;无菌无齿镊子;天平:感量 0.1 g;均质器;无菌吸管:1 mL(具 0.01 mL 刻度),10 mL(具 0.1 mL 刻度)或微量移液器及吸头;无菌瓶:容量 500 mL;无菌培养皿:直径 50~90 mm。

8.7.3 检验过程

(1)样品的制备。

称取 25 g(mL)样品置盛有 225 mL 磷酸盐缓冲液或生理盐水的无菌均质杯内,8000~10000 r/min 均质 1~2 min,或放入盛有 225 mL 稀释液的无菌均质袋中,用拍击式均质器拍打 1~2 min,制成 1:10 的样品均液。

（2）样品稀释。

①用 1 mL 无菌吸管或微量移液器吸取 1∶10 样品匀液 1 mL，沿管壁缓慢注于装有 9 mL 生理盐水的无菌试管中（注意吸管尖端不要触及稀释液），振摇试管或换用 1 支无菌吸管反复吹打使其混合均匀，制成 1∶100 的样品匀液。

②另取 1 mL 无菌吸管或微量移液器吸头，按上述操作顺序做 10 倍递增样品匀液，每递增稀释 1 次，即换用 1 次 1 mL 无菌吸管或吸头。

③根据对样品污染状况的估计，选择 1~3 个适宜稀释度的样品匀液（液体样品可为原液）抽滤检测，每份样品的抽样量不少于 10 mL。

（3）过滤。

将灭菌的过滤装置连接，用无菌无齿镊子夹取无菌滤膜边缘部分，正面向上，贴放在已灭菌的滤床上，放上无菌滤杯并固定。无菌操作吸取不少于 10 mL 待测样品至滤杯内，打开真空泵或隔膜泵的电源进行抽滤，当全部样液过滤后，使用不少于 15 mL 磷酸盐缓冲液或无菌生理盐水至滤杯，抽滤。抽滤完成后关闭真空泵或隔膜泵电源，取下滤杯，用无菌镊子移取滤膜。将正面向上贴于相应的培养基平板上，平铺并避免在滤膜和培养基之间产生气泡。每批次使用的磷酸盐缓冲液或无菌生理盐水需进行空白对照试验。

（4）培养与验证。

菌落总数参照 GB 4789.2—2016 执行。

大肠菌群计数参照 GB 4789.3—2016 第二法执行。

霉菌和酵母参照 GB 4789.15—2016 执行。

（5）结果报告。

选取菌落数在 150 CFU 以内，无蔓延菌落生长的平板计数。以过滤膜片上的菌落数记为检测结果，若所有稀释度的样品（包括液体样品原液）平板上均无菌落生长，则记录为<1 乘以最低稀释倍数。

当滤膜上有较大片状菌落生长时，则此平板结果不宜采用，而应以无片状菌落生长的平板记录菌落数；若片状菌落不到平板的一半，而其余一半中菌落分布又很均匀，即可计算半个平板后乘以 2，代表一个平板菌落数；大于 150 CFU 的可记录为多不可计。

当滤膜上出现菌落间无明显界限的链状生长时，则将每条单链作为一个菌落计数。

当滤膜边缘或平板上有菌生长时，不计入菌落数。

8.8　面包糕点微生物检测

8.8.1　基本知识

面包糕点可以为微生物繁殖提供优良的环境。因面包糕点中碳水化合物以及蛋白质等营养物质的含量比较高，可以成为微生物的培养皿。因此，面包糕点储存过程中，特别是在高温潮湿的环境中容易发生内部发黏、表面霉斑等问题。针对面包糕点腐败问题形成原因进行分析,面包糕点中的微生物污染问题一般是霉菌引发,其中包含青霉菌、黄曲霉以及根霉等。霉菌生长发育难以脱离氧、水以及碳源而单独存在,并会使用孢子繁殖模式。在潮湿的环境当中,适合霉菌孢子生长发育的温度环境是20~60℃。在面包糕点表面上已经出现霉斑的情况下,孢子至少都已经在面包糕点上繁殖超过24 h。

8.8.2　面包糕点微生物检验方法

(1)纸片检验法。

取出30 g样品,将其放置在锥形瓶中,添加200 mL的无菌水,对锥形瓶进行振荡与摇晃,让样品成为稀释液体,比例是1∶10,而后使用灭菌吸管吸取出来稀释溶液2 mL。将稀释溶液添加到10 mL的无菌水试管中,就可以得到1∶100检测溶液,使用吸管吸取检测液50次左右,在这个过程中,随时对吸管进行更换,不可以一直都使用同一个吸管,选择其中的4份稀释溶液开展检验工作。在检验工作进行的过程中,需要将检测试纸放置在桌面上,而后再将试纸的透明薄膜揭下,应用灭菌吸管吸取2 mL样品溶液,而后将样品依据顺序放置在有编号的试纸上,一直到试纸被充分浸润之后,再将薄膜覆盖。试纸放置大概10 min之后,再将薄膜轻轻地刮下,也需要将薄膜和纸片之间剩余下来的气泡消除掉。将处理完毕的纸片放置在自封袋当中,而后将其放置在27℃培养箱中培养3~5 d,选择100试纸统计菌落数量,并将相应的记录工作妥善完成。

(2)国标法。

取出20 g样品放置在锥形瓶中,再在锥形瓶中添加200 mL无菌水,握紧锥形瓶之后充分摇晃均匀,等待充分稀释之后静置1 h,用灭菌吸管将稀释溶液从锥形瓶中吸取出来,而后再将稀释液融合注入试管中,将溶液充分振荡均匀,一直稀释溶液到可以满足测试标准中提出的要求为止。从稀释溶液中吸取2 mL液体放置在灭菌板中。预先准备2个平板对照霉菌数量以及检测结果。琼脂培养基降低到标准温度之后,将琼脂倒放在平板上,让稀释溶液和琼脂充分融合凝固,然后放置在培养箱当中培养72 h,而后将其取出,对霉菌数量进行观察。需要针对霉菌菌落的分布情况进行观察和分析,平板数量为10~120个,在检验工作进行的过程中,需要使用霉菌数量相同的平板,每毫升霉菌数量算法为平均菌落数乘以液体稀释倍数,最终将样本情况记录下来。

(3)盐水检验法。

将国标法的检验方法及原则作为依据,将稀释样本过程中用到的稀释溶液转换为无菌盐水,剩下的实验步骤基本上和国标法一样,依据相关的步骤对霉菌进行检验。在评价工作进行的过程中,需要将食品卫生检验标准作为依据,对评价结果的精准性做出保证。面包糕点霉菌数量应当小于120 CFU/g,冷却加工之后的糕点霉菌数量应当小于130 CFU/g。在面包糕点霉菌检验工作进行的过程中,需要将检验现场实际条件以及待检测样品实际要求作为依据,选择适应性比较强的霉菌检验方法,以便于让检验结果的精准性得到保证,对我国市场当中流通的食品安全性做出保证,从而可以让我国人民群众在消费过程中,选择更为安全的产品,对我国人民群众的生命财产安全做出一定保证,最终在我国社会经济发展进程向前推进的过程中,做出一定贡献。

8.9　肉与肉制品微生物检测

8.9.1　基本知识

(1)肉的腐败变质及对人体的影响。

肉类营养丰富,但不宜长期存放。如果在室温下放置太久,质量会发生变化,最后会造成腐败。肉类腐败是微生物作用引起变化的结果。据研究,当每平方厘米的微生物数量达到 5000 万时,肉的表面会出现明显的黏稠,可以闻到腐败的味道。在屠宰牲畜和家禽的过程中,肉中的微生物从血液和肠管侵入肌肉中。当温度和湿度条件适宜时,它们会快速繁殖,导致肉腐烂。肉的腐败是将蛋白质分解成蛋白胨、多肽、氨基酸,进一步分解成氨、硫化氢、苯酚吲哚、粪臭素、胺和二氧化碳的过程。这些腐烂的产品有强烈的气味,对人体健康有很大的危险。

(2)畜禽肉感官鉴别要点。

对畜禽肉进行感官鉴别时,一般是按照如下顺序进行:首先是眼看其外观、色泽,特别应注意肉的表面和切口处的颜色与光泽,有无色泽灰暗,是否存在淤血、水肿、囊肿和污染等情况。其次是嗅肉品的气味,不仅要了解肉表面上的气味,还应感知其切开时和试煮后的气味,注意是否有腥臭味。最后用手指按压,触摸以感知其弹性和黏度,结合脂肪以及试煮后肉汤的情况,才能对肉进行综合性的感官评价和鉴别。

(3)鉴别健康畜肉和病死畜肉。

①色泽鉴别。

健康畜肉:肌肉色泽鲜红,脂肪洁白(牛肉为黄色),具有光泽。

病死畜肉:肌肉色泽暗红或带有血迹,脂肪呈桃红色。

②组织状态鉴别。

健康畜肉:肌肉坚实,不易撕开,用手指按压后可立即复原。

病死畜肉:肌肉松软,肌纤维易撕开,肌肉弹性差。

③血管状况鉴别。

健康畜肉:全身血管中无凝结的血液,胸腹腔内无淤血,浆膜光亮。

病死畜肉:全身血管充满了凝结的血液,尤其是毛细血管中更为明显,胸腹腔呈暗红色、无光泽。

应注意,健康畜肉属于正常的优质肉品,病死、毒死的畜肉属劣质肉品,禁止食用和销售。

广义上的肉是指适合人类作为食品的动物机体的所有构成部分。在商品学上,肉则专指去皮、头、蹄、尾和内脏的动物胴体或白条肉,它包括肌肉、脂肪、骨、软骨、筋膜、神经、血管、淋巴结等多种成分,而把头、尾、蹄爪和内脏统称为副产品或下水。

在肉制品生产中,所谓的肉称为"软肉",仅指肌肉组织及其中包含的骨以外的其他组织。肉与肉制品是营养价值很高的动物性食品,含有大量的全价蛋白质、脂肪、碳水化合物、维生素及无机盐等。

根据对肉的处理及贮藏方法不同,可将其分为鲜肉、冷藏肉及各类肉制品。因为肉及肉制品的营养极为丰富,是多种微生物良好的培养基,因此,对肉及肉制品进行微生物检验是确保其卫生质量及维护人体健康的重要工作之一。

8.9.2　鲜肉中微生物及其检验

(1)鲜肉中微生物的来源。

一般情况下,健康动物的胴体,尤其是深部组织,本应是无菌的,但从解体到消费要经过许多环节,因此,不可能保证屠畜绝对无菌。鲜肉中微生物的来源与许多因素有关,如动物生前的饲养管理条件、机体健康状况及屠宰加工的环境条件、操作程序等。

①宰前微生物的污染。

1)健康动物本身存在的微生物。健康动物的体表及一些与外界相通的腔道,某些部位的淋巴结内都不同程度地存在着微生物,尤其在消化道内的微生物类群更多。通常情况下,这些微生物不侵入肌肉等机体组织中,在动物机体抵抗力下降的情况下,某些病原性或条件致病性微生物,如沙门氏菌,可进入淋巴液、血液,并侵入肌肉组织或实质脏器。

2)有些微生物也可经体表创伤、感染而侵入深层组织。

3)患传染病或处于潜伏期或为带菌(赤)动物。相应的病原微生物可能在生前即蔓延于肌肉和内脏器官,如炭疽杆菌、猪丹寺杆菌、多杀性巴氏杆菌、耶尔森氏菌等。

4)动物在运输、宰前等过程中微生物的传染。由于过度疲劳、拥挤、饥渴等不良因素的影响,可通过个别病畜传播病原微生物,造成宰前对肉品的污染。

②屠宰过程中微生物的污染。

1)健康动物的皮肤和被毛上的微生物。其种类、数量和动物生前所处的环境有关。宰前对动物进行淋浴或水浴,可减少皮毛上的微生物对鲜肉的污染。

2)胃肠道内的微生物有可能沿组织间隙侵入邻近的组织和脏器。

3)呼吸道和泌尿生殖道中的微生物。

4)眉宰场所的卫生状况。

a.水是微生物污染的重要来源,水必须符合中华人民共和国国家标准《生活饮用水卫生标准》(GB 5749—2006),尽量减少因冲洗而造成的污染。

b.屠宰加工车间的设备如放血、剥皮所用刀具有污染,则微生物可随之进入血液,经由大静脉管而侵入胴体深部。挂钩、电锯等多种用具也会造成鲜肉的污染。

5) 坚持正确操作及注意个人卫生。此外,鲜肉在分割、包装、运输、销售、加工等各个环节,也不能忽视微生物的污染问题。

(2) 鲜肉中常见的微生物类群。

鲜肉中的微生物来源广泛,种类甚多,包括真菌、细菌、病毒等,可分为致腐性微生物、致病性微生物及食物中中毒性微生物三大类群。

①致腐性微生物。

致腐性微生物就是在自然界里广泛存在的一类营养物寄生的,能产生蛋白分解酶,使动植物组织发生腐败分解的微生物。包括细菌和真菌等,可引起肉品腐败变质。

1) 细菌。

细菌是造成鲜肉腐败的主要微生物,常见的致腐性细菌主要包括革兰氏阳性菌、产芽孢需氧菌如蜡样芽孢杆菌、小芽孢杆菌、枯草杆菌等。

革兰氏阴性、无芽孢细菌如阴沟产气杆菌、大肠杆菌、奇异变性形杆菌、普通变形杆菌、绿脓假单胞杆菌、荧光假单胞菌、腐败假单胞菌等。

球菌、革兰氏阳性菌如凝聚性细球菌、嗜冷细球菌、淡黄绥茸菌、金黄八联球菌、金黄色葡萄球菌、粪链球菌等。

厌氧性细菌如腐败梭状芽孢杆菌、双酶梭状芽孢杆菌、溶组织梭状芽孢杆菌、产芽孢梭状芽孢杆菌等。

2) 真菌。

在鲜肉中真菌不仅没有细菌数量多,而且分解蛋白质的能力也较细菌弱,生长较慢,在鲜肉变质中起一定作用。经常可从肉上分离得到的真菌有交链霉、麹霉、青霉、枝孢霉、毛霉、芽孢发霉,以毛霉及青霉为最多。

肉的腐败通常由外界环境中的需氧菌污染肉表面开始,然后沿着结缔组织向深层扩散,因此肉品腐败的发展取决于微生物的种类、外界条件(温度、湿度)以及侵入部位。在 $1 \sim 3 ℃$ 时,主要生长的为嗜冷菌如无色杆菌、气杆菌、产碱杆菌、色杆菌等,随着进入深度发生菌相的改变,仅嗜氧菌能在肉表面发育,到较深层时,厌氧菌处于占优势。

②致病性微生物。

主要见于细菌和病毒等。

1) 人畜共患病的病原微生物。

常见的细菌有炭疽杆菌、布氏杆菌、李氏杆菌、鼻疽杆菌、土拉杆菌、结核分枝杆菌、猪丹毒杆菌等。

常见的病毒有口蹄疫病毒、狂犬病病毒、水泡性口炎病毒等。

2) 只感染畜禽的病原微生物。

污染肉品的这些病原微生物种类甚多,在畜禽传染病的传播及流行方面有一定意义。常见的有多杀性巴氏杆菌、坏死杆菌、猪瘟病毒、兔病毒性出血症病毒、鸡传染性支气管炎病毒、鸡传染性法氏囊病毒、鸡马立克氏病毒、鸭瘟病毒等。

③中毒性微生物。

有些致病性微生物或条件致病性微生物,可通过污染食品后产生大量毒素,从而引起以急性过程为主要特征的食物中毒。

1)常见的致病性细菌。

有沙门氏菌、志贺氏菌、致病性大肠杆菌等。

2)常见的条件致病菌。

变形杆菌、蜡样芽孢杆菌等。

3)有的细菌可在肉品中产生强烈的外毒素或产生耐热的肠毒素,也有的细菌在随食品进入消化道过程中,能迅速形成芽孢,同时释放肠毒素,如蜡样芽孢杆菌、肉毒梭菌、魏氏梭菌等。

4)常见的致食物中毒性微生物,如链球菌、空肠弯曲菌、小肠结肠炎耶尔森氏菌等。

5)一些真菌在肉中繁殖后产生毒素,可引起各种毒素中毒,常见的真菌有麦角菌、黄曲霉、黄绿青霉、毛青霉、冰岛青霉等。

(3)鲜肉中微生物的检验。

肉的腐败是由于微生物大量繁殖导致蛋白质分解的结果,故检查肉的微生物污染情况不仅可判断肉的新鲜程度,而且可反映肉在生产、运输、销售过程中的状况,为及时采取有效措施提供依据。

样品的采集及处理。

①一般检验法:

1)屠宰后的畜肉,可于开膛后,用无菌刀采取两腿内侧肌肉(或采取背最长肌)100 g。

2)冷藏或售卖的生肉,可用无菌刀采取腿肉或其他肌肉 100 g,也可采取可疑的淋巴结或病变组织。采取后放入无菌容器,立即送检,最好不超过 4 h,送样时应注意冷藏。先将样品放入沸水中,烫 3~5 min,进行表面灭菌,以无菌操作从各样品中取 25 g,用无菌剪刀剪碎,加入灭菌砂少许,进行研磨,加入灭菌生理盐水,混匀后制成 1∶10 稀释液。

②表面检查法:取 50 cm² 消毒滤纸,用无菌刀将滤纸贴于被检肉的表面,持续 1 min,取下后投入装有 100 mL 无菌生理盐水和带有玻璃珠的 250 mL 三角瓶内,或将取下的滤纸投入放有一定量生理盐水的试管内,送至实验室后,再按 1 cm² 滤纸加盐水 5 mL 的比例补足,强力振荡,直至滤纸成细纤维状,备用。

微生物检验。

细菌总数测定、大肠菌群 MPN 测定及病原微生物检查,均按国家标准规定方法进行。

鲜肉压印片镜检。

①采样方法。

1)如为半片或 1/4 胴体,可从胴体前后肢覆盖有筋膜的肌肉上割取不小于 8 cm×6 cm×6 cm 的瘦肉。

2)肩胛前或股前淋巴结及其周围组织。

3)病变淋巴结、浮肿(浆液浸润)组织、可疑脏器(肝、脾、肾)的一部分。

4)大块肉则从瘦肉深部采样 100 g,盛于灭菌培养皿中。

②检验方法:从样品中切取 3 cm³ 左右的肉块,用点燃的酒精棉球在肉块表面消毒 2~3 次,再以火焰消毒手术刀剪、镊子,待冷却后,将肉样切成 0.5 cm³(约蚕豆大)的小块。用镊子夹取小肉块,在载玻片上做成 4~5 个压印,用火焰固定或用甲醇固定 1 min,用瑞士染液(或革兰氏染液)染色后,水洗、干燥、镜检。

③评定。

1)新鲜肉:看不到细菌,或一个视野中只有几个细菌。

2)次新鲜肉:一个视野中的细菌数为 20~30 CFU。

3)变质肉:视野中的细菌数在 30 CFU 以上,且以杆菌占多数。

我国现行的食品卫生标准没有制定鲜肉细菌指标:细菌总数:新鲜肉为 1 万 CFU/g 以下;次新鲜肉为 1~100 万 CFU/g;变质肉为 100 万 CFU/g 以上。

8.9.3 冷藏肉中微生物及其检验

冷藏肉类中常见的嗜冷细菌有假单胞杆菌、莫拉氏菌、不动杆菌、乳杆菌及肠杆菌科的某些菌属,尤其以假单胞菌最为常见。常见的真菌有球拟霉母、隐球酵母、红酵母、假丝酵母、毛霉、根霉、枝霉、枝孢霉、青霉等。

(1)样品的采集。

禽肉采样应按五点拭子法从光禽体表采集,家禽冻藏胴体肉取样时应尽快使样品具有气表性,一般以无菌方法分别从颈、肩甲、腹及臀部的不同深度上多点采样,每一点取一方形肉块重 50~100 g(若同时做理化检验应取 200 g),各置于灭菌容器内立即送检。若不能在 3 h 内进行检验,必须将样品低温保存并尽快检验。

(2)样品的处理。

冻肉,应在无菌条件下将样品迅速解冻。各检验肉块的表面和深层分别制得触片,进行细菌镜检,然后对样品进行表面消毒,以无菌操作从各样品中间部取出 25 g,剪碎、匀浆,并制备稀溶液。

(3)微生物检验。

①细菌镜检。

为判断冷藏肉的新鲜程度,单靠感官指标往往不能对腐败初期的肉品作出准确判定,必须通过实验室检查,其中细菌镜检简便、快速,通过对样品中的细菌数目、染色特性以及触片色度 3 个指标的错检,即可判定肉的品质,同时也能为细菌、霉菌及致病菌等的检验提供必要的参考依据。

1)触片制备。

从样品中切取 3 cm³ 左右的肉块,浸入酒精中并立即取出点燃烧灼,如此处理 2~3 次,从表层下 0.1 cm 处及深层各剪取 0.5 cm³ 大小的肉块,分别进行触片或抹片。

2）染色镜检。

将已干燥好的触片用甲醇固定 1 min,进行革兰氏染色后,油镜观察 5 个视野。同时分别计算每个视野的球菌和杆菌数,然后求出一个视野中细菌的平均数。

3）鲜度判定。

新鲜肉:触片印迹着色不良,表层触片中可见到少数的球菌和杆菌;深层触片无菌或偶见个别细菌;触片上看不到分解的肉组织。

次新鲜肉:触片印迹着色较好,表层触片上平均每个视野可见到 20~30 CFU 球菌和少数杆菌;深层触片也可见到 20 CFU 左右的细菌;触片上明显可见到分解的肉组织。

变质肉:触片印迹着色极浓,表层及深层触片上每个视野均可见到 30 CFU 以上的细菌,且大都为杆菌;严重腐败的肉几乎找不到球菌,而杆菌可多至每个视野数百个或不可计数;触片上有大量分解的肉组织。

②其他微生物检验。

分别进行细菌总数测定、霉菌总数测定、大肠菌群 MPN 检验及有关致病菌的检验等。检验方法如下:

菌落总数测定:按 GB 4789.2 执行。

大肠菌群测定:按 GB 4789.3 执行。

沙门氏菌检验:按 GB 4789.4 执行。

志贺氏菌检验:按 GB 4789.5 执行。

8.9.4　肉制品中的微生物及其检验

肉制品的种类很多,一般包括腌腊制品(如腌肉、火腿、腊肉、熏肉、香肠、香肚等)和熟制品(如烧烤、酱卤的熟制品及肉松、肉干等脱水制品)。不同的肉类制品,其微生物类群也有差异。

（1）熟肉制品。

熟肉制品中常见的微生物有细菌和真菌,如葡萄球菌、微球菌、革兰氏阴性无芽孢杆菌中的大肠杆菌、变形杆菌,还可见到需氧芽孢杆菌如枯草杆菌、蜡样芽孢杆菌等;常见的真菌有酵母菌属、毛霉菌属、根霉属及青霉菌属等。致食物中毒菌是引起食肉中毒的病原菌。

（2）灌肠类制品。

灌肠类制品中的微生物有耐热性链球菌、革兰氏阴性杆菌及嗜盐芽孢杆菌属、梭菌属的某些菌类、某些酵母菌及霉菌。这些菌类可引起灌肠制品变色、发霉或腐败变质,如大多数异型乳酸发酵菌和明串珠菌能使香肠变绿。

（3）腌腊制品。

腌腊制品多以耐盐或嗜盐的菌类为主,弧菌是极常见的细菌,也可见到微球菌、异型发酵乳杆菌、明串珠菌等。一些腌腊制品中可见到沙门氏菌、致病性大肠杆菌、副溶血性弧菌等致病性细菌;一些酵母菌和霉菌也是引起腌腊制品发生腐败、霉变的常见菌类。

(4)样品的采集与处理。

①样品的采集。

烧烤制品及酱卤制品,可分别采用如下方法采集;

1)烤肉块制品。

用无菌棉拭子进行 6 面 50 cm² 取样,即正(表)面擦拭 20 cm²,周围四边(面)各 5 cm²,背面(里面)拭 10 cm²。

2)烧烤禽类制品。

用无菌棉拭子作 5 点 50 cm² 取样,即在胸腹部拭 10 cm²,背部拭 20 cm²,头颈及肛门各 10 cm²。

3)其他肉类制品。

其他肉类制品包括熟肉制品(酱卤肉、肴肉)、灌肠类、腌腊制品、肉松等,都采集 200 g。有时可按随机抽样法进行一定数量的样品采集。

②样品的处理。

1)用棉拭子采集的样品,可先用无菌盐水少许充分洗涤棉拭子,制成原液,再按要求进行 10 倍系列稀释。

2)其他按重量法采集的样品均同鲜肉的处理方法,进行稀释液制备。

(5)微生物检验。

①菌相。

根据不同肉制品中常见的不同类群微生物。参照国标有关内容检验。

②肉制品中的细菌总数、大肠菌群 MPN 及致病菌的检验:

菌落总数测定:按 GB 4789.2 执行。

大肠菌群测定:按 GB 4789.3 执行。

沙门氏菌检验:按 GB 4789.4 执行。

志贺氏菌检验:按 GB 4789.5 执行。

8.10　蛋与蛋制品微生物检验过程

(1)材料。

采样箱,带盖搪瓷盘,灭菌塑料袋,灭菌带塞广口瓶,灭菌电钻和钻头,灭菌搅拌棒,灭菌金属制双层旋转式套管采样器,灭菌铝铲和勺子,灭菌玻璃漏斗,75%酒精棉球,乙醇。

(2)过程。

鲜蛋、糟蛋、皮蛋:用流水冲洗外壳,再用 75%酒精棉涂擦消毒后放入灭菌袋内,加封做好标记后送检。

巴氏杀菌冰全蛋、冰蛋黄、冰蛋白：先将铁听开处用75%酒精棉球消毒，再将盖开启，用灭菌电钻由顶到底斜角钻入，钻取检样要慢，然后抽出电钻，从中取出250 g检样，检样装入灭菌广口瓶中，标明后送检。

巴氏杀菌全蛋粉、蛋黄粉、蛋白粉：将包装铁箱上开口处用75%酒精棉球消毒，然后将盖开启，用灭菌的金属制双层旋转式套管采样器斜角插入箱底，使套管旋转收取检样，再将采样器提出箱外，用灭菌小匙自上、中、下部收取检样，装入灭菌广口瓶中，每个检样质量不少于100 g，标明后送检。

对成批产品进行质量鉴定时的采样数量如下：

巴氏杀菌全蛋粉、蛋黄粉，蛋白粉等产品以生产一日或一班生产量为一批检验沙门氏菌时，按每批总量的5%抽样（即每100箱中抽验5箱，每箱1个检样），但每批不得少于3个检样。测定菌落总数和大肠菌群时，每批按装听过程前、中、后取样3次，每次取样100 g，每批合为1个检样。

巴氏杀菌冰全蛋、冰蛋黄、冰蛋白等产品按生产批号在装听时流动取样。检验沙门氏菌时，冰蛋黄及冰蛋白按每250 kg取样1件，巴氏杀菌冰全蛋按每500 kg取样1件。菌落总数测定和大肠菌群测定时，在每批装听过程前、中、后取样3次，每次取样100 g合为1个检样。

（3）检样的处理。

鲜蛋、糟蛋、皮蛋外壳：用灭菌生理盐水浸湿的棉拭子充分擦拭蛋壳，然后将棉拭子直接放入培养基内增菌培养，也可将整只蛋放入灭菌小烧杯或平皿中，按检样要求加入定量灭菌生理盐水或液体培养基，用灭菌棉拭子将蛋壳表面充分擦洗后，以擦洗液作为检样检验。

鲜蛋蛋液：将鲜蛋在流水下洗净，待干后再用75%酒精消毒蛋壳，然后根据检验要求，打开蛋壳取出蛋白、蛋黄或全蛋液，放入带有玻璃珠的灭菌瓶内，充分摇匀待检。

巴氏杀菌全蛋粉、蛋白粉、蛋黄粉：将检样放入带有玻璃珠的灭菌瓶内，按比例加入灭菌生理盐水充分摇匀待检。

巴氏杀菌冰全蛋、冰蛋白、冰蛋黄：将装有冰蛋检样的瓶浸泡于流动冷水中，使检样融化后取出，放入带有玻璃珠的灭菌瓶中，充分摇匀待检。

各种蛋制品沙门氏菌增菌培养：以无菌操作称取检样，接种于亚硒酸盐煌绿或煌绿肉汤等增菌培养基中（此培养基预先置于盛有适量玻璃珠的灭菌瓶内），盖紧瓶盖，充分摇匀，然后放入(36±1)℃温箱中，培养(20±2) h。

接种以上各种蛋与蛋制品的数量及培养基的数量和成分：凡用亚硒酸盐煌绿增菌培养时，各种蛋与蛋制品的检样接种数量都为30 g，培养基数量都为150 mL。凡用煌绿肉汤进行增菌培养时，检样接种数量、培养基数量和浓度见表8-7。

表 8-7　煌绿肉汤增菌培养用检样接种数量、培养基数量和浓度

检样种类	检样接种数量	培养基数量/mL	煌绿浓度/(g·mL^{-1})
巴氏杀菌全蛋粉	6 g(加 24 mL 灭菌水)	120	1/6000~1/4000
蛋黄粉	6 g(加 24 mL 灭菌水)	120	1/6000~1/4000
鲜蛋液	6 mL(加 24 mL 灭菌水)	120	1/6000~1/4000
蛋白片	6 g(加 24 mL 灭菌水)	150	1/1000000
巴氏杀菌冰全蛋	30 g	150	1/6000~1/4000
冰蛋黄	30 g	150	1/6000~1/4000
冰蛋白	30 g	150	1/60000~1/50000
鲜蛋、糟蛋、皮蛋	30 g	150	1/6000~1/4000

注:煌绿应在临用时加入肉汤中,煌绿浓度系以检样和肉汤的总量计算。

(4)检验方法。

菌落总数测定:按 GB 4789.2—2016 执行。

大肠菌群测定:按 GB 4789.3—2016 执行。

沙门氏菌检验:按 GB 4789.4—2016 执行。

志贺氏菌检验:按 GB 4789.5—2012 执行。

8.11　食用菌的液体培养和固体栽培养

8.11.1　检验原理

一级种(斜面菌种)→二级种(摇瓶种子,均质菌丝或菌丝)→固体栽培(发酵培养)

8.11.2　材料

侧耳(*Pleurotus ostreatus*),俗称平菇、北风菌等。

马铃薯培养基、玉米粉蔗糖培养基、玉米粉综合培养基、酵母膏麦芽汁琼脂、棉籽壳培养基。

旋转式恒温摇床、接种铲、接种针、锥形瓶、550 mL 罐头瓶。

8.11.3　检验过程

(1)液体培养。

①一级种(斜面菌种,俗称母种,母种斜面移种后称原种)培养:用无菌接种铲薄薄铲下侧耳斜面菌丝 1 块,接种于马铃薯培养基斜面中部,26~28℃培养 7 d。食用菌的细胞分裂仅限于菌丝顶端细胞,若用接种环刮下表面菌苔接种,因切断薄丝,DNA 流失严重,大多生长不好。

②二级种(摇瓶种子)培养:将上述一级种用无菌接种铲铲下约 0.5 cm² 的菌块至装有 50 mL 玉米粉蔗糖培养基的 250 mL 锥形瓶中,26~28℃ 静止培养 2 d,再置旋转式摇床,同样温度,150~180 r/min,培养 3 d。静止培养,促使铲断菌丝的愈合,有利于繁殖,大规模菌丝生产,一般都进行二级摇瓶种子培养。

若是作为固体栽培的种子,则在菌丝球数量达到最高峰时(3 d 左右),放入 10 颗左右灭菌玻璃珠,适度旋转摇动 5 min、10 min 均质菌丝,将这种均质化的菌丝片段悬液作为接种物(或用匀浆器均质一定时间)。取 1 mL 涂布在酵母膏麦芽汁琼脂平板上,重复 3 份,置 28℃培养 3 d 后计算菌落数。

用摇瓶种子可以直接作固体栽培种,而用均质菌丝悬浮液作栽培种,发育点多、接种效果好。也可用成熟的摇瓶种子接种处理好的麦粒,制成液体—麦粒栽培种,细胞年龄一致,老化菌丝少,用作栽培种,则生产时间缩短,污染率低,可增产 5%~25%。

③发酵培养:上述摇瓶种子无杂菌污染即可分别以 10% 接种量接入 3 个玉米粉综合培养基中(50 mL/250 mL 锥形瓶),25~28℃培养 3~4 d。从第 1 d 起至结束,每天取已知重量的干燥小离心管 3 个,分别重复取样 2.0 mL,4000 r/min 离心 10 min,弃上清后在 60~62℃干燥 24 h 称恒重。

发酵液由稠变稀,菌丝略有自溶即应暂停培养。发酵液经过不同处理,具有多种用途。

(2)固体栽培。

①配料、装瓶和消毒:按比例称好 330 g 棉籽壳培养基,依法配制及时装入 550 mL 罐头瓶中(做 3 组)。底部料压得松一些,瓶口压紧些,中间扎一直径约 1.5 cm 的洞穴,用牛皮纸及时扎封瓶口,128℃消毒 1.5~2 h。大生产也可用常压灭菌,100℃,6 h。

②接种培养:待培养基温度降至 20~30℃ 时,用大口无菌吸管于中部接进摇瓶种子 5% 或 3%均质悬浮液,扎好牛皮纸移入培养室。也可接种液体—麦粒栽培种,种子若是普通固体栽培种,则应去除表面老化菌丝,接种 5% 以上。

③栽培管理。

1)发菌(spawn runing)。

发菌即菌丝在营养基质中向四周的扩散伸长期。室温控制在 20~23℃,相对湿度 70%~75%。7 d 以后菌丝伸长最快,室内 CO_2 浓度升高。要早晚各通一次风,保持空气新鲜,25~30 d 菌丝可长满全瓶,及时给予散射光照,继续培养 4~5 d,让其达到生理成熟。

菌丝繁殖时,瓶内实际浓度一般高于室温 4~6℃,瓶内温度不应高于 29℃。侧耳菌丝在黑暗中能正常生长,有光可使菌丝生长速度减缓。

2)桑椹期。

菌丝成熟后给予 200 lx(勒克斯)左右散射光照,将瓶子移至 12~20℃培养室进行周期低温刺激,一般 3~5 d 后瓶口内略见空隙和小水珠,产生瘤状突起,这是子实体原基,叫原基形成期,形似桑椹,故又称桑椹期,适当通风,相对湿度要求 80%~85%,低温刺激,促进原基形成,温差达 8~10℃,一般可用室内外温差来调节。光照强度必须为 50 lx 以上散射光,一般在 200 lx 左右,凤尾菇要求 250~1500 lx 散射光才能出现原基。

3)珊瑚期。

原基分化,形成菌柄,菌盖尚未形成,小凸起各自伸长,参差不齐,状似珊瑚。在适宜条件下,只要 1 d 桑椹期就能转入珊瑚期,湿度控制在 90% 左右,通气量也要逐步加大。

4)幼蕾期。

菌盖已形成,菌褶开始出现。保持 90% 左右的湿度,18~20℃ 温度培育。同上述散射光,通风良好。

5)成熟期。

当菌盖充分展开,菌盖下凹处产生茸毛,从菌蕾发生到采收需 7~8 d。

采收后,瓶口内如有杂物或死菇等要清除掉,再包上牛皮纸,继续培育。10 d 左右,瓶口的料面上又会发出小菇蕾,再打开牛皮纸继续进行湿度、温度、通风和散射光的管理,7~10 d 又会出现一批菇蕾。第 2 批菇采光后,料内水分、养分消耗太多,此时应补水和追加营养硫酸铵酒石酸溶液,浸没在该溶液中 1 昼夜,挤干水分,再包上牛皮纸,很快又能出第 3 茬菇。每次采下的鲜菇即称重量,总量按公式计算生物学效率:一定含水量子实体鲜重/基质干重)×100,3 茬菇以后,菇潮不再成批出现,而是变成零星发生。

侧耳子实体的分化和发育必须有散射光,黑暗下不产生子实体,直射光不利于子实体的形成与生长。相对湿度在 55% 时子实体生长缓慢,40%~45% 时小菇干缩,高于 95% 时菌盖易变色腐烂等。适宜的温度范围,子实体发育快、个大、肉质厚;温度低则生长慢、个小、肉质薄;缺氧不利于子实体形成;应适时采收,采收过晚会导致其食品性差,且大量孢子落到培养料上影响下茬菇的生长。

8.12 食品中霉菌和酵母菌检验

8.12.1 理论知识

霉菌和酵母菌广泛分布于自然界中。长期以来,人们利用某些霉菌和酵母菌加工一些食品,如用霉菌加工干酪和肉,使其味道鲜美,还可利用霉菌和酵母菌酿酒、制酱,食品、化学、医药等工业都少不了霉菌和酵母菌。但在某些情况下,霉菌和酵母菌也可造成食品腐败变质。由于它们生长缓慢和竞争能力不强,故常常在不适用于细菌生长的食品中出现,这些食品往往是 pH 低、湿度低、含盐、含糖量高的食品、低温储存的食品,以及含有抗菌素的食品等。大量酵母菌的存在不仅可以引起食品风味下降和变质,甚至还可促进致病菌的生长;酵母菌对各种防腐剂、电离辐射照射、冷冻等抵抗力较强,有可能成为引起食品变质的优势菌。有些霉菌能够合成有毒代谢产物,如霉菌毒素。霉菌和酵母菌常使食品表面失去色、香、味,如酵母菌在新鲜的和加工的食品中繁殖,可使食品产生难闻的异味,还可以使液体发生浑浊,产生气泡,形成薄膜,改变颜色及散发不正常的气味等。因此,霉菌和酵母菌也作为评价食品卫生质量的指示菌,并以霉菌和酵母菌计数来判定食品被污染的程度。

霉菌和酵母菌菌落数的测定是指食品检样经过处理,在一定条件下培养后,测定所得 1 g 或 1 mL 样品中所含的霉菌和酵母菌菌落数(粮食样品是指 1 g 粮食表面的霉菌总数)。

8.12.2　检验目的

(1)学习与熟悉食品中霉菌和酵母菌计数的测定方法。

(2)了解食品中霉菌和酵母菌的卫生学意义。

8.12.3　基本原理

稀释平板菌落计数法是根据微生物在高浓度稀释条件下在固体培养基上所形成的单个菌落是由一个单细胞(孢子)繁殖而成的培养特征设计的计数方法。先将待测定的微生物样品按比例做一系列的稀释后,再吸取一定量某几个稀释度的菌液于无菌培养皿中,及时倒入培养基,立即摇匀。经培养后,将各平板中计得的菌落数乘以稀释倍数,即可测知单位体积的原始菌样中所含的活菌数。稀释平板菌落计数法既可定性又可定量,所以既可用于微生物的分离纯化又可用于微生物的数量测定。除用于细菌计数外,霉菌和酵母菌计数均可采用此方法,区别只在于真菌和细菌计数所用培养基不同,真菌培养基里加入了抑制细菌生长的抗生素,另外,真菌培养所使用的温度也不同于细菌培养。

8.12.4　设备与材料

(1)样品:霉菌、酵母菌。

(2)试剂:生理盐水、马铃薯葡萄糖琼脂(PDA)培养基、孟加拉红培养基、磷酸盐缓冲液。

(3)仪器及材料:恒温培养箱[(28±1)℃]、拍击式均质器及均质袋、天平(精确度为 0.1 g)、无菌锥形瓶(容量 500 mL)、无菌吸管(1 mL、10 mL)、无菌试管(18 mm×180 mm)、漩涡混合器、无菌平皿(直径 90 mm)、恒温水浴锅[(46±1)℃]、显微镜(10~100 倍)、微量移液器及枪头(1.0 mL)、折光仪、郝氏计测玻片(具有标准计测室的特制玻片)、盖玻片、测微器(具标准刻度的玻片)。

8.12.5　检验过程(图 8-3)

(1)样品的制备。

固体和半固体样品:称取 25 g 样品至盛有 225 mL 无菌稀释液(无菌水或生理盐水或磷酸盐缓冲液)的适宜容器内或无菌均质袋中,充分振摇,或用拍击式均质器拍打 1~2 min,制成 1:10 的样品匀液。

液体样品:以无菌吸管吸取 25 mL 样品至盛有 225 mL 无菌稀释液(无菌水或生理盐

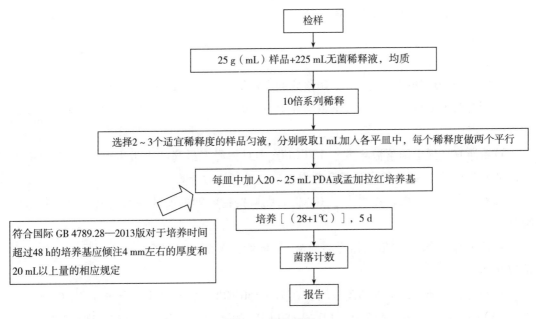

图 8-3　检验过程

水或磷酸盐缓冲液）的适宜容器内（可在瓶内预置适当数量的无菌玻璃珠）或无菌均质袋中,充分振摇,或用拍击式均质器拍打 1~2 min ,制成 1：10 的样品匀液。

（2）样品的稀释。

①取 1 mL 1：10 样品匀液注入含有 9 mL 无菌稀释液的试管中,另换 1 支 1 mL 无菌吸管反复吹吸,或在漩涡混合器上混匀,此液为 1：100 的样品匀液。

②按①操作程序,制备 10 倍系列稀释样品匀液。每递增稀释 1 次,换用 1 次 1 mL 无菌吸管。

③根据对样品污染状况的估计,选择 2~3 个适宜稀释度的样品匀液（液体样品可包括原液）,在进行 10 倍递增稀释的同时,每个稀释度分别吸取 1 mL 样品匀液于 2 个无菌平皿内。同时分别取 1 mL 样品稀释液加入 2 个无菌平皿作空白对照。

④及时将 20~25 mL 冷却至 46℃的马铃薯葡萄糖琼脂或孟加拉红培养基 [可放置于 (46±1)℃恒温水浴箱中保温] 倾注平皿,并转动平皿使其混合均匀,置于水平台面待培养基完全凝固。

（3）培养。

待琼脂凝固后,正置平板,置 (28±1)℃培养箱中培养,观察并记录培养至第 5 d 的结果。

（4）菌落计数。

肉眼观察,必要时可用放大镜,记录各稀释倍数和相应的霉菌和酵母菌数。以菌落形成单位 CFU 表示。

选取菌落数在 10~150 CFU 的平板,根据菌落形态分别计数霉菌和酵母菌。霉菌蔓延生长覆盖整个平板的可记录为菌落蔓延。

（5）结果与报告。

①结果。

1）计算同一稀释度的两个平板菌落数的平均值,再将平均值乘以相应倍数。

2）若有两个稀释度平板上菌落数均在 10～150 CFU 之间,则按照 GB 4789.2—2016 的相应规定进行计算。

3）若所有平板上菌落数均大于 150 CFU,则对稀释度最高的平板进行计数,其他平板可记录为多不可计,结果按平均菌落数乘以最高稀释倍数计算。

4）若所有平板上菌落数均小于 10 CFU,则应按稀释度最低的平均菌落数乘以稀释倍数计算。

5）若所有稀释度（包括液体样品原液）平板均无菌落生长,则以小于 1 乘以最低稀释倍数计算。

6）若所有稀释度的平板菌落数均不在 10～150 CFU 之间,其中一部分小于 10 CFU 或大于 150 CFU 时,则以最接近 10 CFU 或 150 CFU 的平均菌落数乘以稀释倍数计算。

②报告。

1）菌落数按"四舍五入"原则修约,菌落数在 10 CFU 以内时,采用 1 位有效数字报告;菌落数在 10～100 CFU 之间时,采用两位有效数字报告。

2）菌落数大于或等于 100 CFU 时,前第 3 位数字采用"四舍五入"原则修约后,取前 2 位数字,后面用 0 代替位数来表示结果;也可用 10 的指数形式来表示,此时也按"四舍五入"原则修约后,采用两位有效数字。

3）若空白对照平板上有菌落出现,则此次检测结果无效。

4）称重取样以 CFU/g 单位报告,体积取样以 CFU/mL 为单位报告,报告或分别报告霉菌和/或酵母数。

（6）番茄酱罐头霉菌计数常用郝氏霉菌计测法。

①检样的制备:取定量检样,加无菌水稀释至折光指数为 1.3447～1.3460（即浓度为 7.9%～8.8%）,备用。

②显微镜标准视野的校正:将显微镜按放大率 90～125 倍调节标准视野,使其直径为 1.382 mm。

③涂片:洗净郝氏计测玻片,将制好的标准液用玻璃棒均匀的摊布于计测室,以备观察。

④观察:将制好的载玻片放于显微镜标准视野下进行霉菌观察,一般每一检样观察 50 个视野,同一检样应由两人进行观察。

⑤结果与计算:在标准视野下,发现有霉菌菌丝的长度超过标准视野（1.382 mm）的 1/6 或 3 根菌丝总长度超过标准视野的 1/6（即测微器的一格）时即为阳性（+）,否则为阴性（-）,按 100 个视野计,其中发现有霉菌菌丝体存在的视野数即为霉菌的视野百分数。

8.12.6 注意事项

培养基的选择:在霉菌和酵母菌计数中,主要使用以下几种选择性培养基。

(1)马铃薯-葡萄糖-琼脂(PDA)培养基:霉菌和酵母菌在 PDA 培养基上生长良好。用 PDA 做平板计数时,必须加入抗菌素以抑制细菌。

(2)孟加拉红(虎红)培养基:该培养基中的孟加拉红和抗菌素具有抑制细菌的作用。孟加拉红还可以抑制霉菌菌落的蔓延生长。在菌落背面由孟加拉红产生的红色有助于霉菌和酵母菌落的计数。

第9章　微生物的生理生化反应

微生物代谢与其他生物代谢有着许多相似之处,但也有不同之处。微生物代谢的重要特征之一就是代谢类型的多样性。如,能量代谢类型多样性,自然界中存在光能自养菌、化能自养菌、光能异养菌和化能异养菌。即使同属化能异养菌中的不同微生物,它们在分解生物大分子物质、含碳化合物、含氮化合物的能力,代谢途径和代谢产物也各不相同。

由于微生物代谢类型多样性,使微生物在自然界的物质循环中起着重要作用,同时也为人类开发利用微生物资源提供更多的机会与途径。此外,人们常将微生物生理生化反应的多样性作为菌种分类鉴定的重要依据。

本章包括4个实验,分别介绍微生物对生物大分子的水解试验(淀粉水解试验、油脂水解试验、明胶水解试验和石蕊牛奶试验)、含碳化合物的代谢试验[糖发酵试验、甲基红试验、伏—普试验(乙酰甲基甲醇试验)、柠檬酸盐试验]、含氮化合物的代谢试验(吲哚试验、硫化氢产生试验、产氨试验、苯丙氨酸脱氨酶试验和尿素水解试验)和微生物呼吸作用试验(氧化酶试验、过氧化氢酶试验和硝酸盐还原试验),让学生对微生物代谢类型多样性有初步了解,同时学习利用微生物形态、结构以及生理生化反应等特征,对某些细菌进行初步的分类鉴定。

9.1　微生物对生物大分子的水解试验

9.1.1　实验目的

(1)学习微生物对生物大分子水解试验原理和方法。

(2)了解上述试验对细菌鉴定工作的意义。

9.1.2　基本原理

微生物在生长繁殖过程中,需从外界环境吸收营养物质。外界环境中的小分子有机物可直接被微生物吸收;而大分子有机物如淀粉、蛋白质、脂肪等则需经微生物分泌的胞外酶,如淀粉酶、蛋白酶和脂肪酶等,将其分解为小分子有机物如糖、肽、氨基酸、脂肪酸等之后,才能被微生物吸收和利用。

不同微生物对生物大分子的水解能力各有不同。只有那些能够产生并分泌胞外酶的化能异养型的微生物才能利用大分子有机物。

现分别介绍淀粉水解试验(starch hydrolysis test)、油脂水解试验(lipid hydrolysis test)、明胶水解试验(gelatin hydrolysis test)和石蕊牛奶试验(litmus milk test)的简单原理。

（1）淀粉水解试验。

某些细菌能够分泌一种胞外酶，即淀粉酶（α-amylase）。它可将淀粉水解为糊精、麦芽糖和葡萄糖，再被细菌吸收利用。培养基中的淀粉被细菌的淀粉酶水解后，遇碘不再变蓝色，平板上菌体周围出现无色透明圈。

（2）油脂水解试验。

某些细菌能够分泌一种胞外酶，即脂肪酶（lipase）。它可将培养基中的脂肪水解为甘油和脂肪酸。水解产生的脂肪酸使培养基的 pH 下降。如在培养基中预先加入中性红指示剂［其指示范围为 pH 6.8（红）~pH 8.0（黄）］，当细菌分解脂肪产生脂肪酸时，平板上菌体周围出现红色斑点。

（3）明胶水解试验。

明胶水解试验也称明胶液化试验（gelatin liquefaction test）。明胶是一种动物蛋白，许多细菌能够产生胞外蛋白酶，即明胶酶（gelatinase），可将明胶水解成小分子物质，破坏其胶体状态。

明胶培养基本身在低于 20 ℃ 时凝固，高于 25℃ 则自行液化。接种能分泌明胶酶的细菌，培养后的培养基即使在低于20℃的温度下，明胶也不再凝固，而由原来的固体状态变为液体状态。

（4）石蕊牛奶试验。

牛奶中主要含有乳糖和酪蛋白。细菌对牛奶的利用主要是指对乳糖及酪蛋白的分解利用。细菌发酵乳糖产酸。牛奶中的酪蛋白是一种大的牛奶蛋白，它不能透过细菌的细胞膜，某些细菌能够产生蛋白酶，使酪蛋白水解，产生氨基酸，运输至胞内，才能被细菌利用。

培养基中除含有牛奶外，还加入石蕊作为酸碱指示剂和氧化还原指示剂。石蕊中性时呈淡紫色，酸性时呈粉红色，碱性时呈蓝色，还原时则部分或全部褪色变白。

细菌对牛奶的代谢作用主要有以下几种情况：

①产酸（acid production）：细菌发酵乳糖产酸，使石蕊变红。

②产碱（alkaline production）：细菌水解酪蛋白产生碱性物质，使石蕊变蓝。

③胨化（peptonization）：细菌使酪蛋白水解，故牛奶变成清亮透明的液体。

④酸凝胨乳（acid curd）：细菌发酵乳糖产酸，使石蕊变红，当酸度很高时，可使牛奶凝固。

⑤凝乳酶凝固（rennet curd）：细菌产生凝乳酶，使牛奶中的酪蛋白凝固，此时石蕊呈蓝色或不变色。

⑥石蕊还原（litmus reduction）：细菌生长旺盛时，使培养基氧化还原电位降低，因而石蕊被还原而褪色。

9.1.3 实验材料

（1）菌种。

枯草芽孢杆菌、金黄色葡萄球菌、大肠杆菌、产气肠杆菌（*Enterobader aerogenes*）、黏乳产碱杆菌（*Alcaligenes viscolactis*）、铜绿假单胞菌（*Pseudomonas aeruginosa*）。

（2）培养基（见附录1）。

淀粉培养基（starch medium）、油脂培养基（lipid medium）、明胶水解培养基（gelatine hydrolysis medium）、石蕊牛奶培养基（litmus milk medium）。

（3）试剂和溶液（见附录1）。

碘液等。

（4）仪器和其他。

接种针、接种环、试管、锥形瓶、培养皿等。

9.1.4 实验内容

（1）淀粉水解试验。

①将已灭菌装有淀粉培养基的锥形瓶置于沸水浴中融化，取出，冷却至50 ℃左右即转移至培养皿中，每皿加12~15 mL，待凝固后制成平板。

②翻转平板使底皿背面向上，用记号笔在其背面玻璃上划成两半并写上待接种的菌名。一半用于接种阳性对照菌——枯草芽孢杆菌，另一半用于接种试验菌——大肠杆菌或产气肠杆菌。接种时，用接种环取少量菌在平板两边各划"十"字，如图9-1所示。

③将接完种的平板倒置于37 ℃恒温箱中，培养24 h。

④观察结果时，可打开皿盖，滴加少量碘液于平板上，轻轻旋转，使碘液均匀铺满整个平板。如菌体周围出现无色透明圈，则说明淀粉已被水解。透明圈的大小表明该菌水解淀粉能力的强弱。

（2）油脂水解试验。

①将已灭菌装有油脂培养基的锥形瓶置于沸水浴中融化，取出，并充分振荡（使油脂均匀分布），再倾入培养皿中，每皿加12~15 mL，待凝固后制成平板。

②翻转平板使底皿背面向上，用记号笔在其背面玻璃上划成两半并写上待接种的菌名。一半用于接种阳性对照菌——金黄色葡萄球菌，另一半用于接种实验菌——大肠杆菌或产气肠杆菌。接种时，用接种环取少量菌在平板两边各划线接种，如图9-2所示。

③将接完种的平板倒置于37 ℃恒温箱中，培养24 h。

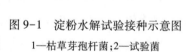

图9-1　淀粉水解试验接种示意图
1—枯草芽孢杆菌；2—试验菌

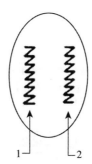

图 9-2　油脂水解试验接种示意图

1—金黄色葡萄球菌;2—试验菌

（3）明胶水解试验。

①用穿刺接种法分别接种大肠杆菌或产气肠杆菌于已灭菌的明胶深层培养基中。

②接种后置于 20℃恒温箱中,培养 48 h。

③观察结果时,注意培养基有无液化情况及液化后的形状,如图 9-3 所示。

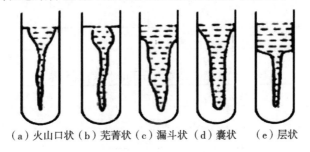

（a）火山口状（b）芜菁状（c）漏斗状（d）囊状　（e）层状

图 9-3　明胶穿刺接种液化后的各种形状

④观察结果时,注意观察平板上长菌的地方,如出现红色斑点,即说明脂肪已被水解,为阳性反应。

注意:如细菌在 20 ℃时不能生长,则必须培养在所需的最适温度下。观察结果时,将试管从恒温箱中取出后,置于冰浴中,才能观察液化程度。

（4）石蕊牛奶试验。

①分别接种黏乳产碱杆菌或铜绿假单胞菌于两支已灭菌的石蕊牛奶培养基中,置于37℃恒温箱中培养 7 d。另外,保留一支不接种的石蕊牛奶培养基作对照。

②观察结果时,注意比较接种前后培养基颜色的变化,牛奶有无产酸、产碱、凝固或胨化等反应。

注意:牛奶产酸、产碱、凝固、胨化各现象是连续出现的,往往观察某种现象出现时,另一种现象已经消失了。

现将细菌对生物大分子的水解试验总结如表 9-1 所示。

表 9-1　细菌对生物大分子的水解试验

试验名称	培养基名称	接种菌名称	接种方式	每人接种管（平板）数
淀粉水解试验	淀粉培养基	对照菌：枯草芽孢杆菌 试验菌：大肠杆菌或产气肠杆菌	平板接种	1
油脂水解试验	油脂培养基	对照菌：金黄色葡萄球菌 试验菌：大肠杆菌或产气肠杆菌	平板接种	1
明胶水解试验	明胶液化培养基	试验菌：大肠杆菌或产气肠杆菌	穿刺接种	1
石蕊牛奶试验	石蕊牛奶培养基	试验菌：黏乳产碱杆菌或铜绿假单胞菌	液体接种	1

9.1.5　实验报告内容

将细菌对生物大分子水解试验及其结果分别填入表 9-2 及表 9-3 中。

表 9-2　细菌对生物大分子的水解试验原理

试验	反应物	细菌分泌胞外酶	水解产物	检查试剂	阳性反应
淀粉水解试验					
油脂水解试验					
明胶水解试验					
石蕊牛奶试验					

表 9-3　细菌对生物大分子的水解试验结果

细菌	淀粉水解	油脂水解	明胶水解	石蕊牛奶
大肠杆菌				
产气肠杆菌				
金黄色葡萄球菌				
枯草芽孢杆菌				
黏乳产碱杆菌				
铜绿假单胞菌				

注：以"+"表示阳性；以"-"表示阴性。

9.1.6　思考讨论

（1）淀粉、油脂、明胶和酪蛋白等生物大分子物质能否不经水解而直接被细菌吸收？为什么？

（2）明胶水解试验中，为什么只能将接种后的培养基置于 20℃ 恒温箱中培养？

9.2　微生物对含碳化合物的代谢试验

9.2.1　实验目的

（1）学习微生物对含碳化合物的代谢试验原理及方法。

（2）了解上述试验在细菌鉴定工作的重要作用。

9.2.2 基本原理

不同细菌对不同含碳化合物的分解能力、代谢途径、代谢产物不完全相同。现分别介绍糖发酵试验（carbohydrate fermentation test）、甲基红试验（methyl red test，MR test）、伏—普试验（Voges-Proskauer test，VP test）和柠檬酸盐试验（citrate test）的简单原理。

（1）糖发酵试验。

微生物分解糖（如葡萄糖、乳糖、蔗糖）或醇（如甘露醇、甘油）的能力有很大的差异，它们分解葡萄糖的方式也具有多样性。葡萄糖经糖酵解（EMP）途径转变为关键中间代谢产物丙酮酸。由丙酮酸出发共有 6 条发酵途径，各途径产生不同的最终发酵产物，如表 9-4 所示。

表 9-4 由丙酮酸出发的 6 条发酵途径

发酵类型	最终发酵产物	代表菌属
乳酸发酵 （lactic acid fermentation）	乳酸	乳杆菌属（Lactobacillus）
乙醇发酵 （ethanol fermentation）	乙醇、CO_2	发酵单胞菌属（Zymomonas）、酵母菌属（saccharomyces）
丙酸发酵 （propionic fermentation）	丙酸、CO_2	丙酸杆菌属（Propionibacterium）
2,3-J 二醇发酵 （2,3-butanediol fermentation）	2,3-J 二醇、CO_2	肠杆菌属（Enterobacter）、芽孢杆菌属（Bacillus）
混酸发酵 （mixed acid fermentation）	甲酸、乙酸、乙醇、乳酸、H_2、CO_2	埃希氏菌属（Escherichia）、肠杆菌属、沙门氏菌属（Salmonella）、变形杆菌属（Proteus）
丁酸发酵 （butyric acid fermentation）	丁酸、丙酮、丁醇、异丙醇、CO_2	梭菌属（Clostridium）

从表 9-4 可以看到，某些细菌发酵葡萄糖后产生各种有机酸（如乳酸、乙酸、甲酸、琥珀酸等）及各种气体（如 H_2、CO_2）。有的细菌只产酸不产气。

酸的产生可利用指示剂来指示。在配制培养基时，可预先加入溴甲酚紫[pH 5（黄）~pH 7（紫）]。当细菌发酵糖类产酸时，可使培养基由紫色变为黄色。气体的产生可由糖发酵管中倒置的杜氏小管（Durham tube）中有无气泡加以证明，如图 9-4 所示。

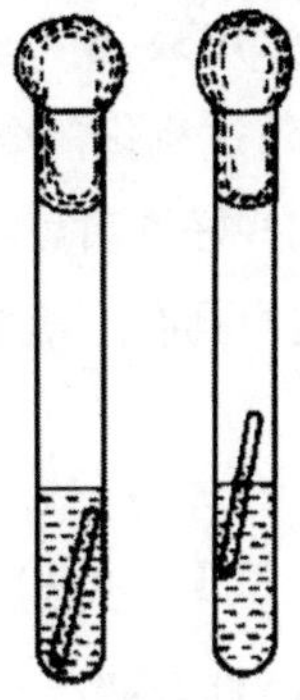

（2）甲基红（MR）试验。

所有的肠道细菌都能利用葡萄糖作为它们的能量来源，但是由于代谢途径不同，它们产生的终产物也不相同。如大肠杆菌利用葡萄糖进行发酵，主要产生混合有机酸，如乳酸、乙酸和甲酸等，使培养基 pH 明显下降（pH=4）；而产气肠杆菌利用葡萄糖进行发

（a）无气泡 （b）有气泡
图 9-4 糖类发酵实验

醇,主要产生乙醇、3-羟基丁酮和少量有机酸等,因此培养基的 pH 下降不多(pH=6.5)。

酸的产生可由培养基中加入甲基红指示剂的变色而指示。甲基红的变色范围为 pH 4.2(红色)~pH 6.3(黄色)。细菌分解葡萄糖产酸,则培养液由原来的橘黄色变为红色,此为 MR 试验阳性反应。大肠杆菌为 MR^+;产气肠杆菌为 MR^-。

(3)伏-普试验[乙酰甲基甲醇(V-P)试验]。

某些细菌在糖代谢过程中分解葡萄糖产生丙酮酸,丙酮酸通过缩合和脱羧生成乙酰甲基甲醇,然后被还原成 2,3-丁二醇。乙酰甲基甲醇在碱性条件下被氧化生成二乙酰,二乙酰可与培养基中的蛋白胨中的精氨酸胍基作用,生成红色化合物。此为 V-P 试验的阳性反应。

$$
\begin{array}{ccccc}
\underset{\text{丙酮酸}}{2\begin{array}{c}CH_3\\|\\C=O\\|\\COOH\end{array}} & \xrightarrow{-CO_2} & \underset{\text{乙酰乳酸}}{\begin{array}{c}CH_3\\|\\CO\\|\\HOCOOH\\|\\CH_3\end{array}} & \xrightarrow{-CO_2} & \underset{\text{乙酰甲基甲醇}}{\begin{array}{c}CH_3\\|\\C=O\\|\\CHOH\\|\\CH_3\end{array}} & \xrightarrow{2H} & \underset{2,3\text{-丁二醇}}{\begin{array}{c}CH_3\\|\\CHOH\\|\\CHOH\\|\\CH_3\end{array}}
\end{array}
$$

(4)柠檬酸盐试验。

不同细菌利用柠檬酸盐能力不同,有的细菌可利用柠檬酸盐作为碳源,有的则不能。某些细菌将柠檬酸分解为二氧化碳,由于培养基中有游离钠离子存在而形成碳酸钠,使培养基碱性增加,根据培养基中指示剂变色来判断实验结果。指示剂可用溴麝香草酚蓝(pH<6 时呈黄色,pH 为 6~7.6 呈绿色,pH>7.6 呈蓝色);也可用酚红作为指示剂(pH<6.3 呈黄色,pH>8.0 呈红色)。

(5)过氧化氢酶试验。

某些好氧菌可在有氧条件下生长,其呼吸链以氧作为最终氢受体,形成过氧化氢,由于其细胞内具有过氧化氢酶,可将有毒的过氧化氢分解成无毒的水,而厌氧菌没有过氧化氢酶。

9.2.3　实验操作

(1)糖发酵试验。

①分别接种大肠杆菌和产气肠杆菌于 2 支糖发酵培养基中。置于 37℃恒温箱中,培养 24 h。另外保留 1 支不接种的培养基。

②观察并记录实验结果。产酸又产气用"⊕"表示,产酸不产气用"+"表示,不产酸也不产气用"-"表示。

(2)甲基红(MR)试验。

①分别接种大肠杆菌和产气肠杆菌于葡萄糖蛋白胨培养基中。$(36\pm1)℃$ 或 36℃培养 24 h。

②观察结果时,沿管壁加入 MR 试剂 3~4 滴,培养基变红色者为阳性,变黄色者为阴性。

(3)乙酰甲基甲醇(V-P)试验。

①分别接种大肠杆菌和产气肠杆菌于葡萄糖蛋白胨培养基中,置于37℃恒温箱中,培养 24 h。

②观察并记录实验结果,在培养液中加入 4% KOH 溶液 10~20 滴(碱性环境)。再加入等量的 α-萘酚溶液(加强氧化),拔去棉塞,用力振荡,再放入 37℃恒温箱中保温 15~30 min(或在沸水浴中加热 1~2 min)。如培养液出现红色为 V-P 阳性反应。

(4)柠檬酸盐利用试验。

①将大肠杆菌和产气肠杆菌分别接种在两支柠檬酸盐斜面上。置于37℃恒温箱中培养 24~48 h。

②观察并记录实验结果,观察柠檬酸盐培养基上有无细菌生长和是否变色。如含有溴麝香草酚蓝的斜面呈蓝色者为阳性反应,呈绿色者为阴性反应;含酚红的斜面如呈红色为阳性反应,呈黄色为阴性反应。

(5)过氧化氢酶试验。

①将试验菌接种于合适的培养基斜面上,适温培养 18~24 h。

②观察并记录实验结果,取一干净的载玻片,在上面滴 1 滴 3%~10% H_2O_2 溶液,挑取一环培养好的菌苔,在 H_2O_2 溶液中涂抹,若产生气泡(氧气)为过氧化氢酶阳性反应,不产生气泡者为阴性反应。

注意:用于培养试验菌的培养基中不能含有血红素或红细胞,因为它们也会促使 H_2O_2 溶液分解,因而产生假阳性反应。

现将细菌对含碳化合物分解利用各项试验总结如表 9-5 所示。

表 9-5　细菌对含碳化合物代谢试验

实验名称	培养基名称	接种菌名称	接种方式	每人接种管数
糖发酵试验	糖发酵培养基	大肠杆菌或产气肠杆菌	液体	1
MR 试验	葡萄糖蛋白胨培养基	大肠杆菌或产气肠杆菌	液体	1
VP 试验	葡萄糖蛋白胨培养基	大肠杆菌或产气肠杆菌	液体	1
柠檬酸盐试验	柠檬酸盐培养基	大肠杆菌或产气肠杆菌	斜面	1
过氧化氢酶试验	合适培养基			

9.2.4　实验报告内容

将细菌对含碳化合物分解利用的各项试验及其结果分别填入表9-6及表9-7中。

表9-6　细菌对含碳化合物代谢试验原理

试验名称	反应物	代谢产物	检查试剂	阳性反应的表现
糖发酵试验				
MR 试验				
VP 试验				
柠檬酸盐试验				
过氧化氢酶试验				

表9-7　细菌对含碳化合物代谢试验结果

细菌名称	糖发酵试验	MR 试验	VP 试验	柠檬酸盐试验	过氧化氢酶试验
大肠杆菌产气肠杆菌					

注:以"＋"表示阳性;以"－"表示阴性。

9.2.5　思考讨论

(1)在糖发酵试验中,为什么大肠杆菌发酵葡萄糖能产酸产气? 为什么产气肠杆菌发酵葡萄糖不产酸不产气?

(2)MR 试验与 VP 试验的中间代谢产物和最终代谢产物有何异同? 为什么最终代谢产物会有不同?

(3)细菌利用柠檬酸盐之后,为什么培养基的 pH 会升高?

9.3　微生物对含氮化合物的代谢试验

9.3.1　实验目的

(1)学习微生物对含氮化合物的代谢的试验原理及方法。

(2)了解上述试验在细菌鉴定中的重要作用。

9.3.2　基本原理

不同细菌对不同含氮化合物的分解利用能力、代谢途径、代谢产物等不完全相同。例如,某些细菌分解色氨酸产生吲哚;分解含硫氨基酸产生硫化氢;分解氨基酸产氨;将苯丙氨酸氧化脱氨,形成苯丙酮酸,以及某些细菌能够将硝酸盐还原为亚硝酸盐,或进一步还原成氨或氮等。此外,微生物对含氮化合物的分解利用的生化反应也是菌种鉴定的重要依据。

现分别介绍吲哚试验、硫化氢产生试验、产氨试验、硝酸盐还原试验、苯丙氨酸脱氨酶试验的简单原理。

（1）吲哚试验。

有些细菌可分解色氨酸产生吲哚，有些则不能，分解色氨酸产生的吲哚可与对二甲基氨基苯甲醛结合，形成红色的玫瑰吲哚。其反应如下：

色氨酸水解反应：

吲哚与对二甲氨基苯甲醛结合反应

（2）硫化氢产生试验。

有些细菌能分解含硫氨基酸（如胱氨酸、半胱氨酸、甲硫氨酸等）产生硫化氢，硫化氢遇培养基中的铅盐或铁盐可产生黑色硫化铅或硫化铁沉淀，从而可确定硫化氢的产生。

半胱氨酸分解反应：

$$CH_2SHCH(NH_2)COOH+H_2O \longrightarrow CH_3COCOOH+NH_3\uparrow +H_2S\uparrow$$

硫化氢与铅盐或铁盐的反应：

$$H_2S+Pb(CH_3COO)_2 \longrightarrow PbS\downarrow（黑色）+2CH_3COOH$$

$$H_2S+FeSO_4 \longrightarrow H_2SO_4+FeS\downarrow（黑色）$$

（3）产氨试验。

某些细菌能使氨基酸在各种条件下脱去氨基，生成各种有机酸和氨，氨的产生可通过与氨试剂起反应而加以鉴定。

氨与氨试剂（奈氏试剂）的反应：

$$2（HgI_2·2KI）+3KOH+NH_3 \longrightarrow O\begin{matrix}Hg\\ \\Hg\end{matrix}NH_2I+7KI+2H_2O$$

黄色碘化氧双汞氨

或 $$2（HgI_2·2KI）+KOH+NH_3 \longrightarrow NH_2Hg_2I_3+5KI+H_2O$$

棕红色碘化双汞氨

（4）硝酸盐还原试验。

有些细菌能将硝酸盐还原为亚硝酸盐,而另一些细菌还能进一步将亚硝酸盐还原为一氧化氮、一氧化二氮和氮。如果细菌能将硝酸盐还原为亚硝酸盐,那它就可与格里斯氏试剂(亚硝酸试剂)反应产生粉红色或红色化合物。

亚硝酸盐与格氏亚硝酸试剂的反应:

如果在培养液中加入格里斯氏亚硝酸试剂后,溶液不出现红色,则存在两种可能性:

①细菌不能将硝酸盐还原为亚硝酸盐,故培养液中不存在亚硝酸盐,但应仍有硝酸盐存在,此为阴性反应。

②细菌能将硝酸盐还原为亚硝酸盐,而且能进一步把亚硝酸盐还原为氨和氮。故培养液中应该既无亚硝酸盐存在,也无硝酸盐存在,此为阳性反应。

③检查培养液中是否有硝酸盐存在的方法:可在培养液中加入锌粉(使硝酸盐还原为亚硝酸盐),再加入格氏亚硝酸试剂,溶液呈红色,说明硝酸盐存在,如溶液不呈红色,说明硝酸盐不存在。

（5）苯丙氨酸脱氨酶试验。

某些细菌(如变形杆菌)具有苯丙氨酸脱氨酶,能将苯丙氨酸氧化脱氨,形成苯丙酮酸,苯丙酮酸遇到三氯化铁呈蓝绿色。

9.3.3 实验操作

（1）吲哚试验。

①接种大肠杆菌或产气肠杆菌于蛋白胨水培养基中。置于37℃恒温箱中培养24 h。

②观察结果时,在培养液中加入乙醚约1 mL(使呈明显的乙醚层,乙醚能溶解吲哚,且比水轻,能在水面上形成吲哚乙醚层)。充分振荡,使吲哚溶于乙醚中,静置片刻,待乙醚层

浮于培养液上面时,沿管壁慢慢加入吲哚试剂 10 滴。如吲哚存在,则乙醚层呈现玫瑰红色(注意:加入吲哚试剂后,不可再摇动,否则红色不明显)。

(2)硫化氢产生试验。

①取 2 支柠檬酸铁铵半固体培养基,分别穿刺接种大肠杆菌及普通变形杆菌,置于37℃恒温箱中培养 24 h。

②观察结果,如培养基中出现黑色沉淀物为阳性反应。同时注意观察接种线周围有无向外扩展情况,如有扩散表示该菌具有运动能力。

(3)产氨试验。

①接种大肠杆菌或产气肠杆菌于肉膏蛋白胨培养基中。置于37℃恒温箱中培养 24 h。另外留 1 支不接种的肉膏蛋白胨培养基作为对照。

②观察结果时,在培养液中加入 3~5 滴氨试剂,如出现黄色(或棕红色)沉淀物为阳性反应。在未接种的培养基中加入氨试剂后,应无黄色(或棕红色)沉淀出现。

(4)硝酸盐还原试验。

①接种大肠杆菌或产气肠杆菌于硝酸盐还原试验培养基中,置于37℃恒温箱中培养48 h。另外保留 1 支不接种的硝酸盐培养基作为对照。

②观察结果。

1)把对照管分成两管,在其中的一管中加入少量锌粉,加热,再加入格里斯氏试剂(亚硝酸盐试剂),如出现红色,说明培养基中存在着硝酸盐。

2)把接过种的培养液也分成两管,其中一管加入格里斯氏试剂,如出现红色,则为阳性反应;如不出现红色,则在另一管中加入少量锌粉,并加热。再加入亚硝酸试剂,如出现红色,则证明硝酸盐仍存在,此为阴性反应;如不出现红色,则说明硝酸盐已被还原,应为阳性反应。

(5)苯丙氨酸脱氨酶试验。

①将大肠杆菌和普通变形杆菌分别接种到苯丙氨酸斜面培养基上(注意:接种量要大)。置于37℃恒温箱中培养 4 h(或 18~24 h)。

②观察结果时,在培养好的菌种斜面上滴加 2~3 滴 10% 三氯化铁溶液,自培养物上方流到下方,呈蓝绿色者,为阳性反应,否则为阴性反应。

现将细菌对含氮化合物分解利用各项实验总结如表 9-8 所示。

表 9-8　细菌对含氮化合物代谢试验

实验名称	培养基名称及形式	接种菌名称	接种方式	每人接种管数
吲哚试验	蛋白胨水培养基(液体)	大肠杆菌或产气肠杆菌	液体接种	1
硫化氢试验	柠檬酸铁铵培养基(半固体)	大肠杆菌或普通变形杆菌	穿刺接种	1
产氨试验	肉膏蛋白胨培养基(液体)	大肠杆菌或产气肠杆菌	液体接种	1
苯丙氨酸脱氨酶试验	苯丙氨酸培养基(斜面)	大肠杆菌或普通变形杆菌	斜面接种	1

9.3.4 实验报告内容

将细菌对含氮化合物代谢试验及其结果分别填入表9-9及表9-10中。

表 9-9　细菌对含氮化合物代谢试验原理

实验名称	反应物	代谢产物	检查试剂	阳性结果的表现
吲哚试验				
硫化氢产生试验				
产氨试验				
苯丙氨酸脱氨酶试验				

表 9-10　细菌对含氮化合物代谢试验结果

细菌名称	吲哚试验	硫化氢产生试验	产氨试验	苯丙氨酸脱氨酶试验
大肠杆菌				
产气肠杆菌				
普通变形杆菌				
金黄色葡萄球菌				

注:以"＋"表示阳性;以"－"表示阴性。

9.3.5 思考讨论

(1)在吲哚试验和硫化氢试验中,细菌分别分解何种氨基酸?

(2)总结一下大肠杆菌形态观察及代谢试验所得结果,其中哪些反应最具代表性? 并与水及食品中大肠杆菌检测实验的指标进行比较。

9.4 微生物的呼吸作用试验

9.4.1 目的要求

(1)学习微生物呼吸作用试验的原理和方法。

(2)了解上述试验在细菌鉴定中的意义。

9.4.2 基本原理

微生物的呼吸(respiration)作用主要分为有氧呼吸(aerobic respiration)和无氧呼吸(anaerobic respiration)。有氧呼吸是指呼吸链最终电子受体是外源分子氧的生物氧化;无氧呼吸是指呼吸链最终电子受体是外源无机氧化物(个别为有机化合物)的生物氧化。

氧化酶(oxidase)在细菌有氧呼吸的电子传递系统中起着重要作用。细胞色素氧化酶以 O_2 作为最终电子受体,可将还原型细胞色素 c 氧化成水和氧化型细胞色素 c,其反应式如下:

$$2\text{ 还原型细胞色素 }c+2H^{+}+yO_2 \xrightarrow{\text{细胞色素氧化酶}} 2\text{ 氧化型细胞色素 }c+H_2O$$

细胞色素氧化酶在分子氧和细胞色素 c 存在条件下,并有盐酸二甲基对苯二胺和 α-萘酚参与反应时,可将二甲基对苯二胺氧化成为吲哚酚蓝,反应式如下:

氧化酶试验常用于鉴别假单胞菌属及其相近的菌属细菌,因为假单胞菌属的菌种大多数是氧化酶阳性。

9.4.3　实验材料

①菌种:大肠杆菌、产气肠杆菌、枯草芽孢杆菌、金黄色葡萄球菌、铜绿假单胞菌。

②培养基(见附录1):肉膏蛋白胨斜面培养基、硝酸盐还原培养基和尿素培养基等。

③试剂和溶液(见附录1):1%盐酸二甲基对苯二胺水溶液、1% α-萘酚乙醇液、3%~10% H_2O_2 溶液、格里斯氏试剂(亚硝酸盐试剂)。

④仪器和其他:试管、接种环、接种针、细玻璃棒、无菌滤纸、无菌培养皿、载玻片、锌粉等。

9.4.4　实验内容

在一个干净的培养皿中放一张滤纸,滴上 1%盐酸二甲基对苯二胺水溶液,再滴加等量 1% α-萘酚乙醇液,仅使滤纸变湿(不可过湿)。

用白金丝接种环(或用细玻璃棒)挑取培养 18~24 h 的铜绿假单胞菌和大肠杆菌斜面上的菌苔,涂抹在湿滤纸上。

10 s 内,菌苔呈现蓝色者为阳性;60 s 以上出现蓝色不计,按阴性处理。

注意:

①盐酸二甲基对苯二胺水溶液极易氧化,故溶液需装在棕色瓶中并置于冰箱内保存。如溶液变为红色,即不能使用。

②铁、镍、镕等金属可催化二甲基对苯二胺呈红色反应,若用它来挑取菌苔,会出现假阳性,故需用玻璃棒或牙签挑取菌苔。

③在滤纸上滴加试剂不要过湿,否则会妨碍空气与菌苔接触,延长反应时间,产生假阴性反应。

9.4.5　思考讨论

氧化酶在细菌有氧呼吸的什么环节中起作用?

9.5　物理因素对微生物生长的影响

9.5.1　实验目的

(1)了解不同物理因素对微生物生长的影响及其实验方法。

(2)了解芽孢对不良环境的抵抗力。

9.5.2　实验原理

环境因素(包括物理因素、化学因素和生物因素),如温度、渗透压、紫外线、pH、氧气,某些化学药品及拮抗菌等对微生物的生长繁殖、生理生化过程产生影响。不良的环境条件使微生物的生长受到抑制,甚至导致菌体的死亡,但是某些微生物产生的芽孢对恶劣的环境条件有较强的抵抗能力。

(1)温度是影响微生物生长与存活的重要因素之一。当微生物处于最适生长温度时,其生长速度最快。不适宜的温度可以导致细菌形态以及代谢的改变或使微生物的蛋白质凝固变性而导致菌体死亡。

(2)紫外线主要作用于细胞内的 DNA,使同一条链 DNA 相邻嘧啶间形成胸腺嘧啶二聚体,引起双链结构扭曲变形,阻碍碱基正常配对,从而抑制 DNA 的复制,轻则使微生物发生突变,重则造成微生物死亡。

紫外线对微生物生长的影响因照射剂量、照射时间和照射距离的变化而不同。剂量大、时间长、距离短时易杀死微生物;剂量小、时间短、距离长时就会有少量个体残存下来,某些个体会发生变异。

紫外线透过物质的能力弱,一层黑纸足以挡住紫外线的通过。本实验是验证紫外线的杀菌作用及不同微生物对紫外线的抵抗能力。

9.5.3　实验材料

(1)菌种:大肠杆菌、枯草芽孢杆菌,金黄色葡萄球菌。

(2)培养基:牛肉膏蛋白胨培养基。

(3)其他:无菌培养皿、无菌水、微量移液枪、无菌枪头、培养箱、紫外线灯、无菌黑纸。

9.5.4　实验内容

(1)微生物生长的最适温度。

①取 9 支装已灭过菌的牛肉膏蛋白胨琼脂试管,分别标明 4℃、室温、37℃三种温度和三种菌名。

②向每支新鲜的斜面上划线接种。

③将上述各管分别按不同温度培养 24 h 后观察结果。

(2)微生物对高温的抵抗能力。

不同的微生物对高温的抵抗力不同,芽孢杆菌的芽孢对高温有较强的抵抗能力。

①取 9 支装已灭菌的牛肉膏蛋白胨培养液试管(每管装有 5 mL 培养液),按顺序 1~9 编号。

②按照 10%接种量接入液体种子(用移液枪)。

③将各管置于 37℃摇床中振荡培养 24 h 后,根据浑浊情况判断耐热情况。

(3)紫外线对微生物的影响。

①取无菌培养皿 3 个,分别标明大肠杆菌、枯草芽孢杆菌、金黄色葡萄球菌试验菌的名称。

②用移液枪分别吸取大肠杆菌、枯草芽孢杆菌、金黄色葡萄球菌菌液 0.1 mL,加在相应的平板上,再用无菌涂棒涂布均匀,然后用无菌黑纸遮盖部分平板。

③紫外灯预热 10~15 min 后,把盖有黑纸的平板置于紫外灯下,打开培养皿盖,紫外线照射 20 min,取走黑纸,盖上皿盖。

④37℃倒置培养 24 h 后观察结果,比较并记录 3 种菌对紫外线的抵抗能力。

9.6　化学和生物因素对微生物生长的影响

9.6.1　实验目的

(1)了解化学因素对微生物生长的影响。

(2)掌握检测 pH 值、化学药剂对微生物生长影响的方法。

9.6.2　实验原理

抑制或杀死微生物的化学因素种类极多,用途广泛,性质各异,其中表面消毒剂和化学药剂最为常见。表面消毒剂在极低浓度时,常常表现为对微生物细胞的刺激作用,随着浓度的逐渐增加,就相继出现抑菌和杀菌作用,对一切活细胞都表现活性。化学药剂主要包括一些抗代谢物如抗生素等。在微生物实验中,pH 值的变化也对微生物生长有很大影响。

9.6.3　实验材料

(1)菌种:大肠杆菌、枯草芽孢杆菌、金黄色葡萄球菌、酿酒酵母菌、青霉菌、灰色链霉菌。

（2）培养基：肉膏蛋白胨培养基、葡萄糖蛋白胨培养基、豆芽汁葡萄糖培养基、察氏培养基。

（3）药品：土霉素、新洁尔灭、复方新诺明、汞溴红（红药水）、结晶紫液（紫药水）。

（4）仪器和其他：培养皿、无菌圆滤纸片、镊子、无菌水、无菌滴管、水浴锅、振荡器、游标卡尺、分光光度计。

9.6.4　实验流程

（1）化学药剂对微生物生长的影响。

无菌培养皿→配菌悬液→滴加菌样→倒平板→药剂处理→培养→观察结果。

①配制培养基：肉膏蛋白胨液体培养基（标记 A），配制豆芽汁葡萄糖液体培养基（标记 B），分别调 pH 至 3、5、7、9 和 11，每 pH 值培养基 3 管，每管盛培养液 5 mL，灭菌备用。

②配置菌悬液：取培养 18~20 h 的大肠杆菌、酿酒酵母菌斜面各 1 支，加入无菌水 4 mL，用接种环将菌苔轻轻刮下，振荡，制成菌悬液。

③接种与培养：A 培养基中接种大肠杆菌液 1 滴（或 0.1 mL），摇匀，置 37℃温箱中培养 24 h。B 培养基接种 1 滴（或 0.1 mL）酿酒酵母菌液，摇匀，置 28℃温箱中培养 24 h。

④观察结果：根据菌液的混浊程度判定微生物在不同 pH 下生长情况。

（2）不同 pH 对微生物生长的影响。

配培养基→配菌悬液→接种→培养→观察结果。

①配制菌悬液：取培养 18~20 h 的大肠杆菌、枯草芽孢杆菌和金黄色葡萄球菌斜面各 1 支，分别加入 4 mL 无菌水，用接种环将菌苔轻轻刮下、振荡，制成均匀的菌悬液，菌悬液浓度大约为 10^6 CFU/mL。

②滴加菌样：首先取 3 个无菌培养皿，每种试验菌一皿，在皿底写明菌名及测试药品名称，然后分别用无菌滴管加 4 滴（或 0.2 mL）菌液于相应的无菌培养皿中。

③制含菌平板：将融化并冷却至 45~50℃的肉膏蛋白胨培养基倾入皿中 12~15 mL，迅速与菌液混匀，冷凝备用。

④化学药剂处理：用镊子取分别浸泡在土霉素、复方新诺明、新洁尔灭、红汞和结晶紫药品溶液中的圆滤纸片各一张，置于同一含菌平板上。

⑤培养：片刻后，将平板倒置于 37℃恒温箱中，培养 24 h。

⑥观察结果：观察抑菌圈，并记录抑菌圈的直径。

9.6.5　思考讨论

（1）上述多个试验中，为什么选用大肠杆菌、金黄色葡萄球菌和枯草芽孢杆菌作为试验菌？

（2）通过实验说明芽孢的存在对消毒灭菌有什么影响？

9.7　厌氧菌的培养

厌氧菌是自然界中分布广泛、性能独特的一类微生物,专性厌氧菌因其细胞内缺乏超氧化物歧化酶、过氧化氢酶或过氧化物酶,因此无法消除机体在有氧条件下产生的有毒产物—超氧阴离子自由基,故这类微生物极易受氧毒害。专性厌氧微生物即使短暂地把它暴露于空气中,也会引起损伤致死。因此对它们进行分离、培养和研究时,就必须有一套相应的培养分离方法。

9.7.1　实验目的

(1)了解厌氧菌培养常用方法:疱肉培养法、焦性没食子酸法、厌氧罐法、厌氧箱法、厌氧培养袋法等。

(2)掌握结核杆菌的形态特点,熟悉结核杆菌的培养特性。

(3)掌握抗酸染色的原理及操作过程。

(4)了解结核杆菌标本的采集、培养前处理及制片。

9.7.2　材料

疱肉培养基、厌氧罐、厌氧箱、厌氧培养袋、焦性没食子酸、NaOH、脱脂棉等。

9.7.3　内容与方法

厌氧菌培养方法:包括物理、化学和生物学方法(总之为厌氧菌培养形成一种无氧环境)。

(1)厌氧培养袋和厌氧罐法。

厌氧产气袋加入水后会产生氢气和二氧化碳,氢气在厌氧催化剂(冷触酶钯粒由粉红色变成浅蓝色为失效,160℃,2 h,即可恢复其活力而重复使用)的作用下,与氧结合生成水,可在 30 min 内将氧含量降至 1%以下,二氧化碳可以促进厌氧菌的生长。

压氧罐内放有煮沸去氧的美兰指示剂 1 管,每次要新鲜配制,在试管内将亚甲蓝(0.5%亚甲蓝 3 mL,加水至 100 mL)、6%葡萄糖和氢氧化钠(1/10 mol/L NaOH 6 mL 加水至 100 mL)3 种溶液等量混合并煮沸还原至无色,立即将指示剂管放入预先装好培养物的罐内。如果能在孵育的整个过程中维持厌氧条件,则指示剂溶液将无色,否则指示剂则变色。亚甲蓝是一种氧化还原指示剂,有氧时为蓝色,无氧时为无色。

(2)焦性没食子酸法。

焦性没食子酸+NaOH→焦性没食子橙(黑、褐色,吸收游离的氧气)。

培养皿法用培养皿盖,铺上一薄层灭菌脱脂棉,将 1 g 焦性没食子酸放于其上。用肉膏蛋白胨琼脂培养基倒平板,待凝固稍干燥后,在平板上一半划线接种巴氏芽孢梭菌,下一半划线接种荧光假单胞菌,并在皿底用记号笔作好标记。滴加 10% NaOH 溶液约 0.5 mL 于焦性没食子酸上,切勿使溶液溢出棉花,立即将已接种的平板覆盖于玻璃板上或培养皿盖上,必须将脱脂棉全部罩住,焦性没食子酸反应物切勿与培养基表面接触,用融化的石蜡密封皿底与玻璃板或皿盖的接触处。置 37℃ 恒温箱培养 24~48 h。

(3)厌氧培养箱法。

由厌氧环境操作箱、恒温培养箱、高度真空传递箱等组成,能任意输入所需气体,准确调节流量,以满足厌氧菌生长需要。

第10章　食品中常见致病微生物检测

10.1　沙门氏菌检测

本节内容介绍了食品沙门氏菌的检验方法,适用于各类食品和食物中毒样品中沙门氏菌的检验。

10.1.1　生物学特性

沙门氏菌是肠杆菌中的一个大菌属,广泛存在于水和土壤中,在食品工厂和厨房设施的表面上都发现有该类细菌,它们主要寄生在人和动物的肠道内,可使其发生疾病。沙门氏菌为革兰氏阴性、两端钝圆的短杆菌,兼性厌氧,不产芽孢及荚膜,周生鞭毛,能运动。嗜温性,最适生长温度为37℃,但在18~20℃时也能生长繁殖,且具有相当强的抗寒性,如在0℃以下的冰雪中能存活3~4个月,在自然环境的粪便中可存活1~2个月。沙门氏菌的耐盐性很强,在含盐10%~15%的腌鱼、腌肉中能存活2~3个月。高水分活度下生长良好,当水分活度低于0.94时生长受抑制。抗热性差,在60℃下经20~30 min 就可被杀死。因此,蒸煮、巴氏消毒、正常家庭烹调、注意个人卫生等均可防止沙门氏菌污染。沙门氏菌不产生尿素酶,不利用丙二酸钠,不液化明胶,在含有氰化钾的培养基上不能生长,能使赖氨酸和精氨酸分解,不发酵蔗糖、乳糖、水杨苷等,在 TSI、DHL 等选择性培养基上生长,都能产生特有的菌落特征。

10.1.2　沙门氏菌食物中毒

沙门氏菌很容易通过食品传染给人,发生食物中毒。沙门氏菌食物中毒的主要临床症状为急性肠胃炎症状,如呕吐、腹痛、腹泻,腹泻一天可达数次,甚至十多次,还可引起头痛、发热等。沙门氏菌食物中毒的潜伏期一般为12~36 h,潜伏期的长短与进食沙门氏菌的数量以及沙门氏菌的致病力强弱有关,中毒严重可引起死亡。

沙门氏菌可以通过人和动物的患者或带菌者以各种途径散布,也可以是被污染的食品、物品,通过人手、老鼠或苍蝇等昆虫作为媒介再传染给其他食品,从而引发食物中毒。

10.1.3　检验方法

食品中沙门氏菌的检验技术是食品卫生和检验工作者必须掌握的一项基本技术。目前沙门氏菌检验通用的方法分5个步骤:前增菌、选择性增菌、选择性平板分离、生化实验和血清学分型鉴定。

中华人民共和国卫生部 2010 年 3 月 16 日发布了《食品安全国家标准　食品微生物学检验　沙门氏菌检验》(GB/T 4789.4—2010)。该标准与 GB/T 4789.4—2008 比较,主要修改了培养基和试剂,修改了设备和材料,并说明了该标准的适用范围是食品中沙门氏菌的检验 (GB/T 4789.4—2010)。下面按 GB/T 4789.4—2016 要求介绍沙门氏菌检验技术。

(1)设备和材料。

检验食品中沙门氏菌所需设备和材料,除微生物实验室常规灭菌及培养设备外,其他设备和材料如下。

冰箱:2~5℃;振荡器;恒温培养箱:(36±1)℃、(42±1)℃;均质器;电子天平:感量 0.1 g;无菌锥形瓶:容量 500 mL、250 mL;无菌吸管:1 mL(具 0.01 m 刻度)、10 mL(具 0.1 mL 刻度)或微量移液器及吸头;无菌培养皿:直径 90 mm;无菌试管:3 mm×50 mm、10 mm×75 mm;pH 计或 pH 比色管或精密 pH 试纸;全自动微生物生化鉴定系统;无菌毛细管。

(2)培养基和试剂。

沙门氏菌检验所需培养基和试剂。

缓冲蛋白胨水(BPW);四硫磺酸钠煌绿(TTB)增菌液;亚硒酸盐胱氨酸(SC)增菌液;亚硫酸铋(BS)琼脂;HE 琼脂(hektoen enterieagar);木糖赖氨酸脱氧胆盐(XLD)琼脂;沙门氏菌属显色培养基;三糖铁(TSI)琼脂;蛋白胨水、靛基质试剂;尿素琼脂(pH 7.2);氰化钾(KCN)培养基;赖氨酸脱羧酶试验培养基;糖发酵管;邻硝基酚 β-D-半乳糖苷(ONPG)培养基;半固体琼脂;丙二酸钠培养基;沙门氏菌 O、H 和 V_i 诊断血清;生化鉴定试剂盒。

(3)检验过程。

操作步骤,见图 10-1。

①前增菌:称取 25 g(mL)样品放入盛有 225 mL 无菌 BPW 的无菌均质杯中,以 8000~10000 r/min 均质 1~2 min,或置于盛有 225 mL 无菌 BPW 的无菌均质袋中,用拍击式均质器拍打 1~2 min。若样品为液态,不需要均质,振荡混匀。如需调节 pH 值,用 1 mol/L 无菌 NaOH 或 HCl 调 pH 值至 6.8±0.2。无菌操作将样品转至 500 mL 无菌锥形瓶中,或其他合适容器内(如均质杯本身具有无孔盖,可不转移样品),可直接进行培养,于(36±1)℃培养 8~18 h。如为冷冻产品,应在 45℃以下不超过 15 min,或 2~5℃不超过 18 h 解冻。

②增菌:轻轻摇动培养过的样品混合物,移取 1 mL,转种于 10 mL TTB 内,于(42±1)℃培养 18~24 h。同时,另取 1 mL,转种于 10 mL SC 内,于(36±1)℃培养 18~24 h。

③分离:分别用接种环取增菌液 1 环,划线接种于一个 BS 琼脂平板和一个 XLD 琼脂平板(或 HE 琼脂平板或沙门氏菌属显色培养基平板)。于(36±1)℃分别培养 18~24 h(XLD 琼脂平板、HE 琼脂平板、沙门氏菌属显色培养基平板)或 40~48 h(BS 琼脂平板),观察各个平板上生长的菌落,各个平板上的菌落特征见表 10-1。

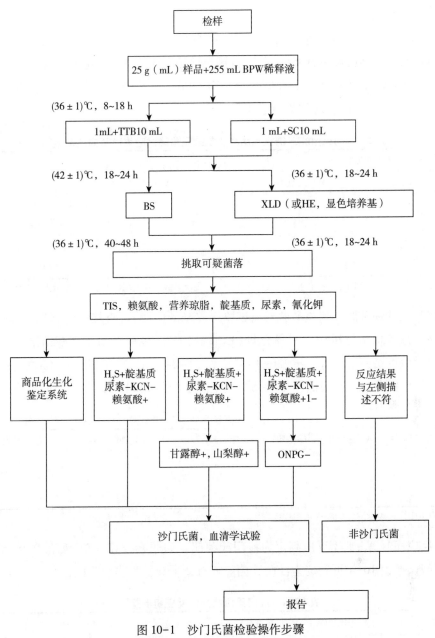

图 10-1　沙门氏菌检验操作步骤

表 10-1　沙门氏菌属在不同选择性琼脂平板上的菌落特征

选择性琼脂平板	沙门氏菌
BS 琼脂	菌落为黑色有金属光泽、棕褐色或灰色,菌落周围培养基可呈黑色或棕色;有些菌株形成灰绿色的菌落,周围培养基不变
HE 琼脂	蓝绿色或蓝色,多数菌落中心黑色或几乎全黑色;有些菌株为黄色,中心黑色或几乎全黑色
XID 球脂	菌落呈粉红色,带或不带黑色中心,有些菌株可呈现大的带光泽的黑色中心,或呈现全部黑色的菌落;有些菌株为黄色菌落,带或不带黑色中心
沙门氏菌属显色培养基	按照显色培养基的说明进行判定

④生化试验。

1）自选择性琼脂平板上分别挑取 2 个以上典型或可疑菌落,接种三糖铁琼脂,先在斜面划线,再于底层穿刺;接种针不要灭菌,直接接种赖氨酸脱羧酶试验培养基和营养琼脂平板,于(36±1)℃培养 18~24 h,必要时可延长至 48 h。在三糖铁琼脂和赖氨酸脱羧酶试验培养基内,沙门氏菌属的反应结果见表 10-2。

表 10-2 沙门氏菌在三糖铁琼脂和赖氨酸脱羧酶试验培养基内的反应结果

三糖铁琼脂				赖氨酸脱羧酶 试验培养基	初步判断
斜面	底层	产气	硫化氢		
K	A	+(−)	+(−)	+	可疑沙门氏菌属
K	A	+(−)	+(−)	−	可疑沙门氏菌属
A	A	+(−)	+(−)	+	可疑沙门氏菌属
A	A	+/−	+/−	−	非沙门氏菌属
K	K	+/−	+/−	+/−	非沙门氏菌属

注:K 表示产碱;A 表示产酸;+表示阳性;−表示阴性;+(−)表示多数阳性,少数阴性;+/−表示阳性或阴性。

2）接种三糖铁琼脂和赖氨酸脱羧酶试验培养基的同时,可直接接种蛋白胨水(供做靛基质试验)、尿素琼脂(pH=7.2)、氰化钾(KCN)培养基,也可在初步判断结果后从营养琼脂平板上挑取可疑菌落接种。于(36±1)℃培养 18~24 h,必要时可长至 48 h,按表 10-3 判定结果。将已挑菌落的平板储存于 2~5℃或室温至少保留 24 h,以备必要时复查。

表 10-3 沙门氏菌属生化反应初步鉴别

反应序号	硫化氢(H$_2$S)	靛基质	尿素(pH=7.2)	氰化钾(KCN)	赖氨酸脱氢酶
A$_1$	+	−	−	−	+
A$_2$	+	+	−	−	+
A$_3$	−	−	−	−	+/−

注:+表示阳性;−表示阴性;+/−表示阳性或阴性。

i . 反应序号 A$_1$:典型反应判定为沙门氏菌属。如尿素、KCN 和赖氨酸脱羧酶 3 项中有 1 项异常,按表 10-4 可判定为沙门氏菌。如有 2 项异常为非沙门氏菌。

表 10-4 沙门氏菌属生化反应初步鉴别

尿素(pH=7.2)	氰化钾(KCN)	赖氨酸脱氢酶	判定结果
−	−	−	甲型副伤寒沙门氏菌(要求血清学鉴定结果)
−	+	+	沙门氏菌Ⅳ或Ⅴ(要求符合本群生化特性)
+	−	+	沙门氏菌个别变体(要求血清学鉴定结果)

ii . 反应序号 A$_2$:补做甘露醇和山梨醇试验,沙门氏菌靛基质阳性变体两项试验结果均为阳性,但需要结合血清学鉴定结果进行判定。

iii . 反应序号 A$_3$:补做 ONPG。ONPG 阴性为沙门氏菌,同时赖氨酸脱羧酶阳性,甲型副伤寒沙门氏菌为赖氨酸脱羧酶阴性。

iv . 必要时按表 10-5 进行沙门氏菌生化群的鉴别。

表 10-5　沙门氏菌属各生化群的鉴别

项目	I	II	III	IV	V	VI
卫矛醇	+	+	−	−	+	−
山梨醇	+	+	+	+	+	−
水杨苷	−	−	−	+	−	−
ONPG	−	−	+	−	+	−
丙二酸盐	−	+	+	−	−	−
KCN	−	−	−	+	+	−

注:"+"表示阳性;"−"表示阴性。

3）如选择生化鉴定试剂盒或全自动微生物生化鉴定系统,可根据 1）的初步判断结果,从营养琼脂平板上挑取可疑菌落,用生理盐水制成浊度适当的菌悬液,使用生化鉴定试剂盒或全自动微生物生化鉴定系统进行鉴定。

ⅰ.抗原的准备:一般采用 1.2%~1.5%琼脂培养物作为玻片凝集试验用的抗原。

O 血清不凝集时,将菌株接种在琼脂量较高的（如 2%~3%）培养基上再检查;如果是由于 Vi 抗原的存在而阻止了 O 凝集反应时,可挑取菌苔于 1 mL 生理盐水中做成浓菌液,于酒精灯火焰上煮沸后再检查。H 抗原发育不良时,将菌株接种在 0.55%~0.65%半固体琼脂平板的中央,待菌落蔓延生长时,在其边缘部分取菌检查;或将菌株通过装有 0.3%~0.4%半固体琼脂的小玻管 1~2 次,自远端取菌培养后再检查。

ⅱ.多价菌体抗原(O)鉴定:在玻片上划出 2 个约 1 cm×2 cm 的区域,挑取 1 环待测菌,各放 1/2 环于玻片上的每一区域上部,在其中一个区域下部加 1 滴多价菌体(O)抗血清,在另一区域下部加入 1 滴生理盐水,作为对照。再用无菌的接种环或针分别将两个区域内的菌落研成乳状液。将玻片倾斜摇动混合 1 min,并对着黑暗背景进行观察,任何程度的凝集现象皆为阳性反应。

ⅲ.多价鞭毛抗原(H)鉴定同ⅱ。

4）血清学分型（选做项目）。

ⅰ.O 抗原的鉴定:用 A~F 多价 O 血清做玻片凝集试验,同时用生理盐水做对照。在生理盐水中自凝者为粗糙型菌株,不能分型。

被 A~F 多价 O 血清凝集者,依次用 O4;O3、O10;O7;O8;O9;O2 和 O11 因子血清做凝集试验。根据试验结果,判定 O 群。被 O3、O10 血清凝集的菌株,再用 O10、O15、O34、O19 单因子血清做凝集试验,判定 E1、E4 各亚群,每一个 O 抗原成分的最后确定均应根据 O 单因子血清的检查结果,没有 O 单因子血清的要用两个 O 复合因子血清进行核对。

不被 A~F 多价 O 血清凝集者,先用 9 种多价 O 血清检查,如有其中一种血清凝集,则用这种血清所包括的 O 群血清逐一检查,以确定 O 群。每种多价 O 血清所包括的 O 因子如下:

O 多价 1　A,B,C,D,E,F 群（并包括 6,14 群）

O 多价 2　13,16,17,18,21 群

O 多价 3 28,30,35,38,39 群

O 多价 4 40,41,42,43 群

O 多价 5 44,45,47,48 群

O 多价 6 50,51,52,53 群

O 多价 7 55,56,57,58 群

O 多价 8 59,60,61,62 群

O 多价 9 63,67,65,66 群

ⅱ.H 抗原的鉴定:属于 A~F 各 O 群的常见菌型,依次用表 10-6 所述 H 因子血清检查第 1 相和第 2 相的 H 抗原。

表 10-6 A~F 群常见菌型 H 抗原表

O 群	第 1 相	第 2 相
A	a	无
B	g,f,s	无
B	i,b,d	2
C1	k,v,r,c	5,z15
C2	b,d,r	2,5
D(不产气的)	d	无
D(产气的)	g,m,p,q	无
E1	h,v	6,w,x
E4	g,s,t	无
E4	i	

不常见的菌型,先用 8 种多价 H 血清检查,如有其中一种或两种血清凝集,则再用这一种或两种血清所包括的各种 H 因子血清逐一检查,以第 1 相和第 2 项的 H 抗原。8 种多价 H 血清所包括的 H 因子如下:

H 多价 1 a,b,c,d,i

H 多价 2 eh,enx,enz$_{15}$,fg,gms,gpu,gp,gq,mt,gz$_{15}$

H 多价 3 k,r,y,z,z$_{10}$,lv,lw,1z$_{13}$,1z$_{28}$,1z$_{40}$

H 多价 4 1,2;1,5;1,6;1,7;Z$_6$

H 多价 5 Z$_4$Z$_{23}$,Z$_4$Z$_{24}$,Z$_4$Z$_{32}$,Z$_{29}$,Z$_{35}$,Z$_{36}$,Z$_{38}$

H 多价 6 Z$_{39}$,Z$_{41}$,Z$_{42}$,Z$_{44}$

H 多价 7 Z$_{52}$,Z$_{53}$,Z$_{54}$,Z$_{55}$

H 多价 8 Z$_{56}$,Z$_{57}$,Z$_{60}$,Z$_{61}$,Z$_{62}$

每一个 H 抗原成分的最后确定均应根据 H 单因子血清的检查结果,没有 H 单因子血清的要用两个 H 复合因子血清进行核对。检出第 1 相 H 抗原而未检出第 2 相 H 抗原的或检出第 2 相 H 抗原而未检出第 1 相 H 抗原的,可在琼脂斜面上移种 1~2 代后再检查。如

仍只检出一个相的 H 抗原,要用位相变异的方法检查其另一个相。单相菌不必做位相变异检查。位相变异试验方法如下:

小玻管法:将半固体管(每管 1~2 mL)在酒精灯上融化并冷至 50℃,取已知相的 H 因子血清 0.05~0.1 mL,加入融化的半固体内,混匀后,用毛细吸管吸取分装于供位相变异试验的小玻管内,待凝固后,用接种针挑取待检菌,接种于一端。将小玻管平放在平皿内,并在其旁放一团湿棉花,以防琼脂中水分蒸发而干缩,每天检查结果,待另一相细菌解离后,可以从另一端挑取细菌进行检查。培养基内血清的浓度应有适当的比例,过高时细菌不能生长,过低时同一相细菌的动力不能抑制。一般按原血清 1∶200~1∶800 的量加入。

小倒管法:将两端开口的小玻管(下端开口要留一个缺口,不要平齐)放在半固体管内,小玻管的上端应高出于培养基的表面,灭菌后备用。临用时在酒精灯上加热融化,冷至 50℃,挑取因子血清 1 环,加入小套管中的半固体内,略加搅动,使其混匀,待凝固后,将待检菌株接种于小套管中的半固体表层内,每天检查结果,待另一相细菌解离后,可从套管外的半固体表面取菌检查,或转种 1% 软琼脂斜面,于 36℃ 培养后再做凝集试验。

简易平板法:将 0.35%~0.4% 半固体琼脂平板烘干表面水分,挑取因子血清 1 环,滴在半固体平板表面,放置片刻,待血清吸收到琼脂内,在血清部位的中央点种待检菌株,培养后,在形成蔓延生长的菌苔边缘取菌检查。

ⅲ. Vi 抗原的鉴定:用 Vi 因子血清检查。已知具有 Vi 抗原的菌型有:伤寒沙门氏菌、丙型副伤寒沙门氏菌、都柏林沙门氏菌。菌型的判定根据血清学分型鉴定的结果,按照附录 B 或有关沙门氏菌属抗原表判定菌型。

(4)结果与报告。

在实际工作中,常常根据以上试验就可判断检样中沙门氏菌生长情况,并作出报告。

若需要进一步分型鉴定,则还应做血清学反应试验。根据血清学分型鉴定的结果,按照有关沙门氏菌属抗原表判定菌型。如果需要做血清学分型试验,则可查阅相关资料。综合以上生化试验和血清学鉴定的结果作出报告,即报告为 25 g(mL)样品中检出或未检出沙门氏菌。

常见沙门氏菌抗原见表 10-7。

表 10-7　常见沙门氏菌抗原

菌名	拉丁菌名	O 抗原	H 抗原	
			第 1 相	第 2 相
A 群				
甲型副伤寒沙门氏菌	S. Paratyphi A	1,2,12	a	[1,5]
B 群				
基桑加尼沙门氏菌	S. Kisangani	1,4,[5],6	a	1,2

菌名	拉丁菌名	O 抗原	H 抗原	
			第 1 相	第 2 相
阿雷查瓦莱塔沙门氏菌	S. Arechavaleta	4,[5],12	a	1,7
马流产沙门氏菌	S. Abortusequi	4,12	–	e,n,x
乙型副伤寒沙门氏菌	S. Paratyphi B	1,4,[5],12	b	1,2
利密特沙门氏菌	S. Limete	1,4,12,[27]	b	1,5
阿邦尼沙门氏菌	S. Abony	1,4,[5],12,27	b	e,n,x
维也纳沙门氏菌	S. Wien	1,4,12,[27]	B	1,w
伯里沙门氏菌	S. Bury	4,12,[27]	c	z6
斯坦利沙门氏菌	S. Stanley	1,4,[5],12,[27]	d	1,2
圣保罗沙门氏菌	S. Saintpaul	1,4,[5],12	e,h	1,2
里定沙门氏菌	S. Reading	1,4,[5],12	e,h	1,5
彻斯特沙门氏菌	S. Chester	1,4,[5],12	e,h	e,n,x
德尔卑沙门氏菌	S. Derby	1,4,[5],12	f,g	[1,2]
阿贡纳沙门氏菌	S. Agona	1,4,[5],12	f,g,s	[1,2]
埃森沙门氏菌	S. Essen	4,12	g,m	–
加利福尼亚沙门氏菌	S. California	4,12	g,m,t	$[Z_{67}]$
金斯敦沙门氏菌	S. Kingston	1,4,[5],12,[27]	g,s,t	[1,2]
布达佩斯沙门氏菌	S. Budapest	1,4,12,[27]	g,t	–
鼠伤寒沙门氏菌	S. Typhimurium	1,4,[5],12	i	1,2
拉古什沙门氏菌	S. Lagos	1,4,[5],12	i	1,5
布雷登尼沙门氏菌	S. Bredeney	1,4,12,[27]	L,v	1,7
基尔瓦沙门氏菌 II	S. Kilwa II	4,12	L,w	e,n,x
海德尔堡沙门氏菌	S. Heidelberg	1,4,[15],12	R	1,2
印第安纳沙门氏菌	S. Indiana	1,4,12	z	1,7
C2 群				
习志野沙门氏菌	S. Narashino	6,8	a	e,n,x
名古屋沙门氏菌	S. Nagoya	6,8	b	1,5
加瓦尼沙门氏菌	S. Gatuni	6,8	b	e,n,x
慕尼黑沙门氏菌	S. Muenchen	6,8	d	1,2
曼哈顿沙门氏菌	S. Manhattan	6,8	d	1,5
纽波特沙门氏菌	S. Newport	6,8,20	e,h	1,2
科特布斯沙门氏菌	S. Kottbus	6,8	e,h	1,5
茨昂威沙门氏菌	S. Tshiongwe	6,8	e,h	e,n,z_{15}
林登堡沙门氏菌	S. Lindenburg	6,8	i	1,2
塔科拉迪沙门氏菌	S. Takoradi	6,8	i	1,5
波那雷恩沙门氏菌	S. Bonariensis	6,8	i	e,n,x

续表

菌名	拉丁菌名	O 抗原	H 抗原	
			第 1 相	第 2 相
科齐菲尔德沙门氏菌	S. Litchfield	6,8	l,v	1,2
病牛沙门氏菌	S. Bovismorbificans	6,8,20	r,[i]	1,5
查理沙门氏菌	S. Chailey	6,8	z_1,z_{15}	e,n,z_{15}
C3 群				
巴尔多沙门氏菌	S. Bardo	8	e,h	1,2
依麦克沙门氏菌	S. Emek	8,20	g,m,s	–
肯塔基沙门氏菌	S. Kentucky	8,20	i	z_6
D 群				
仙台沙门氏菌	S. Sendai	1,9,12	a	1,5
伤寒沙门氏菌	S. Typhi	9,12[Ⅵ]	d	–
塔西沙门氏菌	S. Tarshyne	9,12	d	1,6
伊斯特本沙门氏菌	S. Eastbourne	1,9,12	e,h	1,5
以色列沙门氏菌	S. Israel	9,12	e,h	e,n,z_{15}
肠炎沙门氏菌	S. Enteritidis	1,9,12	g,m	[1,7]
布利丹沙门氏菌	S. Blegdam	9,12	g,m,q	–
沙门氏菌Ⅱ	Salmonella Ⅱ	1,9,12	g,m,[s],t	[1,5,7]
都柏林沙门氏菌	S. Dublin	1,9,12[Ⅵ]	g,p	–
芙蓉沙门氏菌	S. Seremban	9,12	i	1,5
巴拿马沙门氏菌	S. Panama	1,9,12	l,v	1,5
戈丁根沙门氏菌	S. Goettingen	9,12	l,v	e,n,z_{15}
爪哇安娜沙门氏菌	S. Javiana	1,9,12	L,z_{28}	1,5
鸡—雏沙门氏菌	S. Gallinarum—Pullorum	1,9,12	–	–
E1 群				
奥凯福科沙门氏菌	S. Okefoko	3,10	c	z_6
瓦伊勒沙门氏菌	S. Vejle	3,{10},{15}	e,h	1,2
明斯特沙门氏菌	S. Muenster	3,{10}{15}{15,34}	e,h	1,5
鸭沙门氏菌	S. Anatum	3,{10}{15}{15,34}	e,h	1,6
纽兰沙门氏菌	S. Newlands	3,{10},{15,34}	e,h	e,n,x
火鸡沙氏门菌	S. Meleagridis	3,{10}{15}{15,34}	e,h	1,w
雷根特沙氏门菌	S. Regent	3,10	f,g,[s]	[1,6]
西翰普顿沙氏门菌	S. Westhampton	3,{10}{15}{15,34}	g,s,t	–
阿姆德尔尼斯沙氏门菌	S. Amounderness	3,10	i	1,5
新罗歇尔沙氏门菌	S. New—Rochelle	3,10	k	1,w
恩昌加沙氏门菌	S. Nchanga	3,{10}{15}	l,v	1,2
新斯托夫沙氏门菌	S. Sinstorf	3,10	l,v	1,5

续表

菌名	拉丁菌名	O 抗原	H 抗原	
			第 1 相	第 2 相
伦敦沙氏门菌	S. London	3,{10}{15}	l,v	1,6
吉韦沙氏门菌	S. Give	3,{10}{15}{15,34}	l,v	1,7
鲁齐齐沙氏门菌	S. Ruzizi	3,10	l,v	e,n,z_{15}
乌干达沙氏门菌	S. Uganda	3,{10}{15}	l,z_{13}	1,5
乌盖利沙氏门菌	S. Ughelli	3,10	r	1,5
韦太夫雷登沙氏门菌	S. Weltevreden	3,{10}{15}	r	z_6
克勒肯威尔沙氏门菌	S. Clerkenwell	3,10	z	1,w
列克星敦沙氏门菌	S. Lexington	3,{10}{15}{15,34}	z_{10}	1,5
E4 群				
萨奥沙氏门菌	S. Sao	1,3,19	e,h	e,n,z_{15}
卡拉巴尔沙氏门菌	S. Calabar	1,3,19	e,h	1,w
山夫登堡沙氏门菌	S. Senftenberg	1,3,19	g,[s],t	–
斯特拉特福沙氏门菌	S. Stratford	1,3,19	i	1,2
塔克松尼沙氏门菌	S. Taksony	1,3,19	i	z_6
索恩保沙氏门菌	S. Schoeneberg	1,3,19	z	e,n,z_{15}
F 群				
昌丹斯沙氏门菌	S. Chandans	11	d	[e,n,x]
阿柏丁沙氏门菌	S. Aberdeen	11	i	1,2
布里赫姆沙氏门菌	S. Brijbhumi	11	i	1,5
威尼斯沙门氏菌	S. Veneziana	11	i	e,n,x
阿巴特图巴沙门氏菌	S. Abaetetuba	11	k	1.5
鲁比斯劳沙门氏菌	S. Rubislaw	11	r	e,n,x
其他群				
浦那沙门氏菌	S. Poona	1,13,22	z	1.6
里特沙门氏菌	S. Ried	1,13,22	z_4,z_{23}	$[e,n,z_{15}]$
密西西比沙门氏菌	S. Mississippi	1,13,23	b	1.5
古巴沙门氏菌	S. Cubana	1,13,23	z_{29}	–
苏拉特沙门氏菌	S. Surat	[1],6,14,[25]	r,[i]	e,n,z_{15}
松兹瓦尔沙门氏菌	S. Sundsvall	[1],6,14,[25]	z	e,n,x
非丁伏斯沙门氏菌	S. Hvittingfoss	16	b	e,n,x
威斯敦沙门氏菌	S. Weston	16	e,h	z_6
上海沙门氏菌	S. Shanghai	16	l,v	1,6
自贡沙门氏菌	S. Zigong	16	l,w	1,5
巴圭达沙门氏菌	S. Baguida	21	z_4,z_{23}	–
迪尤波尔沙门氏菌	S. Dieuoppeul	28	i	1,7

续表

菌名	拉丁菌名	O 抗原	H 抗原	
			第 1 相	第 2 相
卢肯瓦尔德沙门氏菌	*S. Luckenwalde*	28	z_{10}	e,n,z_{15}
拉马特根沙门氏菌	*S. Ramatgan*	30	k	1,5
阿德莱沙门氏菌	*S. Adelaide*	35	f,g	-
旺兹沃思沙门氏菌	*S. Wandsworth*	39	b	1,2
雷俄格伦德沙门氏菌	*S. Riogrande*	40	b	1,5
莱瑟沙门氏菌	*S. Lethe* II	41	g,t	-
达莱姆沙门氏菌	*S. Dahlem*	48	k	e,n,z_{15}
沙门氏菌 III b	*Salmonella* III *b*	61	l,v	1,5,7

注:关于表内符号的说明:

┇┇=┇┇内 O 因子具有排他性,在血清型中┇┇内的因子不能与其他┇┇内的因子同时存在,例如,在 O:3,10 群中当菌株产生 O:15 或 O:15,34 因子时,它替代了 O:10 因子。

[ ]=O(无下划线) 或 H 因子的存在或不存在与噬菌体转化无关,例如 O:4 群中的[5]因子。H 因子在[ ]内表示在野生菌株中见到,例如,绝大多数 *S. Paratyphi A* 具有一个位相(a),罕有第 2 相(1,5)菌株,因此,用 1,2,12;a;[1,5]表示。

_=下划线时表示该 O 因子是由噬菌体溶原化产生的。

10.2　金黄色葡萄球菌

10.2.1　基本知识

葡萄球菌是引起创伤性化脓的常见致病性球菌。污染食品后,在适宜的条件下生长繁殖,产生肠毒素,而引起食物中毒。

葡萄球菌过去是依据菌落的颜色将其分为金黄色葡萄球菌、白色葡萄球菌、柠檬色葡萄球菌 3 种。1974 年 Bergey 细菌鉴定手册第八版,根据生理生化特征将其分为金黄色葡萄球菌、表皮葡萄球菌、腐生葡萄球菌 3 种。其中,以金黄色葡萄球菌致病力最强,也是与食物中毒关系最密切的一种。食品中生长金黄色葡萄球菌是食品卫生上的一种潜在危险,因为金黄色葡萄球菌可以产生肠毒素,食用后能引起食物中毒。因此,检查食品中金黄色葡萄球菌有实际意义。

10.2.2　生物学特性

(1)形态与染色特性。

典型的葡萄球菌菌体呈球形,直径 0.5~1.5 μm,致病性葡萄球菌一般较非致病性菌小,且各个菌体的大小及排列也较整齐。细菌繁殖时呈多个平面的不规则分裂,堆积成葡萄状。在液体培养基中生长,常呈球状或短链状排列,容易误认为是链球菌。葡萄球菌无毛,无芽孢,除少数菌株外一般不形成荚膜,易被一般碱性染料着色,革兰氏染色为阳性,但当衰老、死亡或被白细胞吞噬后可转为革兰氏阴性,对青霉素耐药性的菌株也为革兰氏阴性。

（2）培养特性。

金黄色葡萄球菌营养要求不高,在普通培养基上生长良好,需氧或兼性厌氧,最适生长温度为37℃,最适生长pH值为7.2~7.4,金黄色葡萄球菌有高度的耐盐性,可在10%~15%氯化钠培养基中生长,在含20%~30% CO_2环境中,可产生大量毒素。

普通肉汤:37℃培养24 h,呈均匀混浊生长。培养2~3 d后,能形成菌膜,管底则形成多量黏稠沉淀。

普通琼脂:95℃以上培养18~24 h后,可形成圆形、凸起、边缘不整齐、表面光滑、湿润、有光泽、不透明、直径为1~2 mm,但也有大至4~5 mm的菌落。不同的菌株能产生不同的脂溶性色素(如金黄色、白色及柠檬色),而使菌落呈不同的颜色。

血琼脂平板:菌落较大,多数致病性葡萄球菌可产生溶血毒素,在菌落周围形成明显的溶血环,非致病性球菌则无此溶血现象。

Baird-Parker平板菌落为圆形、光滑凸起、湿润、直径2~3 mm,颜色灰色到黑色,边缘为淡色,周围为一混浊带,在其外层有一透明圈。用接种针接触菌落似有奶油至树胶的程度,偶尔会遇到非脂肪溶解的类似菌落,但无混浊带及透明圈。长期保存的冷冻或干燥食品中所分离的菌落比典型菌落所产生的黑色较淡些,外观可能粗糙并干燥。

（3）理化特性。

葡萄球菌大多数能分解葡萄糖、麦芽糖、乳糖、蔗糖,产酸不产气,且生化反应并不恒定,一般为甲基红反应为阳性,V-P试验为弱阳性,靛基质试验为阴性,能使硝酸盐还原为亚硝酸盐,凝固牛奶(有时被胨化),能产生氨和少量硫化氢。

（4）血清学特性。

葡萄球菌经水解后,用沉淀法分析,具有以下两种抗原成分。

①蛋白质抗原:蛋白质抗原为完全抗原,有种属特异性,无型特异性。在电镜下见此种抗原存在于葡萄球菌的表面,是细菌的一种表面成分,称为A蛋白。90%以上的金黄色葡萄球菌有此抗原。此抗原能抑制吞噬细胞的吞噬作用,对于T细胞、B细胞是良好的促分裂原。

②多糖类抗原:糖类抗原为半抗原,具有特异性,可利用此抗原对葡萄球菌进行分型。根据葡萄球菌抗原的构造目前分为9个型,该血清型对区别有无致病性无意义。

10.2.3 葡萄球菌食物中毒

葡萄球菌引起的疾病较多,主要有化脓性感染(如毛囊炎、疖、痈、伤口化脓、气管炎、肺炎、中耳炎、脑膜炎、心包炎等)、全身感染(如败血症、脓毒血症等)、食物中毒等。下面着重介绍葡萄球菌食物中毒的情况。

（1）流行病学。

葡萄球菌在自然界分布甚广,空气、土壤、水及物品上,特别是人和家畜的鼻和喉都有该菌存在。据报道,正常人中 30%~80% 带该菌。曾有人从 5%~40% 的人皮肤上分离到该菌,人手也是重要的污染带菌部位。

葡萄球菌食物中毒主要是由致病性葡萄球菌产生的肠毒素引起的,在我国是比较常见的食物中毒。其原因是患有化脓性疾病的人接触食品,将葡萄球菌污染到食品上,或是患有葡萄球菌症的畜禽,其产品中含有大量葡萄球菌,在适宜的条件下,这些葡萄球菌即可大量繁殖,并产生肠毒素。试验证明,在 25~30℃ 条件下,只要几小时即有毒素产生,一般经过 8~10 h 就产生大量的肠毒素。

引起葡萄球菌食物中毒的食品,主要为肉、奶、鱼、蛋类及其制品等动物性食品,剩米饭、米酒等也曾引起中毒。奶和奶制品以及奶制品做的冷饮(冰激凌、冰棍)、奶油、糕点是常引起中毒的食品。油煎鸡蛋、熏鱼、油浸鱼罐头等含油脂较多的食品,致病性葡萄球菌污染以后也能产生毒素。

葡萄球菌引起的食物中毒常发生于夏秋季节,这是因为气温较高,有利于细菌繁殖,但在冬季,受到该菌污染的食品在温度较高的室温保存,也可造成该菌繁殖并产生毒素。

(2)致病性。

葡萄球菌的致病力取决于其所产生毒素和酶。致病菌毒株产生的毒素和酶主要有以下几种。

①溶血毒素:多数致病菌株能产生毒素,使血琼脂平板菌落周围出现溶血环,在试管中出现溶血反应。溶血毒素是一种外毒素,分为 α、β、γ、δ 四种,能损伤血小板,破坏溶酶体,引起机体局部缺血和坏死。

②杀白细胞毒素:杀白细胞毒素能破坏人的白细胞和巨噬细胞,使其失去活性,最后膨胀破裂。

③肠毒素:肠毒素是金黄色葡萄球菌的一种毒性蛋白质产物,有 30%~50% 的菌株能产生肠毒素。目前已知道至少 6 种不同抗原性的肠毒素,即 A、B、C、D、E、F,其中以 A 型肠毒素引起的食物中毒最多,B、C 型次之。用一般加热饭菜的温度(微波炉 100℃ 以上)不能使肠毒素污染严重的食品完全无害。致病性葡萄球菌产生的众多的毒素和酶当中,与食物中毒有密切关系的是肠毒素。

④血浆凝固酶:血浆凝固酶能使含有柠檬酸钠或肝紫抗凝剂的人血浆发生凝固。大多数致病性葡萄球菌能产生此酶,而非致病菌一般不产生。因此,凝固酶是鉴别葡萄球菌有无致病性的重要指标。

⑤透明质酸酶:有利于细菌和毒素在机体内扩散,又称扩散因子。

⑥脱氧核糖核酸酶:有利于细菌在组织中扩散。

⑦溶纤维蛋白酶:溶纤维蛋白酶可使人、犬、家兔等已经凝固的纤维蛋白溶解。

(3)临床症状。

葡萄球菌肠毒素随食物进入人体后,潜伏期一般为 1~5 h,最短的为 5 min 左右,不超过 8 h,中毒的主要症状为急性胃肠炎症状,恶心、反复呕吐,多者可达 10 余次,呕吐物初为食物,继为水样物,少数可吐出胆汁或含血物及黏液。中上腹部疼痛,伴有头晕、头痛、腹泻、发冷,体温一般正常或有低热。病情重时,由于剧烈呕吐或腹泻,可引起大量失水而虚脱。儿童对肠毒素比成人敏感,因此,儿童发病率高,病情也比成人重。葡萄球菌肠毒素食物中毒一般病程较短,1~2 d 即可恢复,预后良好,很少有死亡病例。

（4）检验过程。

①设备和材料。

检验金黄色葡萄球菌所需设备和材料,除微生物实验室常规灭菌及培养设备外,其他设备和材料如下:

恒温培养箱:(36+1)℃;冰箱:2~5℃;恒温水浴箱:36~56℃;天平:感量 0.1 g;均质器;振荡器;无菌吸管:1 mL(具 0.01 mL 刻度)、10 mL(具 0.1 mL 刻度)或微量移液器及吸头;无菌锥形瓶:容量 100 mL、500 mL;无菌培养皿:直径 90 mm;注射器 0.5 mL;涂布棒;pH 计或 pH 比色管或精密 pH 试纸。

②培养基和试剂。

检验金黄色葡萄球菌所需培养基和试剂如下:脑心浸出液肉汤(BHI);营养琼脂小斜面;血琼脂平板;Baird-Parker 琼脂平板;7.5%氯化钠肉汤;兔血浆;稀释液:磷酸盐缓冲液;革兰氏染色液;0.85%无菌生理盐水。

③金黄色葡萄球菌定性检验(第一法)。

1)检验程序。

金黄色葡萄球菌定性检验程序见图 10-2。

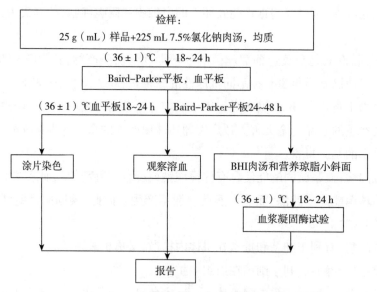

图 10-2　金黄色葡萄球菌定性检验程序

2)操作步骤。

ⅰ.样品的处理。称取 25 g 样品至盛有 225 mL 无菌 7.5%氯化钠肉汤的无菌均质杯内,8000~10000 r/min 均质 1~2 min,或放入盛有 225 mL 无菌 7.5%氯化钠肉汤的无菌均质袋中,用拍打式均质器拍打 1~2 min。若样品为液态,吸取 25 mL 样品至盛有 225 mL 无菌 7.5%氯化钠肉汤的无菌锥形瓶(瓶内可预置适当数量的无菌玻璃珠)中,振荡混匀。

ⅱ.增菌和分离培养。

a.将上述样品匀液于(36±1)℃培养 18~24 h。金黄色葡萄球菌在 7.5%氯化钠肉汤中呈混浊生长。

b.分离。将增菌后的培养物,分别划线接种到 Baird-Parker 平板和血平板,血平板(36±1)℃培养 18~24 h,Baird-Parker 平板(36±1)℃培养 24~48 h。

c.初步鉴定。金黄色葡萄球菌在 Baird-Parker 平板上呈圆形,表面光滑、凸起、湿润、菌落直径为 2~3 mm,颜色呈灰色到黑色,有光泽,常有浅色(非白色)的边缘,周围绕以不透明圈(沉淀),其外常有一清晰带。用接种针接触菌落有似奶油至树胶样的硬度,偶尔会遇到非脂肪溶解的类似菌落,但无混浊带及透明圈。长期保存的冷冻或干燥食品中所分离的菌落比典型菌落所产生的黑色较淡些,外观可能粗糙并干燥。在血平板上,形成菌落较大,圆形、光滑凸起、湿润、金黄色(有时为白色),菌落周围可见完全透明溶血圈。挑取上述菌落进行革兰氏染色镜检及血浆凝固酶试验。

ⅲ.鉴定。

a.染色镜检:金黄色葡萄球菌为革兰氏阳性球菌,排列呈葡萄球状,无芽孢,无荚膜,直径一般为 0.5~1 μm。

b.血浆凝固酶试验:挑取 Baird-Parker 平板或血平板上可疑菌落 1 个或 1 个以上,分别接种到 5 mL BHI 和营养琼脂小斜面,(36±1)℃培养 18~24 h。

取新鲜配制兔血浆 0.5 mL,放入小试管中,再加入 BHI 培养物 0.2~0.3 mL,振荡摇匀,置(36±1)℃温箱或水浴箱内,每半小时观察一次,观察 6 h,如呈现凝固(即将试管倾斜或倒置时,呈现凝块)或凝固体积大于原体积的一半,被判定为阳性结果。同时以血浆凝固酶试验阳性和阴性葡萄球菌的肉汤培养物作为对照。也可用商品化的试剂,按说明书操作,进行血浆凝固酶试验。结果如可疑,挑取营养琼脂小斜面的菌落到 5 mL BHI,(36±1)℃培养(18~48)h,重复试验。

④金黄色葡萄球菌 Baird-Parker 平板计数(第二法)。

1)检验程序。

金黄色葡萄球菌平板计数程序见图 10-3。

2)操作步骤。

ⅰ.样品的稀释。

a.固体和半固体样品。称取 25 g 样品置盛有 225 mL 无菌磷酸盐缓冲液或生理盐水的无菌均质杯内,8000~1000r/min 均质 1~2 min,或置盛有 225 mL 无菌稀释液的无菌均质袋中,用拍击式均质器拍打 1~2 min,制成 1∶10 的样品匀液。

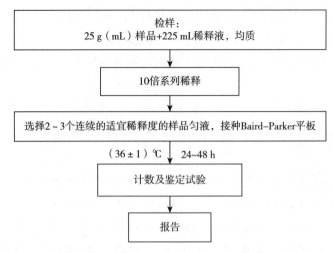

图 10-3　金黄色葡萄球菌平板计数程序

b. 液体样品。以无菌吸管吸取 25 mL 样品置盛有 225 mL 无菌磷酸盐缓冲液或生理盐水的无菌锥形瓶(瓶内预置适当数量的无菌玻璃珠)中,充分混匀,制成 1∶10 的样品匀液。

c. 用 1 mL 无菌吸管或微量移液器吸取 1∶10 样品匀液 1 mL,沿管壁缓慢注于盛有 9 mL 稀释液的无菌试管中(注意吸管或吸头尖端不要触及稀释液面),振摇试管或换用 1 支 1 mL 无菌吸管反复吹打使其混合均匀,制成 1∶100 的样品匀液。

d. 按 c. 操作程序,制备 10 倍系列稀释样品匀液。每递增稀释一次,换用 1 支 1 mL 无菌吸管或吸头。

ⅱ. 样品的接种。根据对样品污染状况的估计,选择 2~3 个适宜稀释度的样品匀液(液体样品可包括原液),在进行 10 倍递增稀释时,每个稀释度分别吸取 1 mL 样品匀液以 0.3 mL、0.3 mL、0.4 mL 接种量分别加入三块 Baird-Parker 平板,然后用无菌涂布棒涂布整个平板,注意不要触及平板边缘。使用前,如 Baird-Parker 平板表面有水珠,可放在 25~50℃的培养箱里干燥,直到平板表面的水珠消失。

ⅲ. 培养。在通常情况下,涂布后,将平板静置 10 min,如样液不易吸收,可将平板放在培养箱(36±1)℃培养 1 h;等样品匀液吸收后翻转平皿,倒置于培养箱,(36±1)℃培养 24~48 h。

ⅳ. 典型菌落计数和确认。金黄色葡萄球菌在 Baird-Parker 平板上呈圆形,表面光滑、凸起、湿润、菌落直径为 2~3 mm,颜色呈灰色到黑色,有光泽,常有浅色(非白色)的边缘,周围绕以不透明圈(沉淀),在其外常有一清晰带。用接种针接触菌落有似奶油至树胶样的硬度,偶尔会遇到脂肪溶解的类似菌落;但无混浊带及透明圈。长期保存的冷冻或干燥食品中所分离的菌落比典型菌落所产生的黑色较差些,外观可能粗糙并干燥选择有典型的金黄色葡萄球菌菌落的平板,且同一稀释度 3 个平板所有菌落数合计在 30~300 CFU 的平板,计数典型菌落数。如果:

a. 只有一个稀释度平板的菌落数在 30~300 CFU 且有典型菌落,计数该稀释度平板上

的典型菌落;

　　b. 最低稀释度平板的菌落数小于 30 CFU 且有典型菌落,计数该稀释度平板上的典型菌落;

　　c. 某一稀释度平板的菌落数大于 300 CFU 且有典型菌落,但下一稀释度平板上没有典型菌落,应计数该稀释度平板上的典型菌落;

　　d. 某一稀释度平板的菌落数大于 300 CFU 且有典型菌落,且下一稀释度平板上有典型菌落,但其平板上的菌落数不在 30~300 CFU,应计数该稀释度平板上的典型菌落;以上按公式(10-1)计算。

　　e. 2 个连续稀释度的平板菌落数均在 30~300 CFU,按公式(10-2)计算。

　　从典型菌落中任选 5 个菌落(小于 5 个全选),分别按定性实验方法做血浆凝固酶试验。

　　3)结果计算。

$$T=\frac{AB}{Cd} \tag{10-1}$$

　　式中:T——样品中金黄色葡萄球菌菌落数;

　　　　A——某一稀释度典型菌落的总数;

　　　　B——某一稀释度鉴定为阳性的菌落数;

　　　　C——某一稀释度用于鉴定试验的菌落数;

　　　　d——稀释因子。

$$T=\frac{A_1B_1/C_1+A_2B_2/C_2}{1.1d} \tag{10-2}$$

　　式中:T——样品中金黄色葡萄球菌菌落数;

　　　　A_1——第一稀释度(低稀释倍数)典型菌落的总数;

　　　　A_2——第二稀释度(高稀释倍数)典型菌落的总数;

　　　　B_1——第一稀释度(低稀释倍数)鉴定为阳性的菌落数;

　　　　B_2——第二稀释度(高稀释倍数)鉴定为阳性的菌落数;

　　　　C_1——第一稀释度(低稀释倍数)用于鉴定试验的菌落数;

　　　　C_2——第二稀释度(高稀释倍数)用于鉴定试验的菌落数;

　　　1.1——计算系数;

　　　　d——稀释因子(第一稀释度)。

　　4)结果与报告。

　　根据 Baird-Parker 平板上金黄色葡萄球菌的典型菌落数,按"结果计算"中公式计算,报告每 1 g(mL)样品中金黄色葡萄球菌菌落数,以 CFU/g(mL)表示。如 T 值为 0,则以小于 1 乘以最低稀释倍数报告。

（5）金黄色前萄球菌 MPN 计数（第三法）。

①检验程序。

金黄色葡萄球菌 MPN 计数程序见图 10-4。

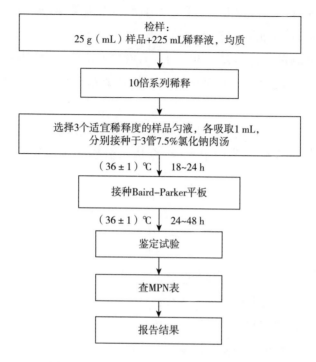

图 10-4　金黄色葡萄球菌 MPN 法检验程序

②操作步骤。

ⅰ. 样品的稀释。按第二法操作步骤 1）样品的稀释进行。

ⅱ. 接种和培养。根据对样品污染状况的估计,选择 3 个适宜稀释度的样品匀液（液体样品可包括原液）,在进行 10 倍递增稀释时,每个稀释度分别吸取 1 mL 样品匀液接种到 7.5%氯化钠肉汤管（如接种超过 1 mL,则用双料 7.5%氯化钠肉汤）,每个稀释度接种 3 管,将上述接种物于(36±1)℃培养 2~18 h。

用接种环从培养后的 7.5%氯化钠肉汤管中分别取培养物 1 环,接种于 Baird-Parker 平板(36±1)℃培养,24~48 h。

ⅲ. 典型菌落确认。从典型菌落中至少挑取 1 个菌落接种到 BHI 肉汤和营养琼脂斜面,(36±1)℃培养 18~24 h。进行血浆凝固酶试验。

③结果与报告

计算血浆凝固酶试验阳性菌落对应的管数,查 MPN 检索表（表 10-8）,报告每 g(mL) 样品中金黄色葡萄球菌的最可能数,以 MPN/g(mL)表示。

表 10-8　金黄色葡萄球菌的最可能数（MPN）检索表

阳性管数			MPN	95%置信区间		阳性管数			MPN	95%置信区间	
0.10	0.01	0.001		下限	上限	0.10	0.01	0.001		下限	上限
0	0	0	<3.0	—	9.5	2	2	0	21	4.5	42
0	0	1	3	0.15	9.6	2	2	1	28	8.7	94
0	1	0	3	0.15	11	2	2	2	35	8.7	94
0	1	1	6.1	1.2	18	2	3	0	29	8.7	94
0	2	0	6.2	1.2	18	2	3	1	36	8.7	94
0	3	0	9.4	3.6	38	3	0	0	23	4.6	94
1	0	0	3.6	0.17	18	3	0	1	38	8.7	110
1	0	1	7.2	1.3	18	3	0	2	64	17	180
1	0	2	11	3.6	38	3	1	0	43	9	180
1	1	0	7.4	1.3	20	3	1	1	75	17	200
1	1	1	11	3.6	38	3	1	2	120	37	420
1	2	0	11	3.6	42	3	1	3	160	40	420
1	2	1	15	4.5	42	3	2	0	93	18	420
1	3	0	16	4.5	42	3	2	1	150	37	420
2	0	0	9.2	1.4	38	3	2	2	210	40	430
2	0	1	14	3.6	42	3	2	3	290	90	1000
2	0	2	20	4.5	42	3	3	0	240	42	1000
2	1	0	15	3.7	42	3	3	1	460	90	2000
2	1	1	20	4.5	42	3	3	2	1100	180	4100
2	1	2	27	8.7	94	3	3	3	>1100	420	—

注:1. 本表采用 3 个稀释度[0.1 g(mL)、0.01 g(mL)和 0.001 g(mL)]，每个稀释度接种 3 管;

2. 表内所列检样量如改用 1 g（mL）、0.1 g（mL）和 0.01 g（mL）时，表内数字应相应降低 10 倍;如改用 0.01 g（mL）、0.001 g（mL）、0.0001 g（mL）时，则表内数字应相应增高 10 倍，其余类推。

10.3　致病性大肠埃希氏菌检测

大肠埃希氏菌俗称大肠杆菌，是人类和动物肠道正常菌群的主要成员，每克粪便中约含有 10^9 个大肠埃希氏菌。随粪便排出后，广泛分布于自然界，食品中检出大肠埃希氏菌，即意味着直接或间接地被粪便污染，故在卫生学上被称为卫生监督的指示菌。

正常情况下，大肠埃希氏菌不致病，而且能合成维生素 B 和维生素 K，产生大肠菌素，对机体有利，但当机体抵抗力下降或大肠埃希氏菌侵入肠外组织或器官时，可作为条件性致病菌而引起肠道外感染，有些血清型可引起肠道感染。已知引起腹泻的大肠埃希氏菌有 4 类，即肠道毒素大肠埃希氏菌（ETEC）、侵袭性大肠埃希氏菌（EIEC）、肠道出血性大肠埃希氏菌（EHEC）、肠道致病性大肠埃希氏菌（EPEC）。EPEC 主要引起新生儿腹泻，带菌的牛和猪是该菌引起食物中毒的重要原因，人带菌也可污染食品，从而引起中毒。

10.3.1 生物学特性

(1)形态染色。

本属细菌均为革兰氏阴性、两端钝圆的短杆菌,大小为$(0.4\sim0.7)$ μm×$(2\sim3)$ μm,有时近似球形。多数菌株有 $5\sim8$ 根鞭毛,运动活泼,周身有菌毛。对一般碱性染料着色良好,有时两端着色较深。

(2)培养特性。

该属细菌为需氧或兼性厌氧菌。对营养要求不高,在普通培养基上均能生长良好。最适 pH 值为 $7.2\sim7.4$,最适温度为 37℃。

普通肉汤:呈均匀混浊生长,形成菌膜,管底有黏性沉淀,培养物有特殊的臭味。

普通琼脂:培养 24 h,形成圆形、凸起、光滑、湿润、半透明的或接近无色的中等大光滑型菌落,但也可形成干燥、表面粗糙、边缘不整齐、较大的粗糙型菌落。

血液琼脂:部分菌株在菌落周围产生 β-溶血环。

伊红美蓝琼脂:产生紫黑色带金属光泽的菌落。

远藤琼脂:产生带金属光泽的红色菌落。

生长抑制琼脂:大肠杆菌多数不生长,少数生长的细菌,因发酵乳糖产酸,使指示剂变红,产生红色菌落。

(3)生化特性。

大肠埃希氏菌发酵葡萄糖、麦芽糖、甘露醇等,均产酸产气,大部分菌株可迅速发酵乳糖。

各菌株对蔗糖、水杨苷、棉子糖的发酵结果不一致,MR 反应阳性,V-P 反应阴性,尿素酶阴性,不形成 H_2S,可使赖氨酸脱去羧基,苯丙氨酸脱氨反应为阴性。

(4)抵抗力。

该属细菌在自然界生存能力较强,在土壤、水中可存活数月,在冷藏条件下存活更久,对热抵抗力不强,60℃加热 30 min 即可杀死,对磺胺、链霉素、土霉素、金霉素和氯霉素等敏感,而青霉素对它的作用弱,易产生耐药菌株。

10.3.2 致病性大肠埃希氏菌食物中毒

(1)流行病学。

致病性大肠埃希氏菌在自然界的分布非常广泛,常污染食品及餐具。人及动物均有健康带菌现象,牛、猪带菌对该菌引起的食物中毒至关重要。人的健康带菌在流行病学上具有重要意义。

该菌引起的食物中毒以动物性食品比较多见,主要为肉类食品。动物生前感染以及带菌,是引起该菌食物中毒的重要原因。

食品加工和饮食行业工作人员带菌,饮用水或食品工业用水遭受污染,也是该菌引起食物中毒不可忽视的原因。

(2)致病性。

①侵袭力:大肠杆菌具有 K 抗原和菌毛,K 抗原具有抗吞噬作用,有抵抗抗体和补体的作用,菌毛能帮助细菌黏附于肠黏膜表面。有侵袭力的菌株可以侵犯肠道黏膜引起炎症。

②内毒素:大肠杆菌细胞壁具有内毒素的活性。

③肠毒素:有两种:不耐热肠毒素(LT),其成分可能是蛋白质,加热 65℃ 经 30 min 即被破坏,LT 作用是激活小肠上皮细胞内的腺苷酸环化酶,使 ATP 转化为 CAMP,促进肠黏膜细胞的分泌功能,使肠液大量分泌,引起腹泻;耐热性肠毒素(ST),无免疫性,100℃ 经 10~20 min 不被破坏,也可使肠道上皮细胞的 CAMP 水平升高,引起腹泻。

④所致疾病。

1)肠外感染。

大肠杆菌是引起人类泌尿系统感染最常见的病原菌,也是革兰氏阴性杆菌败血症的常见病因。此外,还可引起胆囊炎、肺炎,以及新生儿或婴儿脑膜炎等。

2)腹泻。

能引起腹泻的大肠杆菌有 4 组,DTEC 是婴幼儿及旅行者腹泻的主要原因。EIEC 细菌主要引起较大儿童和成年人腹泻,有时能形成暴发流行。EHEC 潜伏期长(4~9 d),轻者表现为腹泻、腹痛、呕吐,重者表现为水样腹泻,易引起老幼患者死亡。

中华人民共和国卫生部 2003 年 8 月 11 日发布了《食品卫生微生物学检验致泻大肠埃希氏菌检验》(GB/T 4789.6—2003)。本标准规定了食品中致泻大肠埃希氏菌的检验方法。

本标准适用于食品和食物中毒样品中致泻大肠埃希氏菌的检验。下面以 GB/T 4789.6—2016 为例介绍食品中致泻性大肠埃希氏菌检验。

10.3.3　检验方法

(1)设备和材料。

冰箱:2~5℃;恒温培养箱:(36 ±1)℃、(42 ±1)℃;恒温水浴锅:100℃、(50±1)℃;显微镜:10×~100×;离心机:3000 r/min;酶标仪;均质器或灭菌乳钵;托盘;天平:0.1 g 和 0.01 g,精准至 0.5 g;细菌浊度比浊管(3 号);灭菌广口瓶:500 mL;灭菌锥形瓶:500 mL;250 mL;灭菌吸管:1 mL,10 mL;灭菌培养皿;灭菌试管;注射器;灭菌的刀子、剪子、镊子等;小白鼠:1~4 日龄;硝酸纤维素滤膜:150 mm×50 mm。

(2)培养基和试剂。

乳糖胆盐发酵管;营养肉汤;肠道菌增菌肉汤;麦康凯琼脂(MAC);伊红美蓝琼脂(EMB);三糖铁(TSI)琼脂;克氏双糖铁琼脂;糖发酵管;赖氨酸脱羧酶试验培养基;尿素琼脂(pH=7.2);氰化钾(KCN)培养基;蛋白胨水、靛基质试剂;半固体琼脂;Honda 氏产毒肉汤;Elk 氏培养基;氧化酶试剂;革兰氏染色液;致病性大肠埃希氏菌诊断血清;侵袭性大肠埃希氏菌诊断血清;产肠毒素大肠埃希氏菌诊断血清;出血性大肠埃希氏菌诊断血清;产肠毒素大肠埃希氏菌 LT 和 ST 酶标诊断试剂盒;产肠毒素 LT 和 ST 大肠埃希氏菌标准菌株;抗 LT 抗毒素;多黏菌素 B 纸片;0.1%硫柳汞溶液;2%伊文思兰溶液。

（3）检验程序。

致泻大肠埃希氏菌检验程序见图 10-5。

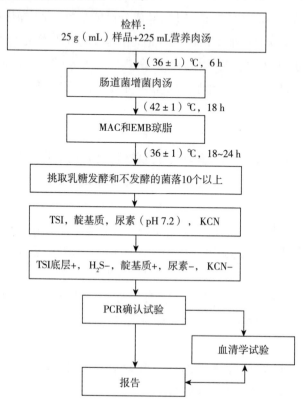

图 10-5　致泻大肠埃希氏菌检验程序

（4）操作步骤。

①样品制备。

固态或半固态样品。以无菌操作称取检样 25 g,加入装有 225 mL 营养肉汤的均质杯中,用旋转刀片式均质器以 8000~10000 r/min 均质 1~2 min,或加入装有 225 mL 营养肉汤的均质袋中,用拍击式均质器均质 1~2 min。

液态样品。以无菌操作量取检样 25 mL,加入装有 225 mL 营养肉汤的无菌锥形瓶(瓶内可预置适当数量的无菌玻璃珠),振荡混匀。

②增菌:将①制备的样品匀液于(36±1)℃培养 6 h,取 10 μL,接种于 30 mL 肠道菌增菌肉汤管内,于(42±1)℃培养 18 h。

③分离:将增菌液划线接种 MAC 和 EMB 琼脂平板,于(36±1)℃培养 18~24 h,观察菌落特征。在 MAC 琼脂平板上,分解乳糖的典型菌落为砖红色至桃红色,不分解乳糖的菌落

为无色或淡粉色;在 EMB 琼脂平板上,分解乳糖的典型菌落为中心紫黑色带或不带金属光泽,不分解乳糖的菌落为无色或淡粉色。

④生化试验。

1)选取平板上可疑菌落 10~20 个(10 个以下全选),应挑取乳糖发酵以及乳糖不发酵和迟缓发酵的菌落,分别接种 TSI 斜面,同时将这些培养物分别接种蛋白胨水、尿素琼脂(pH 7.2)和 KCN 肉汤。于(36±1)℃培养 18~24 h。

2)TSI 斜面产酸或不产酸,底层产酸,靛基质阳性,H_2S 阴性和尿素酶阴性的培养物为大肠埃希氏菌。TSI 斜面底层不产酸,或 H_2S、KCN、尿素有任一项为阳性的培养物,均非大肠埃希氏菌。必要时做革兰氏染色和氧化酶试验。大肠埃希氏菌为革兰氏阴性杆菌,氧化酶阴性。

3)选择生化鉴定试剂盒或微生物鉴定系统,可从营养琼脂平板上挑取经纯化的可疑菌落用无菌稀释液制备成浊度适当的菌悬液,使用生化鉴定试剂盒或微生物鉴定系统进行鉴定。

⑤PCR 确认试验。

1)取生化反应符合大肠埃希氏菌特征的菌落进行 PCR 确认试验。

注:PCR 实验室区域设计、工作基本原则及注意事项应参照《疾病预防控制中心建设标准》(JB 127—2009)和国家卫生和计划生育委员会(原卫生部)《医疗机构临床基因扩增管理办法》附录(医疗机构临床基因扩增检验实验室工作导则)。

2)使用 1 μL 接种环刮取营养琼脂平板或斜面上培养 18~24 h 的菌落,悬浮在 200 μL 0.85%灭菌生理盐水中,充分打散制成菌悬液,于 13000 r/min 离心 3 min,弃掉上清液。加入 1 mL 离子水充分混匀菌体,于 100℃ 水浴或者金属浴维持 10 min;冰浴冷却后,13000 r/min 离心 3 min,收集上清液;按 1∶10 的比例用灭菌去离子水稀释上清液,取 2 μL 作为 PCR 检测的模板;所有处理后的 DNA 模板直接用于 PCR 反应或暂存于 4℃并当天进行 PCR 反应;否则,应在-20℃以下保存备用(1 周内),也可用细菌基因组提取试剂盒提取细菌 DNA,操作方法按照细菌基因组提取试剂盒说明书进行。

3)每次 PCR 反应使用 EPEC、EIEC、ETEC、STEC/EHEC、EAEC 标准菌株作为阳性对照。同时,使用大肠埃希氏菌 ATCC25922 或等效标准菌株作为阴性对照,以灭菌去离子水作为空白对照,控制 PCR 体系污染,致泻大肠埃希氏菌特征性基因见表 10-9。

表 10-9　5 种泻大肠埃希氏菌特征性基因

致泻大肠埃希氏菌类别	特征性基因	
EPEC	escV 或 eae bfpB	
STEC/EHEC	escV 或 eae、stx1、stx2	
EIEC	invE 或 ipaH	uidA
ETEC	It、stp sth	
EAEC	astA aggR pic	

4)PCR 反应体系配制。每个样品初筛需配置 12 个 PCR 扩增反应体系,对应检测 12 个目标基因,具体操作如下:使用 TE 溶液(pH 值为 8.0)将合成的引物干粉稀释成储存液。根据每种目标基因对应 PCR 体系内引物的终浓度,使用灭菌去离子水配制 12 种目标基因扩增所需的引物工作液。将引物工作液(表 10-10)、PCR 反应缓冲液、25 mmol/L MgCl₂、2.5 mmol/L dNTPs、灭菌去离子水从 -20℃ 冰箱中取出,融化并平衡至室温,使用前混匀;5 U/μL Taq 酶在加样前从 -20℃ 冰箱中取出。每个样品按照表 10-11 的加液量配制 12 个 25 μL 反应体系,分别使用 12 个目标基因对应的 10× 引物工作液。

表 10-10　5 种致泻大肠埃希氏菌目标基因引物序列及每个 PCR 体系内的最终浓度 c

引物名称	体积
100 μmol/L uidA-F	$10\times n$
100 μmol/L uidA-R	$10\times n$
灭菌去离子水	$100^{-2}\times(10\times n)$
总体积	100

表 10-11　每种目标基因扩增所需 10× 引物工作液配制表

试剂名称	加样体积/μL
灭菌去离子水	12.1
10×PCR 反应缓冲液	2.5
25 mmol/L MgCl₂	2.5
2.5 mmol/L dNTPs	3.0
10× 引物工作液	2.5
5 U/μL Taq 酶	0.4
DNA 模板	2.0
总体积	25

5)PCR 循环条件。预变性 94℃,5 min;变性 94℃,30 s;复性 63℃,30 s;延伸 72℃,1.5 min,30 个循环;72℃ 延伸 5 min,将配制完成的 PCR 反应管放入 PCR 仪中,核查 PCR 反应条件正确后,启动反应程序。

6)称量 4.0 g 琼脂糖粉,加入至 200 mL 的 1xTAE 电泳缓冲液中,充分混匀。使用微波炉反复加热至沸腾,直到琼脂糖粉完全融化形成清亮透明的溶液。待琼脂糖溶液冷却至 60℃ 左右时,加入溴化乙锭(EB)至终浓度为 0.5 μg/mL,充分混匀后,轻轻倒入已放置好梳子的模具中,凝胶长度要大于 10 cm,厚度宜为 3~5 mm。检查梳齿下或梳齿间有无气泡,用一次性吸头小心排掉琼脂糖凝胶中的气泡。当琼脂糖凝胶完全凝结硬化后,轻轻拔出梳子,小心将胶块和胶床放入电泳槽中,样品孔放置在阴极端。向电泳槽中加入 1×TAE 电泳缓冲液,液面高于胶面 1~2 mm。将 5 μL PCR 产物与 1 μL 6× 上样缓冲液混匀后,用微量移液器吸取混合液垂直伸入液面下胶孔,小心上样于孔中;阳性对照的 PCR 反应产物加入最后一个泳道;第一个泳道中加入 2 μL 分子量 Marker,接通电泳仪电源,根据公式:电压=电泳槽正负极间的距离(cm)×5 V/cm 计算并设定电泳仪电压数值;启动电压开关,电泳开始以正负极铂金丝出现气泡为准。电泳 30~45 min 后,切断电源。取出凝胶放入凝胶成像仪中观察结果,拍照并记录数据。

7)结果判定根据电泳图中目标条带大小,判断目标条带的种类,记录每个泳道中目标条带的种类,在表 10-12 中查找不同目标条带种类及组合断对应的致泻大肠埃希氏菌类别。

表 10-12　5 种致泻大肠埃希氏菌目标条带与型别对照表

致泻大肠埃希氏菌类别	目标条带的种类组合	
EAEC	$aggR$,$astA$,pic 中一条或一条以上阳性	
EPEC	$bfpB(+/-)$,$escV^a(+/-)$,$stx1(-)$,$stx2(-)$	
STEC/EHEC	$escV^a(+/-)$,$stx1(+)$,$stx2(-)$,$bfpB(-)$	$uidA^c$ $(+/-)$
	$escV^a(+/-)$,$stx1(-)$,$stx2(-)$,$bfpB(-)$	
	$escV^a(+/-)$,$stx1(+)$,$stx2(-)$,$bfpB(-)$	
ETEC	Lt,stp,sth 中一条或一条以上阳性	
EIEC	$invE^b(+)$	

注:a 在判定 EPEC 或 SETC/EHEC 时,$escV$ 与 eae 基因等效;
　b 在判定 EIEC 时,$invE$ 与 $ipaH$ 基因等效;
　c 97%以上大肠埃希氏菌为 $uidA$ 阳性。

如用商品化 PCR 试剂盒或多重聚合酶链反应(MPCR)试剂盒,应按照试剂盒说明书进行操作和结果判定。

10.4　志贺氏菌检测

志贺氏菌又称为痢疾杆菌,能引起痢疾症状的病原微生物很多,如志贺菌属、沙门属、变形杆菌属、埃希氏菌属、阿米巴原虫、鞭毛虫、病毒等,其中,以志贺氏菌引起的细菌性痢疾最为常见。人类对志贺氏菌的易感性较高,所以在食物和饮用水的卫生检验时,以是否含有志贺菌作为指标。

与肠杆菌科各属细菌相比较,志贺氏菌属的主要鉴别特征:不运动,对各种糖的利用能力较差,并且在含糖的培养基内一般不形成可见气体,除运动力与生化反应外,志贺氏菌的进一步分群分型有赖于血清学试验。

10.4.1　生物学特性

(1)培养特性。

需氧或兼性厌氧菌,最适温度为 37℃,最适 pH 值为 6.4~7.8,在普通琼脂培养基上和

SS 平板上,形成圆形、微凸、光滑湿润、无色半透明、边缘整齐、中等大小、半透明的光滑型菌落。菌落一般较大,较不透明,并常出现扁平的粗糙型菌落,在 SS 平板上可迟缓发酵乳糖,菌落呈玫瑰红色;在肉汤中呈均匀混浊生长,无菌膜形成。

(2)生化特性。

①能分解葡萄糖,产酸不产气,除宋内氏志贺菌外,均不发酵乳糖。

②V-P 试验阴性,不分解尿素,不产生 H_2S。

③不发酵侧金盏花醇、肌醇和水杨苷。

④甲基红阳性、靛基质不定。

⑤痢疾志贺氏菌不分解甘露醇,其他(福氏、鲍氏、宋内氏)均可分解甘露醇。

10.4.2 致病性

(1)致病因素。

志贺氏菌的致病作用,主要是侵袭力和菌体内毒素,个别菌株能产生外毒素。

①侵袭力:志贺氏菌进入大肠后,由于菌毛的作用黏附于大肠黏膜的上皮细胞上,继而在侵袭蛋白作用下穿入上皮细胞内,一般在黏膜固有层繁殖形成感染灶。此外,凡具有 K 抗原的痢疾杆菌,一般致病力较强。

②内毒素:志贺氏菌属中各菌株都有强烈的内毒素,作用于肠壁,使其通透性增高,从而促进内毒素的吸收,继而作用于中枢神经系统及心血管系统,引起临床上一系列毒血症症状,如发热、神志障碍,甚至中毒性休克。内毒素能破坏黏膜,形成炎症、溃疡,呈现典型的痢疾脓血便。内毒素还作用于肠壁自主神经系统,使肠道功能紊乱,肠蠕动失调和痉挛,尤其以直肠括约肌最明显,因而发生腹痛等症状。

③外毒素:志贺氏菌 A 群 1 型及部分 2 型(斯密兹痢疾杆菌)菌株能产生强烈的外毒素,为蛋白质,不耐热,75~80℃加热 1 h 即可破坏。该毒素具有 3 种生物活性:

1)神经毒性,将毒素注射家兔或小鼠体内,会作用于中枢神经系统,引起四肢麻痹、死亡;

2)细胞毒性,对人肝细胞、肾细胞均有毒性;

3)肠毒性,具有类似大肠杆菌、霍乱弧菌肠毒素的活性,可以解释疾病早期出现的水样腹泻。外毒素能使肠黏膜通透性增加,并导致血管内皮细胞损害。外毒素经甲醛或紫外线处理可脱毒成类毒素,能刺激机体产生相应的抗毒素。一般认为具有外毒素的志贺氏菌引起的痢疾比较严重。

(2)致病性。

细菌性痢疾是最常见的肠道传染病之一,夏秋两季患者最多。传染源主要为病人和带菌者,通过污染了痢疾杆菌的食物、饮水等再经口感染。人类对志贺氏菌易感,10~200 个细菌可使 10%~50%志愿者致病。一般来说,志贺氏菌所致菌痢的病情较重;宋内氏菌引起的症状较轻;福氏菌介于二者之间,但排菌时间长,易转为慢性。

①急性细菌性痢疾:急性细菌性痢疾又分急性典型、急性非典型、急性中毒性菌痢三型。急性中毒性菌痢小儿多见,各型菌都可发生。发病急,常见腹痛、腹泻、发热,呈现严重的全身中毒症状。

②慢性细菌性痢疾:慢性迁移型,通常由急性菌痢治疗不彻底等引起。病程超过 2 个月,时愈时发,大便培养阳性率低。在有临床症状时为急性发作型,该型往往在半年内有急性菌痢病史。慢性隐伏型菌痢,是在一年内有过菌痢病史,临床症状早已消失,但直肠镜可发现病变或大便培养阳性。部分患者可成为带菌者,带菌者不能从事饮食业、炊事和保育工作。

10.4.3　检验方法

(1)设备和材料。

除微生物实验室常规灭菌及培养设备外,其他设备和材料如下:

恒温培养箱:(36±1)℃冰箱:2~5℃;膜过滤系统;厌氧培养装置;电子天平:感量 0.1 g;显微镜;均质器;振荡器;无菌吸管:1 mL、10 mL 或微量移液器及吸头;无菌均质杯或无菌均质袋:容量 500 mL;无菌培养皿:直径 90 mm;pH 计或 pH 比色管或精密 pH 试纸;全自动微生物生化鉴定系统。

(2)培养基和试剂。

志贺氏菌增菌肉汤——新生霉素;麦康凯(MAC)琼脂;木糖赖氨酸脱氧胆酸盐(XLD)琼脂;志贺氏菌显色培养基;三糖铁(TSI)琼脂;营养琼脂斜面;半固体琼脂;葡萄糖铵培养基;尿素琼脂;β-半乳糖苷酶培养基;氨基酸脱羧酶试验培养基;糖发酵管;西蒙氏柠檬酸盐培养基;黏液酸盐培养基;蛋白胨水、靛基质试剂;志贺氏菌属诊断血清;生化鉴定试剂盒。

(3)检验程序。

志贺氏菌检验程序见图 10-6。

(4)操作步骤。

①增菌:以无菌操作取检样 25 g(mL),加入装有灭菌 225 mL 志贺氏菌增菌肉汤的均质杯,用旋转刀片式均质器以 8000~10000 r/min 均质;或加入装有 225 mL 志贺氏菌增菌肉汤的均质袋中,用拍击式均质器连续均质 1~2 min,液体样品振荡混匀即可。于(41.5±1)℃,厌氧培养 16~20 h。

②分离:取增菌后的志贺氏增菌液分别划线接种于 XLD 琼脂平板和 MAC 琼脂平板或志贺氏菌显色培养基平板上,于(36±1)℃培养 20~24 h,观察各个平板上生长的菌落形态。宋内氏志贺氏菌的单个菌落直径大于其他志贺氏菌。若出现的菌落不典型或菌落较小不易观察,则继续培养至 48 h 再进行观察。志贺氏菌在不同选择性琼脂平板上的菌落特征见表 10-13。

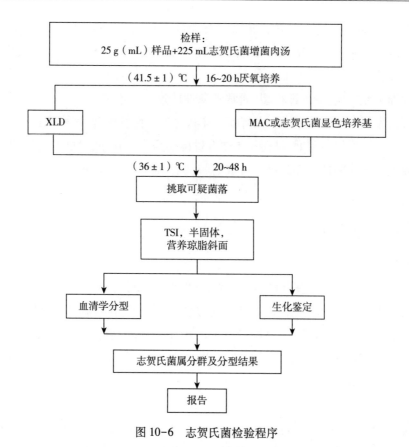

图 10-6　志贺氏菌检验程序

表 10-13　志贺氏菌在不同选择性琼脂平板上的菌落特征

选择性琼脂平板	志贺氏菌的菌落特征
MAC 琼脂	无色至浅粉红色,半透明、光滑、湿润、圆形、边缘整齐或不齐
XLD 琼脂	粉红色至无色,半透明、光滑、湿润、圆形、边缘整齐或不齐
志贺氏菌显色培养基	按照显色培养基的说明进行判断

③初步生化试验。

1)自选择性琼脂平板上分别挑取 2 个以上典型或可疑菌落,分别接种 TSI、半固体和营养琼脂斜面各一管,置(36±1)℃培养 20 h,分别观察结果。

2)凡是三糖铁琼脂中斜面产碱、底层产酸(发酵葡萄糖,不发酵乳糖,蔗糖)、不产气(福氏志贺氏菌 6 型可产生少量气体)、不产硫化氢、半固体管中无动力的菌株,挑取其中培养的营养琼脂斜面上生长的菌苔,进行生化试验和血清学分型。

血清学分型:挑取三糖铁琼脂上的培养物,做玻片凝集试验。先用 4 种志贺氏菌多价血清检查,如果由于 K 抗原的存在而不出现凝集,应将菌液煮沸后再检查;如果呈现凝集,则用 A1、A2、B 群多价和 D 群血清分别试验。如系 B 群福氏志贺氏菌,则用群和型因子血清分别检查。福氏志贺氏菌各型和亚型的型和群抗原见表 10-14。可先用群因子血清检查,再根据群因子血清出现凝集的结果,依次选用型因子血清检查。4 种志贺氏菌多价血清不凝集的菌株,可用鲍氏多价1,2,3分别检查,并进一步用1~15各型因子血清检查。如果鲍氏多价血清不凝集,可用痢疾志贺氏菌3~12型多价血清及各型因子血清检查。

④生化试验及附加生化试验。

1)生化试验。用初步生化试验中培养的营养琼脂斜面上生长的菌苔,进行生化试验,即β-半乳糖苷酶、尿素、赖氨酸脱羧酶、鸟氨酸脱羧酶以及水杨苷和七叶苷的分解试验。除宋内氏志贺氏菌、鲍氏志贺氏菌13型的鸟氨酸阳性;宋内氏菌和痢疾志贺氏菌1型,鲍氏志贺氏菌13型的β-半乳糖苷酶为阳性以外,其余生化试验志贺氏菌属的培养物均为阴性结果。另外由于福氏志贺氏菌6型的生化特性和痢疾志贺氏菌或鲍氏志贺氏菌相似,必要时还需加做靛基质、甘露醇、棉子糖、甘油试验,也可做革兰氏染色检查和氧化酶试验,应为氧化酶阴性的革兰氏阴性杆菌。生化反应不符合的菌株,即使能与某种志贺氏菌分型血清发生凝集,仍不得判定为志贺氏菌属。志贺氏菌属四个群的生化特性见表10-14。

表 10-14　志贺氏菌属四个群的生化特性

生化反应	A 群; 痢疾志贺氏菌	B 群; 福氏志贺氏菌	C 群; 鲍氏志贺氏菌	D 群; 宋内氏志贺氏菌
β-半乳糖苷酶	-[a]	-	-[a]	+
尿素	-	-	-	-
赖氨酸脱羧酶	-	-	-	-
鸟氨酸脱羧酶	-	-	-[b]	+
水杨苷	-	-	-	-
七叶苷	-	-	-	-
靛基质	-/+	(+)	-/+	-
甘露醇	-	+[c]	+	+
棉子糖	-	+	-	+
甘油	(+)	-	(+)	d

注:+表示阳性;-表示阴性;-/+表示多数阴性;+/-表示多数阳性;(+)表示迟缓阳性;d表示不同生化型。

2)附加生化试验。由于某些不活泼的大肠埃希氏菌(anaerogenic *E. coli*)、A-D(Alkalescens-Disparbiotypes 碱性—异型)菌的部分生化特征与志贺氏菌相似,并能与某种志贺氏菌分型血清发生凝集;因此前面生化实验符合志贺氏菌属生化特性的培养物还需另加萄糖胺、西蒙氏柠檬酸盐、黏液酸盐试验(36℃培养24~48 h)。志贺氏菌属和不活泼大肠埃希氏菌、A-D菌的生化特性区别见表10-15。

表 10-15　志贺氏菌属和不活泼大肠埃希氏菌、A-D 菌的生化特性区别

生化反应	A 群:痢疾志 贺氏菌	B 群:福氏志 贺氏菌	C 群:鲍氏志 贺氏菌	D 群:宋内氏志 贺氏菌	大肠 埃希氏菌	A-D 菌
葡萄糖胺	-	-	-	-	+	+
西蒙氏柠檬酸盐	-	-	-	-	d	d
黏液酸盐	-	-	-	d	+	d

注:+表示阳性;-表示阴性;d表示有不同生化型。

3)如选择生化鉴定试剂盒或全自动微生物生化鉴定系统,可根据附加生化试验的初步判断结果,用初步生化反应③中已培养的营养琼脂斜面上生长的菌苔,使用生化鉴定试剂盒或全自动微生物生化鉴定系统进行鉴定。

⑤血清学鉴定。

1)抗原的准备。志贺氏菌属没有动力,所以没有鞭毛抗原。志贺氏菌属主要有菌体(O)抗原。菌体抗原又可分为型和群的特异性抗原。一般采用 1.2%~1.5% 琼脂培养物作为玻片凝集试验用的抗原。

注:i.一些志贺氏菌如果因为 K 抗原的存在而不出现凝集反应时,可挑取菌苔于 1 mL 生理盐水做成浓菌液,100℃煮沸 15~60 min 去除 K 抗原后再检查。

ii. D 群志贺氏菌既可能是光滑型菌株也可能是粗糙型菌株,与其他志贺氏菌群抗原不存在交叉反应。与肠杆菌科不同,宋内氏志贺氏菌粗糙型菌株不一定会自凝。宋内氏志贺氏菌没有 K 抗原。

2)凝集反应。在玻片上划出 2 个约 1 cm×2 cm 的区域,挑取一环待测菌,各放 1/2 环于玻片上的每一区域上部,在其中一个区域下部加 1 滴抗血清,在另一区域下部加入 1 滴生理盐水,作为对照。再用无菌的接种环或针分别将两个区域内的菌落研成乳状液。将玻片倾斜摇动混合 1 min,并对着黑色背景进行观察,如果抗血清中出现凝结成块的颗粒,而且生理盐水中没有发生自凝现象,那么凝集反应为阳性。如果生理盐水中出现凝集,视作自凝。这时,应挑取同一培养基上的其他菌落继续进行试验。如果待测菌的生化特征符合志贺氏菌属生化特征,而其血清学试验为阴性的话,则按血清学鉴定的 i 进行试验。

⑥结果报告:综合以上生化试验和血清学鉴定的结果,报告 25g (mL)样品中检出或未检出志贺氏菌。

10.5 溶血性链球菌检测

链球菌是一个古老的菌属,种类很多,与人类疾病有关的链球菌大多数属于乙型溶血性链球菌,其血清型 90% 属于 A 群链球菌,常可引起皮肤和皮下组织的化脓性炎症及呼吸道感染,还可通过食品引起猩红热、流行性咽炎的暴发性流行。因此,检验食品中是否有溶血性链球菌具有现实意义。

10.5.1 生物学特性

(1)形态与染色。

链球菌呈球形或椭圆形,直径 0.6~1.0 μm,呈链状排列,长短不一,由 4~8 个至 20~30 个菌细胞组成,链的长短与细菌的种类及生长环境有关。在液体培养基中易呈长链,固体培养基中常呈短链,易与葡萄球菌相混淆,也有些链球菌的变种可以形成很长的、交织在一起的长链,由于链球菌能产生脱链酶,所以正常情况下链球菌的链不能无限制地延长。

多数菌株在血清肉汤中培养 2~4 h 易形成透明质酸的荚膜,继续培养后消失。该菌不形成芽孢,无鞭毛,不能运动。易被碱性苯胺染料着色,呈革兰氏阳性,老龄培养或被中性粒细胞吞噬后,转为革兰氏阴性。

(2)培养特性。

溶血性链球菌为需氧或兼性厌氧菌,营养要求较高,在普通培养基上生长不良,需补充血清、血液、腹水,大多数菌株需谷氨酸、维生素 B_2、维生素 B_1、烟酸等生长因子。在 20~42℃环境下皆可生长,最适生长温度为 37℃,最适 pH 值为 7.4~7.6。

该菌在不同常用培养基上的培养特性如下:

①血清肉汤:该菌一般呈颗粒状生长,大多沉于管底。生长状况与链的长短有关系,溶血性菌株易成长链,呈典型的絮状或颗粒状沉淀生长,或粘贴于管壁;不溶血性菌株的菌链较短,或只呈双球状,液体均匀混浊;半溶血性菌株的链有长有短,在液体培养基中的生长情况介于两者之间。

②血平板:37℃培养 18~24 h,形成灰白色、半透明或不透明、表面光滑、有乳光、边缘整齐、直径 0.5~0.75 mm 的圆形突起状细小菌落,不同菌株的溶血情况不一,有的完全溶血,在菌落周围形成透明溶血环;有的不完全溶血,形成草绿色溶血环;有的不发生溶血,无溶血环可见。当培养基所含血液不同时,溶血情况有改变,有时菌落在含马血的培养基上有小溶血环,但在兔血培养基中不溶血。

(3)生化特性。

本菌分解葡萄糖,产酸不产气,对乳糖、甘露醇、水杨苷、山梨醇、棉子糖、蕈糖、七叶苷的分解能力因菌株不同而异。一般不分解菊糖,不被胆汁溶解。奥普托辛试验阴性,可与肺炎双球菌区别;触酶阴性,可与葡萄球菌区别;多类 A 族链球菌可分解肝糖和淀粉,约有97%的 A 族链球菌被杆菌肽抑制,而其他链球菌则不受抑制,肠球菌(D 族)绝大多数能分解甘露醇,也能分解七叶苷,使培养基变黑。

(4)抗原结构。

链球菌的抗原构造较复杂,乙型溶血性链球菌的抗原构造主要有 3 种。

①核蛋白抗原:简称 P 抗原,是菌体浸出物,无特异性,各种链球菌均相同。

②多糖抗原:或称 C 抗原,属于族特异性抗原,是细胞壁的多糖组分,有族特异性,可用稀盐酸等提取。根据族多糖抗原的不同,用血清学方法可将溶血性链球菌分成 A~V 20个族。

③蛋白质抗原:或称表面抗原,具有型特异性,位于 C 抗原外层,其中可分为 M、T、R、S四种不同性质的抗原成分,与致病性有关的是 M 抗原。M 抗原对热和酸的抵抗力很强,所以可在 pH 值为 2 时煮沸处理细菌,使菌细胞溶解进而提取 M 抗原,与型特异性免疫血清进行沉淀试验可将链球菌分型。

(5)分类。

根据不同的分类标准,可将链球菌分为不同的类别。

①根据链球菌在血液培养基上生长繁殖后是否溶血及其溶血性质分类。

甲型(α^-)溶血性链球菌。菌落周围有 1~2 mm 宽的草绿色溶血环(由于细菌产生的过氧化氢等氧化性物质将血红蛋白氧化成高铁血红蛋白,绿色其实是高铁血红蛋白的颜色),放入冰箱一夜呈溶血环,且溶血环扩大,也称甲型溶血,这类链球菌多为条件致病菌,致病力弱,为上呼吸道的正常寄生菌。

乙型(β^-)溶血性链球菌。菌落周围形成一个 2~4 mm 宽、界限分明、完全透明的无色溶血环,也称乙型溶血,因而这类菌也称为溶血性链球菌,该菌的致病力强,为链球菌感染中的主要致病菌,常引起人类和动物的多种疾病。

丙型(γ^-)链球菌。不产生溶血素,菌落周围无溶血环,也称为丙型或不溶血性链球菌,为口、鼻咽部及肠道的正常菌群,通常为非致病菌,常存在于乳类和粪便中,偶尔也引起感染。

②根据抗原构造进行血清学分类:按链球菌细胞壁中多糖抗原(C 多糖)的不同,根据 Lancefield 血清学分类,可将乙溶血性链球菌分成 A、B、C、D、E、F、G、H、K、L、M、N、O、P、Q、R、S、T、U、V 20 个族。在一个族内因表面抗原,即型特异性抗原的不同,又将细菌分成若干型,A 族由于 M 抗原不同可分为 60 多个型,B 族分为 4 个血清型,C 族分为 13 个型。

③根据菌体对氧的需要分类:按照是否需要氧,可分为需氧链球菌、厌氧链球菌、微嗜氧链球菌。其中厌氧链球菌寄生于口腔、肠道和阴道中,可致病的包括消化链球菌属。

(6)抵抗力。

溶血性链球菌抵抗力一般不强,60℃加热 30 min 即被杀死,但其中 D 族链球菌(如粪链球菌)抵抗力特别强,在该条件下无法杀灭;此菌产生的红疹毒素耐热力很强,煮沸 1 h 才被破坏。对医用消毒剂敏感,在干燥尘埃中可生存数月。其中,乙型链球菌对青霉素、红霉素、氯霉素、四环素、磺胺均很敏感。青霉素是链球菌感染的首选药物,很少有耐药性。

10.5.2 溶血性链球菌食物中毒

(1)致病因子。

致病性链球菌可产生多种毒素和酶,常可引起皮肤、皮下组织的化脓性炎症、呼吸道感染、流行性咽炎的暴发性流行,以及新生儿败血症、细菌性心内膜炎、猩红热和风湿热、肾小球肾炎等变态反应。溶血性链球菌的致病性与其产生的毒素及其侵袭性酶有关,主要有以下几种:

①链球菌溶血素:溶血素有 O 和 S 两种,O 为含有—SH 的蛋白质,具有抗原性;S 为小分子多肽,分子量较小,故无抗原性。

②致热外毒素:曾称红疹毒素或猩红热毒素,是人类猩红热的主要毒性物质,主要由 A 族链球菌产生,C、G 族的某些菌株也可产生,会引起局部或全身红疹、发热、疼痛、恶心、呕吐、周身不适等。

③透明质酸酶:透明质酸酶又称扩散因子,能分解细胞间质的透明质酸,故能增加细菌

的侵袭力,使病菌易在组织中扩散。

④链激酶:链激酶又称链球菌纤维蛋白溶酶,能使血液中纤维蛋白酶原变成纤维蛋白酶,能够增强细菌在组织中的扩散作用,该酶耐热,100℃加热 50 min 仍可保持活性。人经链球菌感染后,一般 70%~80%出现链激酶抗体,此抗体可抑制链激酶活性。

⑤链道酶:链道酶又称链球菌 DNA 酶,能使脓液稀薄,促进病菌扩散。

⑥杀白细胞素:链球菌在肉汤培养基中培养可产生杀白细胞素,能使白细胞失去动力,变成球形,最后膨胀破裂。

⑦其他酶类:溶血性链球菌还可产生蛋白酶、核糖核酸酶,二磷酸吡啶核苷酸酶和致病毒素等。

(2)流行病学。

溶血性链球菌在自然界中分布较广,存在于水、空气、尘埃、牛奶、粪便中,健康人与动物口腔、鼻腔、咽喉和病灶中,可通过直接接触、空气飞沫传播或通过皮肤、黏膜伤口感染,被污染的食品如奶、肉、蛋及其制品也会对人类进行感染。上呼吸道感染患者、人畜化脓性感染部位常成为食品的污染源。一般来说,溶血性链球菌常通过以下途径污染食品:

①食品加工或销售人员口腔、鼻腔、手,面部有化脓性炎症时造成食品的污染。

②食品在加工前就已带菌,奶牛患化脓性乳腺炎或畜禽局部化脓时,其奶和肉制品受到污染。

③熟食制品因包装不完善而使食品受到污染。

(3)临床表现。

溶血性链球菌通过直接接触、飞沫吸入或通过皮肤、黏膜伤口侵入机体而致病。乙型溶血性链球菌主要引起以下疾病:

①皮肤和皮下组织感染:局部可出现化脓性炎症、淋巴管炎、淋巴结炎、蜂窝组织炎等。链球菌侵袭力较强,比葡萄球菌更易扩散和蔓延,往往沿淋巴和血液扩散而引起败血症。

②其他系统的感染:如扁桃体炎、咽炎、咽峡炎、鼻窦炎、中耳炎、乳突炎、肾盂肾炎、肾小球炎及产褥热等。

③猩红热:这是由能产生红疹毒素的溶血性链球菌引起的小儿急性传染病,多以飞沫传播,通过咽喉黏膜侵入机体,产生红疹毒素,引起全身红疹和全身中毒症状。

(4)预防与控制。

①防止带菌人群对各种食物的污染,患局部化脓性感染、上呼吸道感染的人员要暂停与食品接触的工作。

②防止对奶及其制品的污染,牛奶场要定期对生产中的奶牛进行体检,坚持挤奶前消毒,一旦发现患化脓性乳腺炎的奶牛要立即隔离,奶制品要用消毒过的原料,并注意低温保存。

③在动物屠宰过程中,应严格执行检验法规,割除病灶并以流水冲洗。在肉制品加工

过程中发现化脓性病灶应整块剔除。

10.5.3 检验方法

目前,溶血性链球菌国标检测方法大致分为两大类:常规微生物学检验法和其他快速检测方法,包括 PCR、荧光定量 PCR 和环介导等温扩增(LAMP)等。下面以国标食品生物学检验方法为例,介绍实验室常规检验溶血性链球菌的方法和步骤。

(1)检验原理。

①增菌:一般样品用葡萄糖肉浸液肉汤增菌,污染严重的样品用匹克肉汤增菌。

②血平板分离:溶血性链球菌在血平板上呈乙型溶血,圆形突起的细小菌落。

③乙型溶血性链球菌周围有无色透明的溶血环,革兰氏阳性,能产生链激酶(即纤维蛋白酶),该酶能激活正常人血液中的血浆蛋白酶原,使之成为血浆蛋白酶,而后游向纤维蛋白,使凝固的血浆溶解,链激酶是鉴别致病性链球菌的重要特征。97%的 A 群链球菌可被杆菌肽抑制,其他链球菌则不被抑制,故此试验可初步鉴定 A 群链球菌。

④胰蛋白胨大豆肉汤 TSB 增菌液,哥伦比亚 CNA 血琼脂平板的增菌分离效果很好,其中哥伦比亚 CNA 血琼脂平板可有效地抑制沙门菌、大肠埃希氏菌,平板上只出现目标菌和金黄色葡萄球菌,提高检出率,并且在厌氧环境下(10%CO 和 90%N_2),哥伦比亚 CNA 选择性琼脂平板更适合于溶血性链球菌的分离培养,主要表现:菌落形态典型、溶血现象更为明显,同时也抑制了需氧菌及干扰菌的生长,有效提高了辨别率,更利于溶血性链球菌的分离和筛选。

(2)检验方法。

①参考检验标准:食品微生物学检验 β 型溶血性链球菌检验(GB 4789.11—2014)。

②适用范围:各类食品中 β 型溶血性链球菌的检验。

③设备和材料:除微生物实验室常规灭菌及培养设备外,其他设备和材料如下:

恒温培养箱:(36±1)℃;冰箱:(2~5)℃;厌氧培养装置;天平:感量 0.1 g;均质器与配套均质袋;显微镜:10~100 倍;无菌吸管:1 mL(具 0.01 mL 刻度)、10 mL(具 0.1 mL 刻度)或微量移液器及吸头;无菌锥形瓶:容量 100 mL、200 mL、2000 mL;无菌培养皿:直径90 mm;pH 计或 pH 比色管或精密 pH 试纸;水浴装置:(36±1)℃;微生物生化鉴定系统。

④培养基和试剂。

1)培养基。改良胰蛋白胨大豆肉汤、哥伦比亚 CNA 血琼脂、哥伦比亚血琼脂、胰蛋白胨大豆肉汤。

2)试剂。革兰氏染色液,草酸钾血浆,0.25%氯化钙($CaCl_2$)溶液,3%过氧化氢(H_2O_2)溶液,生化鉴定试剂盒或生化鉴定卡(具体配制方法参见 GB/T 4789.11—2014 附录 A)。

⑤检验程序:溶血性链球菌的检验程序见图 10-7。

⑥操作步骤。

1)样品处理及增菌。按无菌操作称取检样 25 g(mL),加入盛有 225 mL mTSB 的均质

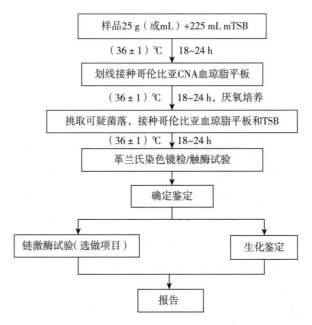

图 10-7　溶血性链球菌检验程序

袋中,用拍击式均质器均质 1~2 min;或加入盛有 225 mL mTSB 的均质杯中,以 8000~10000 r/min,1~2 min。若样品为液态,振荡均匀即可,(36±1)℃培养 18~24 h。

2)分离。将增菌液划线接种于哥伦比亚 CNA 血琼脂平板,(36±1)℃厌氧培养 18~24 h,观察菌落形态。溶血性链球菌在哥伦比亚 CNA 血琼脂平板上的典型菌落形态通常直径为 2~3 mm,灰白色、半透明、光滑、表面突起、圆形、边缘整齐,并产生 β 型溶血。

3)鉴定。

ⅰ.分离纯化。挑取 5 个(如小于 5 个则全选)可疑菌落分别接种哥伦比亚血琼脂平板和 TSB 增菌液,(36±1)℃培养 18~24 h。

ⅱ.革兰氏染色镜检。挑取可疑菌落染色镜检。β 型溶血性链球菌为革兰氏染色阳性,球形或卵圆形,常排列成短链状。

ⅲ.触酶试验。挑取可疑菌落于洁净的载玻片上,滴加适量 3%过氧化氢溶液,立即产生气泡者为阳性。β 溶血性链球菌触酶为阴性。

ⅳ.链激酶试验(选做项目)。吸取草酸钾血浆 0.2 mL 于 0.8 mL 灭菌生理盐水中混匀,再加入经(36±1)℃培养 18~24 h 的可疑菌的 TSB 培养液 0.5 mL 及 0.25%氯化钙溶液 0.25 mL,振荡摇匀,置于(36±1)℃水浴中 10 min,血浆混合物自行凝固(凝固程度至试管倒置,内容物不流动)。继续(36±1)℃培养 24 h,凝固块重新完全溶解为阳性,不溶解为阴性,β 型溶血性链球菌为阳性。

ⅴ.其他检验。使用生化鉴定试剂盒或生化鉴定卡对可疑菌落进行鉴定。

⑦结果与报告:综合以上试验结果,报告每 25 g(mL)检样中检出或未检出溶血性

链球菌。

10.6　单核细胞增生李斯特氏菌检测

单核细胞增生李斯特氏菌(Listeria monocytogens),简称单增李斯特氏菌在分类学上属于李斯特氏菌属,是李斯特氏菌属中唯一能引起人类疾病的菌种,为一种短小的革兰氏阳性无芽孢内寄生杆菌,能在低温条件下生长,是冷藏食品中威胁人类健康的主要病原菌之一。人类很早就认识到单核细胞增生李斯特氏菌的致病性,早在1891年和1911年就有文献记载和描述过这种细菌,但直到1926年Murray等人才在患病绝和豚鼠的肝脏中分离得到单核细胞增生李斯特氏菌。单核细胞增生李斯特氏菌被看作是人畜共患病和经食物传播的病原菌,只有30多年的历史,但由于它具有下列特殊属性,一直受到国际卫生和食品组织以及各国政府的高度关注。

(1)分布广泛。在环境中能普遍存活,在海水、淡水、土壤、粪肥、垃圾、饲料甚至甲壳动物、苍蝇中均可分离到。

(2)能在大多数非酸性食品中生长、繁殖。在牛奶、蔬菜、青贮饲料和土壤中存活的时间比沙门氏菌长,并且存活率高,巴氏消毒不易杀灭此菌,耐盐性较强,对多种物质有较强的抵抗力,不易被寒冷日晒等强烈因素所杀灭,对热的耐受力比一般无芽孢杆菌强,在4℃的环境中仍可生长繁殖。

(3)致病性强,患者死亡率高,一般为20%~30%。尽管采取了许多防治措施,但近年来欧美等国家还是暴发过多起因食源性污染导致人群感染的事件。从国外暴发的几起李斯特氏菌病的传播媒介看,动物性食品是主要的传播源。美国在1979~1985年发生的三次大的食物中毒,均因该菌污染低温杀菌全脂牛奶、生蔬菜和奶制品引起,中毒者死亡率在30%左右。我国虽然未见报道单核细胞增生李斯特氏菌食物中毒,但从冰激凌、水产品、熟肉制品中曾检出单核细胞增生李斯特氏菌,说明存在发生食物中毒的潜在危险。因此,在食品卫生微生物检验工作中,必须加以重视。

10.6.1　生物学特性

(1)形态与染色。

单核细胞增生李斯特氏菌为无芽孢短杆菌,大小为(0.4~0.5) μm×(0.5~2.0) μm,形状直或稍弯,多数菌体一端较大,似棒状,两端钝圆,常呈V字形排列,有的呈丝状,偶有球状、双球状,一般不形成荚膜,但在营养丰富的环境中可形成荚膜,该菌有4根鞭毛,但易脱落。在22~25℃环境中可形成4根鞭毛,故在25℃幼龄肉汤培养物运动活泼;在32℃下仅有一根鞭毛,运动较缓慢。

幼龄培养物为革兰氏阳性,老龄培养物可转为革兰氏阴性,呈两极着色,易被误认为双球菌。常温条件下该菌需氧或兼性厌氧,有溶血反应。

（2）培养特性。

单核细胞增生李斯特氏菌耐碱不耐酸，适宜在中性或偏碱性的介质中生长，适宜 pH 值范围为 5.2~9.6，该菌对营养要求不高，因此能在大多数细菌培养基上生长良好，而胰蛋白胨琼脂是培养和保存单核细胞增生李斯特氏菌最佳的培养基。

①该菌在各种不同类型培养基上的培养特性。

1）EB 和葡萄糖肉汤：呈混浊生长，液面形成菌膜，但后者不产气。

2）固体培养基：菌落初始很小，透明，边缘整齐，呈露滴状，但随着菌落的增大，变得不透明。

3）液体培养基：培养 18~24 h 后，肉汤呈轻度均匀混浊，数天后形成黏稠沉淀附着于管底，摇动时沉淀呈螺旋状，继续培养可形成颗粒状沉淀，不形成菌环、菌膜。

4）血平板（含血量 5%~7%）：菌落通常不大，圆润，直径为 1.0~1.5 mm。灰白色，刺种血平板培养后可产生窄小的 β-溶血环，直径 3 mm；4℃放置 4 d 后菌落和溶血环直径均可增至 5 mm，呈典型的奶油滴状。弱溶血或疑似溶血菌株可用协同溶血试验（cAMP）鉴定。

5）改良 McBride（MMA）琼脂：用 45°入射光照射菌落，通过解剖镜垂直观察，菌落呈蓝色、灰色或蓝灰色。

6）亚硫酸钾平板：形成黑色菌落。

7）科玛嘉李斯特氏菌选择培养基：菌落呈蓝色并带有白色光环（晕轮）。

8）TSA-YE 平板：生长为灰白色、半透明、圆润、边缘整齐的菌落。

9）半固体和 SIM 动力培养基：25℃培养，细菌沿穿刺线扩散生长，呈云雾状，随后缓慢扩散，在培养基表面下 3~5 mm 处呈伞状。

10）SSEMB\Mac 平板：不生长。

②单核细胞增生李斯特氏菌的其他培养特性。

1）该菌为嗜氧菌，但在含 5%氧气和 5%~10% CO_2 的环境中生长比在空气环境中生长更好。

2）该菌是嗜冷菌，在 0~50℃条件下均能生长。尽管 30~37℃是它的最佳生长温度但在冰箱温度条件下仍能生长。低于 3℃时在磷酸蛋白胨肉汤中、4℃在牛奶中和 0℃在肉中可存活 16~20 d。

3）该菌的抗盐能力强，在 0~4℃条件下，该菌在 25.5%氯化钠水溶液中可存活。

（3）生化特性。

单核细胞增生李斯特氏菌的生化反应特性见表 10-16。

表 10-16　单核细胞增生李斯特氏菌的生化反应特性

生化反应类型	生化反应特性	生化反应类型	生化反应特性
革兰氏染色	+	果糖	+
动力学实验	+	麦芽糖	+

续表

生化反应类型	生化反应特性	生化反应类型	生化反应特性
明胶液化	−	乳糖	+
吲哚反应	−	糊精	+
硫化氢	−	蔗糖	+
硝酸盐还原	−	鼠李糖	+
过氧化氢酶(接触酶)	+	山梨糖醇	+
尿素分解	−	甘油	+
枸橼酸盐	−	甘露醇	+
V−P 反应	+	半乳糖	−
抗氧化	−	卫矛醇	−
5℃生长	可能	旋覆花素	−
6%以上氯化钠	耐性	肌醇	−
葡萄糖	+产气	阿拉伯糖	−
海藻糖	+	木糖	−
水杨苷	+	棉子糖	−
阿东糖醇	−	马尿酸盐	+
溶血反应	+	七叶苷	+
MR 试验	+	CAMP(葡萄球菌)	+
运动性	+	CAMP(马红球菌)	−
侧金盏花醇	−	纤维二糖	−
赖氨酸	−	鸟氨酸	−
精氨酸	+		

注:+表示阳性;−表示阴性。

(4)血清型分类。

根据菌体(O)抗原和鞭毛(H)抗原,将单核细胞增生李斯特氏菌分成 13 个血清型,分别是 1/2a、1/2b、1/2c、3a、3b、3c、4a、4b、4ab、4c、4d、4e 和"7"。13 个血清型,凭单纯的血清学分型,而不结合生化反应无法鉴定单核细胞增生李斯特氏菌。在 13 个血清型中,其中 3 种占临床感染的 90%,即 1/2a,1/2b,4b,最常见的为 1/2b,但通常引起食源性感染的是血清型 4b,1966 年以来,有记载暴发的 24 起单核细胞增生李斯特氏菌疾病中 14 起属于 4b,占 58%;8 起属于 1/2a,占 11%。该菌与葡萄球菌、链球菌、肺炎球菌等多数革兰氏阳性菌和大肠杆菌有共同抗原,故血清学诊断无意义。

(5)抵抗力。

该菌对理化因素抵抗力较强,在土壤、粪便、青贮饲料和干草内能长期存活,对碱和盐抵抗力强,在 200 g/L 氯化钠溶液内经久不死,25 g/L 氢氧化钠溶液经 20 min 才被杀死,60~70℃经 5~20 min 可被杀死,70%酒精 5 min、2.5%石碳酸、2.5%氢氧化钠、2.5%福尔马林 20 min 可杀死此菌。该菌对青霉素、氨苄西林、四环素、磺胺等均敏感。

10.6.2　单核细胞增生李斯特氏菌食物中毒

20 世纪 60 年代以前,单核细胞增生李斯特氏菌几乎是在动物间感染,很少感染人类。近 60 年来,微生物学家从自然界广泛地分离到李斯特氏菌,包括单核细胞增生李斯特氏菌和伊万诺维李斯特氏菌。除人类外,至少有 42 种野生和家养的哺乳动物、17 种禽类携带单核细胞增生李斯特氏菌。在土壤、地表水、污水、烂菜甚至河流中都存在此菌,由于它适宜在腐生环境中存活,从而可通过粪源、食品和昆虫传播给动物和人群。

据报道 5%~10% 的健康人群肠道中携带单核细胞增生李斯特氏菌,但携带者本身无任何明显症状。此外,也能在龙虾和鱼中分离到这种细菌。

(1)致病因子。

单核细胞增生李斯特氏菌的致病性与毒理机理如下:

①寄生物介导的细胞内增生,使它附着及进入肠细胞与巨噬细胞。

②抗活化的巨噬细胞,单核细胞增生李斯特氏菌有细菌性过氧化物歧化酶,使它能抗活化巨噬细胞内的过氧物(为杀菌的毒性游离基团)分解。

③溶血素,即李氏杆菌素 O,可以从培养物上清液中获得;活化的细胞溶素,有 α 和 β 两种,为毒力因子。

(2)流行病学。

在健康人和动物中能分离到单核细胞增生李斯特氏菌,丹麦学者的研究表明,健康人群的粪便检出率为 1%(3/348),而患李斯特氏菌病的人群中粪便检出率为 21.6%(16/74),与患者接触的人群粪便检出率为 18%,荷兰健康牛群中的自然检出率为 10%。该菌能在许多恶劣条件下生存,如低 pH 值、低温和高盐,因此容易对食品造成污染。

健康奶牛是该菌的自然宿主,并且细菌能随牛奶一道分泌,粪便也是造成污染的重要来源,因而许多奶酪制品都特别适合作为载体成为污染源。此外,该菌能在禽肉和即食食品中生长与增殖,研究发现这类产品中的污染相当普遍,水产品中单核细胞增生李斯特氏菌的分离率也相当高。采用冷冻、表面脱水和喷洒冷却都不会影响单增李斯特氏菌在肉品中的生长,该菌的生长主要取决于温度、pH 值、产品特性以及产品自身的菌群。

人类感染单核细胞增生李斯特氏菌发病率为每百万人群有 2~15 人发病,死亡率为 30% 左右。根据发病症状,死亡率差异相当大,通常免疫能力低下者、老人和感染菌血症的婴儿死亡率较高,有报道称可高达 75%。正是由于李斯特氏菌病不经常发生,但对特殊人群有很高的死亡率,考虑到未来人口老龄化的现实,未来单核细胞增生李斯特氏菌对人类健康的威胁依然十分严峻。

(3)临床表现。

该菌可通过眼及破损皮肤、黏膜进入体内而造成感染,孕妇感染后通过胎盘或产道感染胎儿或新生儿。单核细胞增生李斯特氏菌在环境、动物、食品和人体中的传播途径见图 10-8。该菌能产生不同类型的李斯特氏菌病的表现,通常有新生儿脓毒血症、脓毒症、脑膜炎、局部感染等。患者多数有畏寒、发热、背痛、头痛和血尿。当出现流感样症状时，可从血液、尿液、组织和黏膜中分离到该菌。

单核细胞增生李斯特氏菌进入人体后是否发病，与菌的毒力和宿主的年龄、免疫状态有关，因为该菌是一种细胞内寄生菌，宿主对它的清除主要靠细胞免疫功能。因此，易感者为新生儿、孕妇及 40 岁以上的成人，此外，酗酒者、免疫系统损伤或缺陷者、接受免疫抑制剂和皮质激素治疗的患者及器官移植者也易被该菌感染。

该病在感染后 3~70 d 出现症状，临床表现为健康成人个体出现轻微类似流感症状脑膜炎，新生儿、孕妇、免疫缺陷患者表现为呼吸急促、呕吐、出血性皮疹、化脓性结膜炎、发热、抽搐、昏迷、脑膜炎、败血症，直至死亡，孕妇还有可能出现流产。

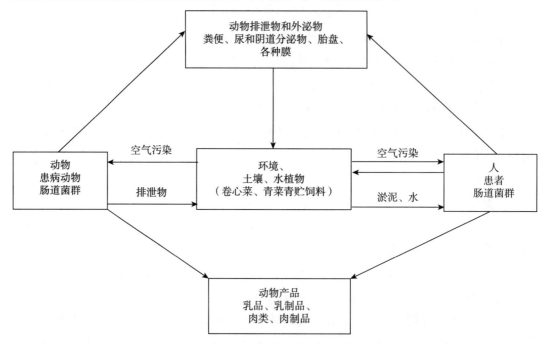

图 10-8　单核细胞增生李斯特氏菌在环境、动物、食品和人体中的传播途径

（4）预防与制止。

单核细胞增生李斯特氏菌在一般热加工处理中能存活，热处理已杀灭了竞争性细菌群，使单核细胞增生李斯特氏菌在没有竞争的环境条件下易于存活，所以在食品加工中，中心温度必须达到 70℃ 持续 2 min 以上。

由于单核细胞增生李斯特氏菌在自然界中广泛存在，所以即使产品已经过热加工处理充分灭活了单核细胞增生李斯特氏菌，但仍有可能造成产品的二次污染，因此蒸煮后防止二次污染是极为重要的。

由于单核细胞增生李斯特氏菌在 4℃ 下仍然能生长繁殖，所以未加热的冰箱食品增加了食物中毒的危险。冰箱食品需加热后再食用。

10.6.3　检验方法

（1）检验原理。

①增菌:李斯特氏菌采用 LB/EB 培养基进行两步增菌,培养基中含有较高浓度的氯化钠,一定量的萘啶酮酸。较高浓度的氯化钠对肠球菌起抑制作用,萘啶酮酸作为选择因子。

②平板分离:采用 PALCAM 琼脂和显色培养基分离李斯特氏菌,李斯特氏菌不发酵培养基中的甘露糖,能水解培养基中的七叶苷,与铁离子发生反应生成黑色的 6,7-二羟基香豆素,因此 PALCAM 琼脂平板上菌落呈灰绿色,周围有棕黑色水解圈。李斯特氏菌在其他显色培养上也有一定的特征形态。

③初筛:用木糖、鼠李糖发酵试验进行初筛,选择木糖阴性、鼠李糖阳性的菌株进行系统的生化鉴定。

④鉴定:对可疑菌株进行染色镜检、动力试验、生化试验、溶血试验,确定是否为单核细胞增生李斯特氏菌,必要时,进行小鼠毒理试验。

⑤生化鉴定系统:可选择生化鉴定试剂盒或全自动微生物鉴定系统等生化鉴定系统对初筛中的 3~5 个纯培养可疑菌落进行鉴定。该操作较原来的国标法有很大改进,不仅缩短了检测周期,还大大简化了检测步骤,现已广泛应用于微生物的检测,同时作为其他方法的仲裁标准。但是在检测过程中发现,生化鉴定试剂条主要依据 10 种生化反应,结果判定主要依据颜色变化,因此颜色变化不明显或不好界定时,其阴阳性判定带有一定的主观性。这是国际方法在检测过程中的一个重要局限性。

（2）检验方法。

①参考检验标准:食品微生物学检验、单核细胞增生李斯特氏菌检验(CB/T 4789.30—2016)。

②适用范围:各类食品中单核细胞增生李斯特氏菌的检验。

③设备和材料:除微生物实验室常规无菌及培养设备外,其他设备和材料如下。

冰箱:(2~5)℃;恒温培养箱:(30±1)℃;均质器;显微镜;电子天平:感量 0.1 g;锥形瓶 100 mL、500 mL;无菌吸管:1 mL(具 0.01 mL 刻度)、10 mL(具 0.1 mL 刻度);无菌试管 16 mm×160 mm;离心管:30 mm×100 mm;无菌注射器:1 mL;金黄色葡萄球菌(ATCC 25923);

马红球菌;小白鼠:18~22 g;全自动微生物生化鉴定系统。

④培养装和试剂。

1)培养基。含 0.6%酵母浸膏的胰酪胨大豆肉汤(TSB-YE);含 0.6%酵母浸胰酪胨大豆琼脂(TSA-YE);李氏增菌肉汤 LB(LB₁,LB₂);PALCAM 琼脂;SIM 动力养基;5%~8%羊血琼脂;糖发酵管;李斯特氏菌显色培养基。

2)试剂。1%萘啶酮酸钠盐溶液;革兰氏染液;缓冲葡萄糖蛋白胨水[甲基红(MR)和

V-P 试验用］；过氧化氢酶试验相关试剂；生化鉴定试剂盒。

⑤检验程序。

单核细胞增生李斯特氏菌检验程序见图 10-9。

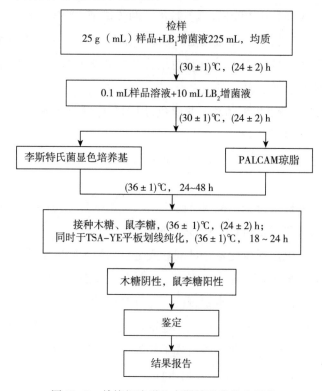

图 10-9 单核细胞增生李斯特氏菌检验程序

⑥操作步骤。

1)增菌。以无菌操作取样品 25 g(mL)加入含有 225 mL LB₁ 增菌液的均质袋中,在拍击式均质器上连续均质 1~2 min;或放入盛有 225 mL LB₁ 增菌液的均质杯中,8000~10000 r/min 均质 1~2 min。于(30±1)℃培养 24 h,移取 0.1 mL,转种于 10 mL LB₂ 增菌液,于(30±1)℃培养(24±2)h。

2)分离。取 LB₂ 二次增菌液划线接种于 PALCAM 琼脂平板和李斯特氏菌显色培养基上(36±1)℃培养 24~48 h,观察各个平板上生长的菌落。典型菌落在 PALCAM 琼脂平板上为圆形灰绿色菌落,周围有棕黑色水解圈,有些菌落有黑色凹陷;典型菌落在李斯特氏菌显色培养基上的特征按照产品说明进行判定。

3)初筛。自选择性琼脂平板上分别挑取 3~5 个典型或可疑菌落,分别接种在发酵管,于(36±1)℃培养(24±2) h;同时在 ISA-YE 平板上划线纯化,于(36±1)℃培养 18~48 h。选择木糖阴性、鼠李糖阳性的纯培养物继续进行鉴定。

4)鉴定。

ⅰ.染色镜检。用生理盐水制成菌悬液,在油镜或相差显微镜下观察,该菌出现轻微旋转或翻滚样的运动。

ii. 动力试验。李斯特氏菌有动力,呈伞状生长或月牙状生长。

iii. 生化鉴定。挑取纯培养的单个可疑菌落,进行过氧化氢酶试验,过氧化氢酶阳性反应的菌落继续进行糖发酵试验和 MR-VP 试验。单核细胞增生李斯特氏菌的主要生化特征见表 10-17。

表 10-17　单核细胞增生李斯特氏菌生化特征与其他李斯特氏菌的区别

菌种	溶血反应	葡萄糖	麦芽糖	MR-VP	甘露醇	鼠李糖	木糖	七叶苷
单核细胞增生 李斯特氏菌 （L. monocytogenes）	+	+	+	+/+	−	+	−	+
格氏李斯特氏菌 （L. grayi）	−	+	+	+/+	+	−	−	+
斯氏李斯特氏菌 （L. seeligeri）	+	+	+	+/+	−	−	+	+
威氏李斯特氏菌 （L. welshimeri）	−	+	+	+/+	−	V	+	+
伊氏李斯特氏菌 （L. ivanovii）	+	+	+	+/+	−	−	+	+
应诺克李斯特氏菌 （L. innocua）	−	+	+	+/+	−	V	−	+

注:+表示阳性;−表示阴性;V 表示反应不定。

iv. 溶血试验。将羊血琼脂平板底面划分为 20~25 个小格,挑取纯培养的单个菌落种到血平板上,每格刺种一个菌落,并刺种阳性对照菌(单增李斯特氏菌和伊氏李斯特氏菌)和阴性对照菌(英诺克李斯特氏菌),穿刺时尽量接近底部,但不要触到底面,同时避免琼脂破裂,(36±1)℃培养 24~48 h,于明亮处观察,单增李斯特氏菌和斯氏李斯特氏菌在刺种点周围产生狭小的透明溶血环,英诺克李斯特氏菌无溶血环,伊氏李斯特氏菌产生大的透明溶血环。若结果不明显,可置 4℃冰箱 24~48 h 再观察。

v. 协同溶血试验(cAMP)。在羊血琼脂平板上平行划线接种金黄色葡萄球菌和马红球菌,挑取纯培养的单个可疑菌落垂直划线接种于平行线之间,垂直线两端不要触及平行线,于(36±1)℃培养 24~48 h,单核细胞增生李斯特氏菌在靠近金黄色葡萄球菌的接种端溶血增强,斯氏李斯特氏菌的溶血也增强,而伊氏李斯特氏菌在靠近马红球菌的接种端溶血增强。

另外,可选择生化鉴定试剂盒或全自动微生物生化鉴定系统等对初筛中 3~5 个纯物的可疑菌落进行鉴定。

⑦结果与报告:综合以上生化试验和溶血试验结果,报告 25 g(mL)样品中检出或未检

出单核细胞增李斯特氏菌。

10.7 副溶血性弧菌检测

副溶血性弧菌是一种嗜盐性细菌,为弧菌科、弧菌属中的一个种,它是一种在沿海环境中正常栖息的嗜盐性微生物,广泛存在于近海岸的海水、浮游生物、海底沉积物、海产生物、盐渍的蔬菜及肉蛋类品等食品中,并在温暖的夏季繁殖,是夏秋季沿海地区食物中毒和急性腹泻的主要病原菌。所有菌株均有一个共同的 H 抗原,但有 13 个 O 抗原和 6 个 K(荚膜)抗原。副溶血性弧菌的病原性菌株通常以产生一种特异性溶血素的能力与非病原性菌株相区别。

海产鱼虾平均带菌率为 45.7%~48.7%,夏季高达 90%,秋季约为 55%,冬春季较低,为 0~30%。腌制的鱼贝类如墨鱼、梭子鱼、带鱼、黄鱼等带菌较高,在其他食品中如肉类、禽类食品、淡水鱼等也有本菌污染。我国的该菌引起中毒事件中,海产品占 65%,肉类和家禽约占 35%(以腌制品多见)。

10.7.1 生物学特性

(1)形态与染色。

本菌为革兰氏阴性多形态杆菌或稍弯曲弧菌,呈杆状、棒状、弧状,甚至球状、丝状等各种形态。大小约为 0.7 μm×1 μm,丝状菌体长度可达 15 μm。在不同的培养基和不同的培养时间其表现的形态也各异,一般情况下排列不规则,多数是散布,有时成双成对。菌体周围有菌毛、无芽孢、无荚膜。副溶血性弧菌的多形性与球状体是它与气单胞菌属在形态学上的主要鉴别特征。

(2)培养特性。

副溶血性弧菌对营养要求不高,但需要一定浓度的 NaCl 方能生长,在无盐的培养基和NaCl 浓度达到 11%以上的培养基中不能生长,在含盐 0.5%的培养基中即可生长,所以在普通营养琼脂或蛋白胨水中都能生长,生长所需氯化钠的最适浓度为 3.5%,最适生长温度为 30~37℃,最适 pH 值为 7.4~8.0,但 pH 值为 9.5 时仍能生长。在碱性胨水中经 6~9 h 增殖可形成菌膜。本菌需氧性很强,厌氧条件下生长缓慢。

以下列出该菌在一些常见培养基中的培养特性和形态特征:

①肉汤液体培养基:多数菌株呈现混浊,表面形成菌膜,R 型菌发生沉淀。

②固体培养基(ss 琼脂):菌落光滑湿润,无色透明,具有辛辣刺臭的特殊气味,菌落完整,较扁平,宛如蜡滴,常与培养基紧贴而不易刮离。主要呈卵圆形,两端浓染,少数呈杆状。

③氯化钠血琼脂:可见溶血环,人血琼脂板上为绿色溶血环。

④氯化钠蔗糖琼脂:菌落呈绿色。

⑤TCBS 琼脂平板:形成 0.5~2.0 mm 大小,蔗糖不发酵而呈蓝绿色的菌落。

⑥普通血平板:不溶血或只产生 α-溶血。

⑦从腹泻患者中分离到的菌株 95% 以上会产生 β-溶血现象,称为神奈川现象。

⑧麦康凯平板:部分菌株不生长。

⑨伊红美蓝琼脂和中国兰琼脂培养基:不能用于本菌的初次分离。

⑩罗氏双糖培养基:24 h 培养物呈现菌体基本一致,而 48 h 培养物则形态不一,变化很大,呈球形、丝状、杆状、弧状或豆点状等,而且大小及染色特性差异很大。

副溶血性弧菌在不同培养基上的菌落特性见表 10-18。

表 10-18　副溶血性弧菌在不同培养基上的菌落特性

培养基	菌落大小	边缘	隆起度	透明度	黏稠度	颜色	其他
嗜盐性选择琼脂	不扩散的直径 2.5 mm,一般呈扩散性生长	圆整、边缘不整	隆起,平坦	混浊	无黏性	无色	湿润
SS 琼脂	直径 2 mm	圆整	扁平,有时菌落中央呈一点突起	透明	菌落不易挑起,有时挑起呈黏丝状	无色	
血琼脂	直径 3 mm	圆整	隆起	混浊	无黏性	人血琼脂平板上为暗绿色溶血环	湿润,某些菌株形成 α 与 β 之间的溶血
普通琼脂	直径 1.5 mm	圆整,个别菌株不整齐	隆起,扩散的平坦	混浊	无黏性	无色	湿润
碱性胆盐琼脂	直径 1.5~2 mm	圆整	平坦	半透明	无黏性	无色	湿润
氯化钠蔗糖琼脂	直径 1.5~2 mm	圆整	隆起	半透明	无黏性无色	湿润	

(3)生化特性。

副溶血性弧菌属于化能有机营养型,具有呼吸和发酵两种代谢类型。其有关细菌生化特征表 10-19。

表 10-19　副溶血性弧菌的生化特征

生化反应	结果	生化反应	结果
氧化酶	+	由下列糖产酸产气	
吲哚	+	葡萄糖	+
V-P	−	阿拉伯糖	+/-不定
柠檬酸盐	−	乳糖	−
ONPG	−	麦芽糖	+

续表

生化反应	结果	生化反应	结果
脲酶	+/-	干藻糖	+
明胶液化	+	蔗糖	-不定
动力	+	水杨酸	-
多黏菌素 B 敏感性	+/-	纤维二糖	-
精氨酸双水解酶	-	鼠李糖	+/-不定
鸟氨酸脱羧酶	+		
赖氨酸	+	氯化钠生长试验	
O/129 敏感性 10 μg	-	0%氯化钠	-
O/129 敏感性 150 μg	+	3%氯化钠	+
甲基红	+	7%氯化钠	+
靛基质	+	10%氯化钠	-

注:+表示阳性;-表示阴性;+/-表示阳性或阴性。

(4)抗原结构。

已明确副溶血性弧菌有 3 种抗原成分,即 O 抗原(菌体抗原)、K 抗原(荚膜抗原)及 H 抗原(鞭毛抗原)。其中,O 抗原有 13 种,有群特征性。O 抗原有耐热性,100℃加热 2 h 仍保持抗原性,根据 O 抗原的种类不同,可分为 A 群(O1,O2,O3)、B 群(O7,O10,O12)、C 群(O8,O9)、D 群(O4,O6)、E 群(O2,O5,O11 及 O13);K 抗原存在于菌体表面不耐热,能阻止菌体与 O 抗血清凝集,共有 65 种;H 抗原不耐热,100℃加热 30 min 即破坏,特异性低,副溶血性弧菌所有的菌株具有共同的 H 抗原。以 O 抗原分群,O、K 两种抗原定型,依据 O、K 两种抗原的组合可将副溶血性弧菌分为 845 个以上血清型。

(5)抵抗力。

①该菌抵抗力弱,不耐热,56℃加热 10 min,75℃加热 5 min,90℃加热 1 min 即被杀死。

②耐碱怕酸,在 2%冰醋酸或食醋中立即死亡,在 1%醋酸或 50%食醋中 1 min 死亡。

③在淡水中生存不超过 2 d,但在海水中能生存 47 d,在盐渍酱菜中存活 30 d 以上,高浓度氯化钠的耐受力甚强,含盐浓度低于 0.5%或高于 11%则繁殖停止。

④对低温的抵抗力较强,在-20℃保存于蛋白胨水中,经 11 周还能继续存活。

⑤对氯、碳酸等一般化学消毒剂敏感,对磺胺噻唑、氯霉素、合霉素敏感;对新霉素、链霉素、多黏菌素、呋喃西林中度敏感;对青霉素、磺胺嘧啶具有耐药性。

10.7.2　副溶血性弧菌食物中毒

(1)致病机理。

致病性菌株能溶解人及家兔红细胞,其致病力与其溶血能力平行,这是由一种不耐热的溶血素(分子量 42000)所致。该菌能否产生肠毒素尚待证明。其致病因素有黏附因子、溶血素、尿素酶和侵袭力,该菌菌毛与黏附作用有关。该菌能侵入肠上皮细胞,引起肠上皮细胞和黏膜下组织系列病变,酪氨酸蛋白激酶、鞭毛和细胞骨架在侵袭过程中发挥一定作用。该菌感染量大于 10 CFU/g 时可引起感染。

（2）流行病学。

副溶血性弧菌广泛存在于海岸和海水中,海生动植物常会受到污染而带菌。海鱼、蟹、蛤等海产品带菌率极高;被海水污染的食物、某些地区的淡水产品如鲫鱼、鲤鱼及被污染的其他含盐量较高的食物（如咸菜、咸肉、咸蛋）也可带菌,也可因受到污染引起中毒。带有少量该菌的食物,在适宜的温度下,经 3~4 h,细菌可急剧增加至中毒数量,进食肉类或蔬菜而致病者,多因食物容器或砧板污染所引起。

简单来说,副溶血性弧菌食物中毒的流行病学特点如下:

①副溶血性弧菌食物中毒有明显的地区性和季节性,日本及我国沿海地区为高发区,以 7~9 月多见。

②引起中毒的食物主要是海产食品和盐渍食品。

③食物中副溶血性弧菌的来源及中毒发生的原因。

1）海水及海底沉积物中副溶血性弧菌对海产品的污染。

2）人群带菌者对食品的污染。

3）生熟交叉污染。

（3）临床表现。

此菌能引起人的急性胃肠炎,摄入致病菌达 10 万个以上活菌即可发病,个别可呈败血表现。主要症状有恶心、呕吐、上腹部阵发性剧烈腹痛、频繁腹泻、洗肉水样或带黏液便,每日 5~6 次,体温 39℃。重症病人可有脱水、血压下降、意识不清等。病程 2~4 d,一般预后良好,无后遗症,少数病人因休克、昏迷而死亡。该菌有侵袭作用,其产生耐热性溶血毒素（THD）及其相关的溶血毒素（TRH）的抗原性和免疫性相似,皆有溶血活性和肠毒素作用,可引致肠半肿胀、充血和肠液潴留,引起腹泻,此外有的可产生不耐热溶血毒素（TIH）。THD 有特异性心脏毒性,可引起心房纤维性颤动、期前收缩或心肌损害。最近有人发现眼藕与本病腹泻有关,患者体质、免疫力不同,临床表现轻重不一,呈多型性。山区、内陆居民去沿海地区而感染者病情较重,临床表现典型,沿海地区发病者病情一般较轻。

（4）预防与控制。

此类菌以夏季污染食品、暴发流行为最多,主要是通过污染水和海产品造成食品卫生问题;厨房和水产品、食品加工厂加工过程的交叉污染也是重要方面。主要涉及的食品有生食的鱼片、贝壳类、龙虾、蟹和牡蛎等。欧盟法规明确规定对所有水产品均需检验副溶血性弧菌。患者的粪便污染水质、食品原料等也是生命危害的来源。

此类菌对外界的抵抗力弱,对热、干燥、日光以及酸均敏感,副溶血性弧菌的生长和 pH 值有关,在 pH 值为 6.0 的食盐酱菜中,可生存 30 d 以上。

其危害控制措施主要有食品（尤其是水产品）加工时需彻底清洗或彻底加热处理,生熟产品严格分开,加工过程等环节严防交叉污染和重复污染,水产品食用前要彻底烹饪处理,速冻产品可降低创伤弧菌的存活率。另外,在副溶血性弧菌污染危害控制中加工时间和温度的控制是重要的预防措施。

10.7.3 检验方法

副溶血性弧菌的检验方法主要分为两大类:常规微生物学检验和分子生物学检验。

目前,利用分子生物学技术检测副溶血性弧菌的方法有 PCR 法(多重 PCR、实时 PCR 等)和 TAMP 法等。副溶血性弧菌产生的 3 种类型的溶血素 TDH、TRH 和 TLH 编码基因在建立快速检测方法中具有重要意义。

(1)检验原理。

①选择性增菌:副溶血性弧菌适宜生长的盐浓度为 3%~4%,生长适宜的 pH 值为 7.4~8.5,高含量氯化钠和高 pH 值可以抑制非弧菌类细菌生长,不影响副溶血性弧菌生长。因此,采用 3%氯化钠碱性蛋白胨水进行选择性增菌。

②选择性平板分离:用硫代硫酸盐-柠檬酸盐-胆盐-蔗糖琼脂或科玛嘉弧菌显色培养基分离副溶血性弧菌,由于副溶血性弧菌不分解蔗糖,不产酸,培养基中的酸碱指示剂未发生颜色变化,因而呈现绿色菌落(分解乳糖的菌落因产酸,酸碱指示剂变色,呈黄色菌落),在科玛嘉弧菌显色培养基上呈粉紫色,挑取可疑菌落,在 3%氯化钠蛋白胨大豆琼脂平板上划线,进一步分离纯化。

③初步鉴定:挑选纯培养的单个菌落进行氧化酶试验、3%氯化钠三糖铁试验、嗜盐性试验并进行革兰氏染色,镜检形态。

④确定鉴定:对符合副溶血性弧菌特征的可疑菌株进行进一步的生化鉴定,以确定是否为副溶血性弧菌。必要时,可做血清学分型试验和神奈川试验。

(2)检验方法。

①检验标准:食品微生物学检验副溶血性弧菌检验(GB/T 4789.7—2013)。

②适用范围:各类食品中副溶血性弧菌的检验。

③设备和材料:除微生物实验室常规灭菌及培养设备外,其他设备和材料如下:

恒温培养箱:(36±1)℃;冰箱:2~5℃、7~10℃;恒温水浴箱:(36±1)℃;均质器或无菌乳钵;天平:感量 0.1 g;无菌试管:18 mm×180 mm、15 mm×100 mm;无菌吸管:1 mL(具 0.01 mL 刻度)、10 mL(具 0.1 mL 刻度)或微量移液器及吸头;无菌锥形瓶:容量瓶 250 mL、500 mL、1000 mL 无菌培养皿:直径 90 mm;全自动微生物生化鉴定系统;无菌手术剪;镊子。

④培养基和试剂。

1)培养基。3%氯化钠碱性蛋白胨水(APW)、硫代硫酸盐-柠檬酸盐-胆盐-蔗糖(TCBS)琼脂、3%氯化钠胰蛋白胨大豆(TSA)琼脂、3%氯化钠三糖铁(TSI)琼脂、嗜盐性试验培养基、3%氯化钠甘露醇试验培养基、3%氯化钠赖氨酸脱羧酶试验培养基、3%氯化钠

MR-VP 培养基、血琼脂、弧菌显色培养基。

2)试剂。氧化酶试剂、革兰氏染色液、ONPC 试剂、3%氯化钠溶液、V-P 试剂、生化鉴定试剂盒等。

⑤检验程序:副溶血性弧菌检验程序见图 10-10。

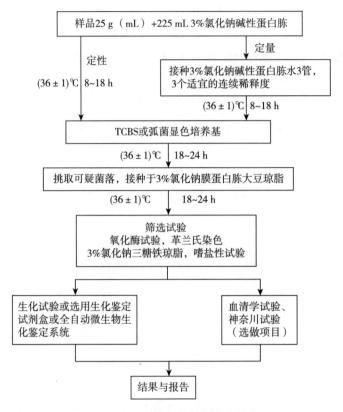

图 10-10　副溶血性弧菌检验程序

⑥操作步骤。

1)样品制备。

ⅰ.非冷冻样品采集后应立即置于 7~10℃冰箱保存,尽可能及早检验;冷冻样品应在 45℃以下不超过 15 min 或在 2~5℃不超过 18 h 解冻。

ⅱ.鱼类和头足类动物取表面组织、肠或鳃。贝类取全部内容物,包括贝肉和体液;甲壳类取整个动物,或者动物的中心部分,包括肠和鳃。如为带壳贝类或甲壳类,则应先在无菌水中洗刷外壳并甩干表面水分,然后以无菌操作打开外壳,按上述要求取相应部分。

ⅲ.以无菌操作取样品 25 g(mL),加入 3%氯化钠碱性蛋白胨水 225 mL,用旋转刀片式均质器以 8000 r/min 均质 1 min,或拍击式均质器拍击 2 min,制备成 1:10 的样品匀液。如无均质器,则将样品放入无菌乳钵,自 225 mL 3%氯化钠碱性蛋白胨水中取少量稀释液加入无菌乳钵,样品磨碎后放入 500 mL 无菌锥形瓶,再用少量稀释液冲洗乳钵中的残留样品 1~2 次,洗液放入锥形瓶,最后将剩余稀释液全部放入锥形瓶,充分振荡,制备 1∶10 的样品匀液。

2)增菌。

ⅰ.定性检测。将制备的 1∶10 样品于(36±1)℃培养 8~18 h。

ⅱ.定量检测。用无菌吸管吸取 1∶10 样品 1 mL,注入含有 9 mL 3%氯化钠碱性蛋白胨水的试管内,振摇试管混匀,制备 1∶100 的样品匀液。

另取 1 mL 无菌吸管,按上述操作程序,依次制备 10 倍系列稀释样品匀液,每递增稀释一次,换用一支 1 mL 无菌吸管。

根据对检样污染情况的估计,选择 3 个适宜的连续稀释度,每个稀释度接种 3 支含有 9 mL 3%氯化钠碱性蛋白胨水的试管,每管接种 1 mL。置(36±1)℃恒温箱内,培养 8~18 h。

3)分离。对所有显示生长的增菌液,用接种环在距离液面以下 1 cm 内沾取一环增菌液,于 TCBS 平板或弧菌显色培养基平板上划线分离。一支试管划线一块平板。于(36±1)℃培养 18~24 h。

典型的副溶血性弧菌在 TCBS 上呈圆形、半透明、表面光滑的绿色菌落,用接种环轻触,有类似口香糖的质感,直径 2~3 mm。从培养箱取出 TCBS 平板后,应尽快(不超过 1 h)挑取菌落或标记要挑取的菌落。典型的副溶血性弧菌在弧菌显色培养基上的特征按照产品说明进行判定。

4)纯培养。挑取 3 个或以上可疑菌落,划线接种 3%氯化钠胰蛋白胨大豆琼脂平板,(36±1)℃培养 18~24 h。

5)初步鉴定。

ⅰ.氧化酶试验。挑选纯培养的单个菌落进行氧化酶试验,副溶血性弧菌为氧化酶阳性。

ⅱ.涂片镜检。将可疑菌落涂片,进行革兰氏染色,镜检观察形态。副溶血性弧菌为革兰氏阴性,呈棒状、弧状、卵圆状等多形态,无芽孢,有鞭毛。

ⅲ.挑取纯培养的单个可疑菌落,转种 3%氯化钠三糖铁琼脂斜面并穿刺底层,(36±1)℃培养 24 h 观察结果。副溶血性弧菌在 3%氯化钠三糖铁琼脂中的反应现象为底层变黄不变黑,无气泡,斜面颜色不变或红色加深,有动力。

ⅳ.嗜盐性试验。挑取纯培养的单个可疑菌落,分别接种 0%、6%,8%和 10%不同氯化钠浓度的胨胨水,(36±1)℃培养 24 h,观察液体混浊情况。副溶血性弧菌在无氯化钠和 10%氯化钠的胨胨水中不生长或微弱生长,在 6%氯化钠和 8%氯化钠的胨胨水中生长旺盛。

6)确定鉴定。取纯培养物分别接种含 3%氯化钠的甘露醇试验培养基、赖氨酸脱羧酶试验培养基、MR-VP 培养基,(36±1)℃培养 24~48 h 后观察结果;3%氯化钠三糖铁琼脂隔夜培养物进行 ONPG 试验。可选择生化鉴定试剂盒或全自动微生物生化鉴定系统。

7)结果与报告:根据检出可疑菌落的测试结果进行分析与报告。

ⅰ.定性检测。报告 25 g(mL)样品中是否检出副溶血性弧菌。

ⅱ.定量检测。根据证实为副溶血性弧菌阳性的试管管数,查最可能数(MPN)检索表报告每克(毫升)副溶血性弧菌的 MPN 值。

第11章　现代食品微生物检测技术

11.1　免疫学技术

免疫学检测方法是应用免疫学理论设计的一系列测定抗原、抗体、免疫细胞及其分泌的细胞因子的实验方法,其基本原理是抗原抗体反应。抗原抗体反应是指抗原与相应抗体之间所发生的特异性结合反应。不同的微生物有其特异的抗原,并能激发机体产生相应的特异性抗体。目前常用的免疫学方法有免疫荧光技术(IFA)、酶联免疫技术(ELISA)、免疫胶体金技术(GICT)、免疫凝集试验(IA)、放射免疫技术(RIA)、免疫印迹和乳胶凝集试验(LAT)等。

11.1.1　免疫荧光技术(IFA)

免疫荧光标记技术(IFA)始创于20世纪40年代,1942年Coons等首次报道用异氰酸荧光素标记抗体,检查小鼠组织切片中的可溶性肺炎球菌多糖抗原。当时由于异氰酸荧光素标记物的性能较差,未能推广使用。1958年Riggs等合成了性能较为优良的异硫氰酸荧光素(FTC)。Marshal等又对荧光抗体标记的方法进行了改进,从而使免疫荧光技术逐渐推广应用。

(1)免疫荧光技术的原理。

免疫荧光技术又称荧光抗体技术,是标记免疫技术中发展最早的一种。它是在免疫学、生物化学和显微镜技术的基础上建立起来的一项技术,是将已知的抗体或抗原分子标记上荧光素,当与其相对应的抗原或抗体起反应时,在形成的复合物上就带有一定量的荧光素,在荧光显微镜下就可以看见发出荧光的抗原抗体结合部位,检测出抗原或抗体。

(2)免疫荧光技术的分类。

①直接染色法:将标记的特异荧光抗体直接加在抗原标本上,经一定温度和时间的染色,洗去未参加反应的多余荧光抗体,在荧光显微镜下便可见到被检抗原与荧光抗体形成的特异性结合物而发出的荧光(图11-1)。直接染色法的优点是特异性高,操作简便,比较快速;缺点是一种标记抗体只能检查一种抗原,敏感性较差。直接法应设阴、阳性标本对照和抑制试验对照。

②间接染色法:如果检查未知抗原,先用已知未标记的特异抗体(第一抗体)与抗原标本进行反应。作用一定时间后,洗去未反应的抗体,再用标记的抗体即抗球蛋白抗体(第二抗体)与抗原标本反应,如果第一步中的抗原抗体互相发生了反应,则抗体被固定或与荧光素标记的抗体结合,形成抗原—抗体—抗体复合物,再洗去未反应的标记抗体,在荧光显微

待检抗原　　　　　荧光标记抗体　　　　　特异性结合物

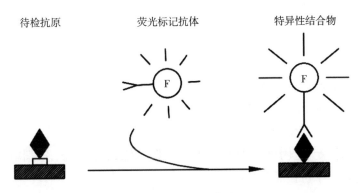

图 11-1　直接染色法

镜下可见荧光,如图 11-2 所示,在间接染色法中,第一步使用的未用荧光素标记的抗体起着双重作用,对抗原来说起抗体的作用,对第二步的抗体又起抗原作用。如果检查未知抗体,则抗原标本是已知的,待检血清为第一抗体,其他步骤和检查抗原相同。

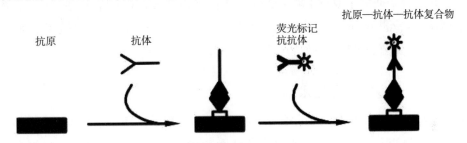

图 11-2　间接染色法

③抗补体染色法:抗补体染色法是间接染色法的一种改良法,利用补体结合反应的原理,用荧光素标记抗补体抗体,鉴定未知抗原或未知抗体(待检血清)。染色程序也分两步:第一步将未标记的抗体和补体加在抗原标本上,使其发生反应,水洗;第二步加标记的抗补体抗体。如果第一步中抗原抗体发生反应,形成复合物,则补体便被抗原抗体复合物结合,第二步加入的荧光素标记的抗补体抗体便与补体发生特异性反应,使之形成抗原—抗体—补体—抗补体抗体复合物,发出荧光。

11.1.2　酶链免疫技术

酶链免疫法(ELISA)是将抗原、抗体的特异性免疫反应和酶的高效催化作用有机结合起来的一种免疫分析方法,和其他免疫技术一样,酶联免疫技术也是以抗原和抗体的特异性结合为基础,其差别在于酶联免疫技术以酶或者辅酶标记抗原或抗体,用酶促反应的放大作用来显示初级免疫学反应,使检测水平接近放射免疫测定法。酶联免疫测定法可分为非均相免疫测定法和均相免疫测定法,非均相法又分为固相法和液相法。具体的方法有酶联免疫吸附分析法(ELISA)、酶免疫实验法(EMIT)、竞争结合酶免疫分析法(CEIA)和免疫酶分析法(IEMA),其中,基于竞争吸附的非均相酶固相免疫测定法,即 ELISE 法,已经成为最广泛、最有代表性的方法之一。

酶联免疫技术现已广泛应用于各种抗原和抗体的定性、定量测定。最初的免疫酶测定法是使酶与抗原或抗体结合,用于检查组织中相应的抗原或抗体的存在。后来发展为将抗原或抗体吸附于固相载体,在载体上进行免疫酶染色,底物显色用肉眼或分光光度仪判定。后一种技术就是目前应用最广的酶联免疫吸附试验。

ELISA 技术结合了免疫荧光法和放射免疫测定法两种技术的优点,具有可定量、反应灵敏准确、标记物稳定、适用范围宽、结果判断客观、简便完全、检测速度快以及费用低等特点,且同时可进行上千份样品的分析。

在微生物检测中多采用夹心式设计,即用抗体包被的聚苯乙烯孔捕获抗原,用另一个结合了酶的抗体与抗原结合,并以抗原结合形式形成抗原抗体复合物,再用一种生色酶底物通过肉眼观察或比色法记录结果。随着单克隆抗体酶联免疫技术的出现,免疫检测法的特异性有了明显的提高。此外还有间接法用于测定抗体,竞争法既可以测定抗原也可以测定抗体。钟青萍等研究了双抗夹心 ELISA 方法在食品中志贺菌检测中的应用,研究获得纯化抗志贺菌,经检测 10 mg/mL 纯化抗志贺菌的效价为 1∶320;以志贺菌免疫新西兰大耳白兔,获得抗志贺菌的绝抗体,效价可达 1∶12800。

11.1.3 免疫胶体金技术

免疫胶体金技术是指利用胶体金作为标记物,用于指示体外抗原抗体间发生的特异性结合反应,是免疫标记技术之一。胶体金引入免疫检测,最初主要应用于免疫组织化学染色试验,需要借助光学显微镜或电子显微镜来观察试验结果,经过多年的发展,胶体金技术逐渐得到完善和发展。目前此项技术已经广泛应用于免疫印迹、免疫渗滤及免疫层析技术当中,试验结果也可以用肉眼观察到。

(1)免疫胶体金技术的基本原理。

氯金酸在还原剂作用下,可聚合成一定大小的金颗粒,形成带负电的疏水胶溶液。由于静电作用而成为稳定的胶体状态,故称胶体金。胶体金颗粒表面的负电荷与蛋白质的正电荷基团因静电吸附而形成牢固结合。胶体金对蛋白质有很强的吸附功能,蛋白质等高分子被吸附到胶体金颗粒表面,无共价键形成,标记后大分子物质活性不发生改变。金颗粒具有高电子密度的特性。金标蛋白在相应的配体处大量聚集时,在显微镜下可见黑褐色颗粒或肉眼可见红色或粉红色斑点。

(2)免疫胶体金技术在食品检测中的应用。

胶体金标记技术由于标记物的制备简便,方法敏感、特异,不需要使用放射性同位素或有潜在致癌物质的酶显色底物,也不使用荧光显微镜,所以应用范围极广。在免疫电镜技术当中,胶体金是用于免疫电镜的最佳标记物,因为它呈球形,非常致密,在电镜下具有强烈反差,容易追踪并在电镜下检出抗原抗体复合物,胶体免疫电镜技术已经成为目前最常用的免疫细胞化学方法之一。

11.2　分子生物学方法

分子生物学技术是随着生命科学和化学逐步发展而形成的一种新型技术,在微生物检验中,针对常规方法仅能测定活菌总数,对一些特定病原菌或污染菌无法实现定性和定量检测这一局限性,分子生物学方法可以对病原微生物的核酸分子特征进行鉴定,在分子水平上分析微生物的线性结构来判定微生物的种类,是一种较为高端前沿的微生物检验技术。在食品微生物检测中,常用的方法有核酸分子杂交技术、PCR 技术、基因芯片技术、聚合酶链反应、环介导等温扩增技术等。

11.2.1　核酸分子杂交技术

核酸分子杂交技术又名核酸探针技术或基因探针技术,是在基因工程学基础上发展而来的一项新技术,其优点是灵敏度高、特异性强、方法简便。核酸分子杂交技术自 20 世纪 70 年代问世以来,已经在食品微生物检测、基因工程及医学等领域得到广泛应用。所谓探针即带有标记物的特异性分子,它与靶反应后能够被检测到,而核酸探针是指带有标记的特异 DNA 片段。

(1)核酸分子杂交技术的基本原理。

因不同种属的生物体都含有相对稳定的 DNA 遗传序列,不同种的生物体中 DNA 序列不同,同种属生物个体中 DNA 序列基本相同,并且 DNA 序列不易受外界环境因素的影响而改变。核酸分子杂交技术的基本原理是两条不同来源的核酸链,如果具有互补的碱基序列,就能够特异性地结合而成为分子杂交链。核酸分子杂交发生于两条 DNA 单链者称为 DNA 杂交,发生于 RNA 链与 DNA 单链之间者称为 DNA：RNA 杂交。据此,可在已知的 DNA 或 RNA 片段上加上可识别的标记(如同位素标记、生物素标记等),使之成为探针,用以检测未知样品中是否具有与其相同的序列,并进一步判定其与已知序列的同源程度。该项技术除了具有上述基本优点外,还兼具组织化学染色的可见性和定位性,从而能够特异性地显示微生物细胞的 DNA 或 RNA,从分子水平去研究特定微生物有机体之间是否存在亲缘关系,并可揭示核酸片段中某一特定基因的位置。

(2)核酸探针的种类制备方法。

根据核酸分子探针的来源及性质,可以将其分成四种类型:基因组 DNA 探针、cDNA 探针、RNA 探针和人工合成的寡核苷酸探针,其制备方法也因类而异。

①DNA 探针:可分为基因探针和基因片段探针。全基因组基因探针的制备最简单,只要将染色体 DNA 分离纯化,然后进行标记即可。基因片段探针则需要将染色体 DNA 用限制性内切酶酶解,得到许多随机片段,然后与质粒重组,转化大肠杆菌,筛选含特异目的基因片段的克隆株进行扩增,再提取基因片段作探针。

②cDNA 探针:通过提取纯度较高的相应 mRNA 或正链 RNA 病毒的 RNA,反转录成

cDNA 作为探针,也可以进一步克隆,在大肠杆菌中进行无性繁殖,再从重组质粒中提取 cDNA 作探针。

③RNA 探针:有些双链 RNA 病毒的基因组在标记后,可直接用作探针。另一种是从 cDNA 衍生而来的 RNA 探针,可由 RNA 聚合酶转录而得。因 RNA∶RNA 复合物比 DNA∶ DNA 复合物稳定,故其灵敏度也明显优于 cDNA 探针。

④人工合成的寡核苷酸探针:用 DNA 合成仪可以合成 50 个核苷酸以内的任意序列的 寡核苷酸片段,以此作为核苷酸探针,也可将它克隆到系统中使之释放含探针序列的单链 DNA,使探针的制备和标记简化。

(3)核酸分子杂交技术在食品微生物检测中的应用。

核酸分子杂交技术的适用范围如下:

①用于检测无法培养、不能用作生化鉴定、不可观察的微生物产物以及缺乏诊断抗原 等方面的检测,如肠毒素基因。

②用于检测同食源性感染有关的病毒,如检测肝炎病毒,流行病学调查研究,区分有毒 和无毒菌株。

③检测细菌内抗药基因。

④分析食品是否会被某些耐药菌株污染,判定食品污染的特性。

⑤细菌分型,包括 rRNA 分型。

随着食品微生物检测技术的发展,核酸分子杂交技术已被更加频繁地应用到大肠杆 菌、沙门氏菌、金黄色葡萄球菌等食源性病菌的检测中来,其特点是特异、敏感而又没有放 射性,且因不需要进行复杂的增菌和获得纯培养而节省了时间,减少了由质粒决定的毒力 丧失的概率,从而提高了检测的准确性。

11.2.2　PCR 技术

PCR 即聚合酶链式反应,是指在 DNA 聚合酶催化下,以母链 DNA 为模板,以特定引物 为延伸起点,通过变性、退火、延伸等步骤,体外复制出与母链模板 DNA 互补的子链 DNA 的过程。PCR 技术是一种体外酶促合成,扩增特定 DNA 片段的方法。

(1)PCR 技术的基本原理。

以拟扩增的 DNA 分子为模板,以一对分别与模板互补的寡核苷酸片段为引物,在 DNA 聚合酶的作用下,按照半保留复制的机制沿着模板链延伸直至完成新的 DNA 合成。不断 重复这一过程,可使目的 DNA 片段得到扩增。因为新合成的 DNA 也可作为模板,因而 PCR 可使 DNA 的合成量呈指数增长,如图 11-3 所示,PCR 包括 7 种基本成分:模板、特异 性引物、热稳定 DNA 聚合酶、脱氧核苷三磷酸、二价阳离子、缓冲液及一价阳离子。

(2)PCR 反应基本步骤。

PCR 由变性—退火—延伸 3 个基本反应步骤构成。

①模板 DNA 的变性:模板 DNA 经加热至 94℃左右,一定时间后,使模板 DNA 双链或

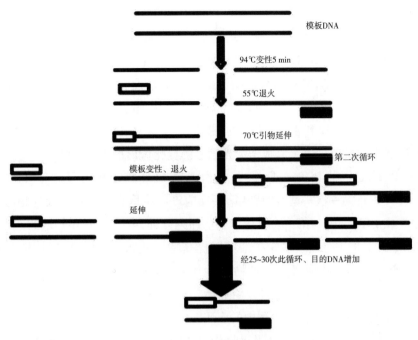

图 11-3　PCR 技术原理

经 PCR 扩增形成的双链 DNA 解离,使之成为单链,以便它与引物结合,为下轮反应做准备。

②模板 DNA 与引物的退火(复性):模板 DNA 经加热变性成单链后,温度降至 55℃左右,引物与模板 DNA 单链的互补序列配对结合。

③引物的延伸。DNA 模板—引物结合物在 Taq 酶的作用下,以 dNTP 为反应原料靶序列为模板,按碱基配对与半保留复制原理,合成一条新的与模板 DNA 链互补的半保留复制链。

重复循环变性—退火—延伸3过程,就可获得更多的"半保留复制链",而且这种新链又可成为下次循环的模板。每完成一个循环需 2~4 min,2~3 h 就能将待扩增的目的基因扩增放大几百万倍。

(3)PCR 的种类。

随着 PCR 技术的不断发展,在常规 PCR 技术的基础上又衍生出了许多技术,如多重 PCR 技术、实时荧光定量 PCR 技术、单分子 PCR 技术。

①多重 PCR 技术(multiplex PCR):也称为复合 PCR 技术,是在常规 PCR 技术的基础上进行改进发展而来的一种新型的 PCR 扩增技术。为同一管中加入多对特异性引物,与 PCR 管内的多个模板反应,在一个 PCR 管中同时检测多个目标 DNA 分子。多重 PCR 技术可以扩增一个物种的一个片段,也可以同时扩增多个物种的不同片段。选择适宜的反应体系和反应条件,可极大地提高多重 PCR 的扩增效果。反应条件主要包括退火温度、退火及延伸时间、PCR 缓冲液成分、dNTP 的用量、引物及模板的量等。

②实时荧光定量PCR(real-time PCR):是指将荧光基团加入PCR反应体系中,借助荧光信号,累积实时监测整个PCR进程,最后通过标准曲线对未知模板进行定量分析的方法。其原理是在传统的PCR技术的基础上加入荧光标记探针,巧妙地把核酸扩增杂交、光谱分析和实时检测技术结合在一起,借助于荧光信号来检测PCR产物。实时监控这一特点是常规PCR技术所不具有的,因为其对扩增反应不能进行随时的检测。常规PCR技术的扩增终产物需要在凝胶电泳等条件下才能进行,无法对起始模板进行准确的定量,而荧光定量PCR技术的反应进程可以根据荧光信号的变化做出准确地判断。

③巢式PCR:是一种PCR改良模式,它由两轮PCR扩增和利用两套引物对所组成。首先对靶DNA进行第一次扩增,然后从第一反应产物中取出少量作为反应模板进行第二次扩增,第二次PCR引物与第一次反应产物的序列互补,第二次PCR扩增的产物即为反应产物。使用巢式引物进行连续多轮扩增可以提高特异性和灵敏度,第一轮是15~30个循环的标准扩增,将一小部分起始扩增产物稀释100~1000倍(或不稀释)加入第二轮扩增中进行15~30个循环,也可通过凝胶纯化将起始扩增产物进行大小选择。

(4)PCR技术在食品微生物检测中的应用。

①食品中金黄色葡萄球菌的检测:利用PCR技术对食品中金黄色葡萄球菌进行检测时选取的靶基因主要为各型肠毒素的基因,但是肠毒素分型较多,给实际的检测工作带来诸多不便,而利用耐热核酸酶的基因作为靶基因进行PCR检测更为适宜。耐热核酸酶为产毒金黄色葡萄球菌的典型特征,该酶非常耐热,在100℃条件下加热30 min不易丧失活性,而编码耐热核酸酶的基因为金黄色葡萄球菌所特有的并且是高度保守的基因,因而以耐热核酸酶的基因为靶序列是进行PCR检测金黄色葡萄球菌的有效方法。

②对食品中沙门氏菌的检测:目前对沙门氏菌的检测常用的方法有常规PCR、集式PCR和多重PCR,也可以将几种方法结合使用,如李文君等将常规PCR和集式PCR相结合,根据沙门氏菌中保守的16SRNA基因为模板设计了一对引物,经过优化设计反应条件,只对沙门氏菌产生特异扩增,敏感性达30 CFU,为了对扩增结果进行鉴定,又在这两条引物之间设计一条半巢式引物。经半巢式PCR检测证明第一次产物是正确的,且灵敏度提高至3 CFU,此外,从近几年的报道来看,关于沙门氏菌PCR的检测主要集中在模板的制备、引物的设计以及PCR的检测方法这几个方面。

11.2.3　环介导等温扩增技术(LAMP)

核酸扩增技术是分子生物学中常用的技术手段,从20世纪80年代出现的聚合酶链反应(PCR)到后来的核酸等温扩增技术、再生式序列复制和链置换扩增技术等以核酸检测为基础的分子生物学技术在许多领域得到广泛应用。但核酸检测需要昂贵的仪器设备,存在特异性不高、操作程序复杂等问题,严重制约了其作为快速检测方法的应用。

(1)环介导等温扩增技术的原理。

利用大片段DNA聚合酶和根据不同靶序列设计的两对特殊的内引物(FIP由FIC和

F_2 组成;BIP 由 BIC 和 B_2 组成)、外引物(F_3 和 B_3),特异地识别靶序列上的 6 个独立区域。FTP 引物的 F_2 序列与靶 DNA 上互补序列配对,启动循环链置换反应。F_3 引物与模板上的 F_3C 区域互补,引起合成与模板 DNA 互补的双链,从而挤掉 FIP 引起的 DNA 单链。与此同时,BIP 引物与被挤掉的这条单链杂交结合,形成的环状结构被打开,接着 B_3 引物 BIP 外侧进行碱基配对,在聚合酶的作用下形成新的互补链。被置换的单链 DNA 两端均存在互补序列,从而发生自我碱基配对,形成类似哑铃状的 DNA 结构。LAMP 反应以此 DNA 结构为起始结构,进行再循环和延伸,靶 DNA 序列大量交替重复产生,形成的扩增产物是有许多环的花椰菜形状的茎—环结构的 DNA,在恒温条件 65℃左右进行扩增,在 45~60 min 的时间里扩增可达到 $10^9 ~ 10^{10}$ 数量级。

（2）环介导等温扩增技术的基本操作过程。

LAMP 等温扩增反应体系包含了引物、模板 DNA、BstDNA 聚合酶、dNTPs 和缓冲液。其基本操作过程是将 LAMP 反应体系(除 Bst DNA 聚合酶外)在 95℃加热 5 min 后冷却,再加入 Bst DNA 聚合酶,在 65℃保温 60 min,然后在高于 80℃的温度下加热 10 min 终止反应。LAMP 的反应体系一般为 25 μL,外引物的浓度一般是内引物的 1/4~1/10。

（3）环介导等温扩增技术的应用。

在细菌鉴定方面,细菌的 RNA 包括 5S、16S,23SrRNA,约占 RNA 总量的 80%以上,是细胞内含量最多的 RNA,其分子量大、种类多,由高度保守区和可变区组成。其中 16SrRNA 遗传较为稳定,代表的信息量适中,是研究的好材料。利用 LAMP 方法扩增细菌的 16SRNA 或是其他的细菌特有基因,然后对扩增的片段进行序列分析,经与已知序列进行比较后,就可对病原菌进行鉴定。对于难以培养的细菌、生化反应不明显及传统表型方法不能鉴定的细菌,此法尤为方便。目前,应用 LAMP 方法已经成功检测到了氨氧化细菌、水中军团菌、结核杆菌、大肠杆菌 O157:H7、牙龈卟啉单胞菌、肺炎链球菌、热带念珠菌、痢疾志贺氏菌亚群等。

诺如病毒是引起人类腹泻的一种重要的传染性病原体,由于诺如病毒培养困难,目前一般通过电镜或 RT-PCR 进行检测。诺如病毒因病毒量少,人体排毒时间短,病毒高度变异使病原学诊断比较困难,用 RT-LAMP 技术分析诺如病毒的特异基因,并与常规的 RT-PCR 方法比较达到同样的效果,且该方法不需要昂贵的 PCR 仪器,只需要恒温水浴锅,不需要电泳仪,具有结果鉴定方便、特异性高、高效等优点。

11.2.4　基因芯片技术

20 世纪 80 年代末基因芯片技术应运而生,它利用微电子、微机械、生物化学、分子生物学、新型材料、计算机和统计学等多学科的先进技术,实现了在生命科学研究中样品处理、检测和分析过程的连续化、集成化和微型化。

基因芯片技术是指将大量(通常每平方厘米点阵密度高于 400)探针分子固定于支持物上后与标记的样品分子进行杂交,通过检测每个探针分子的杂交信号强度进而获取样品分子的数量和序列信息。由于基因芯片技术同时将大量探针固定于支持物上,所以可以一次性对样品大量序列进行检测和分析,从而解决了传统核酸印迹杂交技术操作繁杂、自动化程度低、操作序列数量少、检测效率低等问题。而且,通过设计不同的探针阵列、使用特定的分析方法可使该技术具有多种不同的应用价值,如基因表达谱测定、突变检测、多态性分析、基因组文库作图及杂交测序等。

(1)基因芯片的类型。

基因芯片技术按照应用范围的不同可以分为表达谱芯片和检测芯片,其中检测芯片又可分为生物群落鉴定芯片、种类鉴定芯片、功能基因检测芯片等;按照固定探针来源的不同,可以分为 PCR 产物芯片和寡核苷酸芯片。随着芯片技术在其他生命科学领域的延伸,基因芯片概念已泛化到生物芯片,包括基因芯片、蛋白质芯片、糖芯片、细胞芯片、流式芯片、组织芯片和芯片实验室等。芯片基片可用材料有玻片、硅片、瓷片、聚丙烯膜、硝酸纤维素膜和尼龙膜,其中以玻片最为常用。

(2)基因芯片技术在食品微生物检测中的应用。

基因芯片技术可以将生物学中许多不连续的分析过程移植到固相的介质芯片,并使其连续化和微型化,这一点是它与传统生物技术如 DNA 杂交、分型和测序技术的最大区别。基因芯片技术理论上可以在一次实验中检出所有潜在的致病原,也可以用同一张芯片检测某一致病原的各种遗传学指标;同时检测的灵敏度、特异性和快速便捷性也很高,因而在致病原分析检测中有很好的发展前景。表 11-1 列出了近年来应用寡核苷酸芯片进行微生物检测与鉴定的一些进展可以看出,目前用于细菌检测和鉴定的芯片所用探针大多来自 16SrRNA,部分来自一些功能基因。标记的方法仍然是以 PCR 过程中进行标记为主。

表 11-1 应用寡核苷酸芯片进行病原体检测及种类鉴定的部分研究进展

检测对象	探针		标记	参考文献
	大小	来源		
20 种人肠道细菌	40(mer)	16S rDNA	PCR 扩增样品 16S rDNA 全长时 Taq 酶聚合掺入荧光物或地高辛	Wang R F et al.,2002
5 种较近亲缘关系的杆菌	≈20	16S rRNA	化学方法标记样品 16S rRNA 的 PCR 扩增	Liu W T et al. 2001
玫瑰杆菌等6种水表面细菌	15~20	16S rRNA	使用 indocarbocyanine 和生物标记的引物 PCR 扩增样品 16S rRNA	Peplies J et al.,2003
鸡粪便中的弯曲菌	27~35	16S rRNA 与 23S rRNA 间区域和弯曲菌特有基因	荧光引物和 PCR 扩增标记	Keramas G et al.,2003
30 种菌血症血液中细菌	21~31	23S rDNA	地高辛引物 PCR 扩增标记	Anthony R M et al.,2000

检测对象	探针		标记	参考文献
	大小	来源		
大肠杆菌、志贺菌和沙门氏菌等 14 种细菌	13~17	gyrB	PCR 扩增时 Taq 酶聚合掺入荧光物	Kakinuma K et al. ,2003
14 种分歧杆菌	13~17	gyrB	T7RNA 酶聚合掺入荧光物	Fukushima M et al. ,2003
6 种李斯特氏菌	13~35	Lap、hly、inlB、plcA、plcB 及 clpE 等基因	PCR 扩增时 Taq 酶聚合掺入荧光物	Volokhov D et al. ,2002

　　基因芯片技术在食品微生物研究中也同样是一种不可或缺的研究工具。如在食品发酵过程中绝大多数活菌都不能体外培养,难以估计产物中的细菌种类和数量,利用基因芯片可不经培养直接分析发酵产物中的微生物种群。食品微生物中检测病原体的最低要求是能在 25 g 样品中检测到 1 个活细胞,显然目前的基因芯片技术达不到这一要求。为了提高基因芯片检测的灵敏度,一方面应在靶核酸分子与芯片杂交前除去各种杂质,这样既可提高检测的信噪比,又可防止杂质堵塞芯片;另一方面应通过 PCR 扩增或体外培养增殖等方法提高病原体的数量。

　　食品样品中检测到微生物靶核酸分子仅表明样品中确实含有某种微生物,但无法确定该微生物是否存活。因此必要时应采用培养富集等方法确定微生物是否能在培养基中生长,或采用单偶氮乙啶(EMA)活染和 PCR 扩增法加以鉴别。某些核酸结合型染料仅能通过破裂的细胞膜进入死细胞,不能进入活细胞中。利用光活化 EMA 对 DNA 的不可逆结合作用可抑制死细胞 DNA 的扩增。

11.3　电化学方法

　　由于微生物的细胞膜具有高度的绝缘性,而其细胞质中却含有大量的带电粒子,这一特点就会使微生物细胞在电场力作用下,表现出一定的电学特性。同时,微生物的生长代谢所产生的代谢产物,会使其培养介质的导电性发生变化。根据这一原理,我们就可以通过电极来记录微生物生长代谢过程中的电流、电位、阻抗、电导和介电常数等信息,进而分析信号特征。

11.3.1　电阻抗法

　　早在 1898 年英国科学家 Stewart 就在血清和血液的化脓过程中发现了细菌培养基的导电率曲线,在此基础上,经过一百多年的发展与完善,电阻抗法不断发展与完善并日趋成熟。该方法的特点是能够同时检测多个样品的含菌量,检测时间短、精确度高。伴随电动化和计算机技术的飞速发展,电阻抗法在微生物检测中的作用更为强大。

（1）基本原理。

将电极插头连接在一个特制的测量管底部,由于用来培养微生物的液体培养基是电的良导体,所以就可以对已经接种的液体培养基阻抗的变化规律进行测定。阻抗之所以会发生变化,是因为微生物生长过程中的新陈代谢作用会使培养基中的大分子电惰性物质(如蛋白质、碳水化合物、脂类)被分解成小分子电活性物质(如醋酸盐、乳酸盐、重碳酸、氨等物质),这些代谢物的出现和聚集,增强了培养基的导电性,从而降低了其阻抗值。将培养基阻抗变化的相对值定义为 M,则 $M=(Z_0-Z)/Z_0×100\%$,其中:Z_0 表示测量开始时培养基的阻抗值,Z 表示测量开始后任意时刻培养基的阻抗值,M 值最终表示了培养基电阻减少的百分数。电阻越小,细菌活动越多,因此通过测定 M 值的变化就能检测出微生物的数量,其原理如图 11-4 所示。

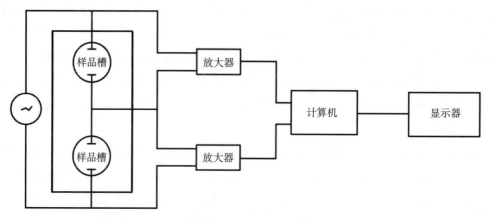

图 11-4　电阻抗法原理

为描述微生物的显著生长而导致培养基阻抗值的减少,需要设定一个 M 值,从测量开始到微生物生长曲线达到所设定的值所需的时间就是阻抗检测时间(IDT),在一定范围内,菌落形成单位(CFU)的对数 lg(CFU)与 IDT 呈直线关系,通过测定同类样品的一系列CFU(平板菌落计数)和相对应的 IDT(电阻抗法)就可以制定出标准曲线。

对于未知样品,想要测定其 CFU,只需测定其 IDT 值,再通过查标准曲线即可得出结果。

（2）电阻抗法的类型。

根据测量所使用的电极是否与培养基接触,电阻抗检测方法可分为直接电阻抗测量法和间接电阻抗测量法。

①直接电阻抗测量法:将培养基装入特制的测量管,接种微生物后在培养基内插入电极,直接测量培养基的电特性变化。直接测量法适用的培养基需要根据待测定菌的特性来设定,它既要有利于被测菌的繁殖与分离,又要在检测当中出现显著的阻抗变化。因此培养基的选择是检测成败的决定性因素之一,例如,金黄色葡萄球菌在营养肉汤中能够生长,但不能产生明显的电反应,而其在某种特制的阻抗肉汤中不仅能够很好地生长,而且能产

生强烈的阻抗信号。

②间接电阻抗测量法:通过检测微生物生长代谢所产生的 CO_2 来反映微生物的代谢活性。其原因是有些特殊种类的微生物培养需要使用 LiCl、KCl 等高浓度盐来达到分离效果,这些盐离子使培养基本身带有很强的导电性,掩盖了微生物代谢产生的阻抗变化,因此不能用直接电阻抗测量法,测试时在阻抗测试管中加入 KOH 直到能够淹没电极,盛装培养基的小管与测试管相通,接种微生物后产生的 CO_2 进入测试管与 KOH 反应生成 K_2CO_3,其导电性比原始溶液低,记录测试管中溶液导电性的变化就可以得到微生物的信息。

(3)研究进展及其在食品微生物检测中的应用。

电阻抗测量法检测微生物的研究从 20 世纪 70 年代开始受到关注,Ur 和 Brown 最先报道了通过阻抗变化来检测细菌生长及对抗生素的敏感性;Candy 等认为微生物生长引起电极表面的双电层组成改变,使容抗发生变化,是影响阻抗的主要因素。2003 年 Yang 等将三电极体系用电解液电阻、法拉第阻抗、双电层电容的串并联等效,对阻抗法原理进行了系统的研究,当电极表面不发生化学反应时,感应电流不存在,等效电路可简化为电解液电阻与双电层电容的串联。该方法在食品工业中最初是从乳制品检测开始的,1979 年 O'Connor 使用此方法成功地测定出原乳中的细菌总量,随后电阻抗测量法在食品微生物检测领域的应用越来越广泛。

11.3.2　电化学免疫传感器

生物传感器是在 1962 年,Clark 等以酶电极的设想提出来的。他们利用葡萄糖氧化酶催化葡萄糖氧化反应,经极谱式氧电极检测氧量的变化,从而制成了第一支酶电极。从此传感器技术迅速发展,又衍生出许多不同的类型。电化学免疫传感器是将免疫分析与电化学传感技术相结合而构建的一类新型生物传感器,是免疫传感器中研究最早、种类最多、也较为成熟的一个分支,它结合了各种电分析技术如溶出伏安法、脉冲差分法和脉冲伏安法等,使其灵敏度得到大大提高,目前正朝着更加灵敏、特效、微型和实用的方向发展。

(1)电化学免疫传感器原理及特点。

生物传感器一般由生物识别元件和信号转换元件组成,生物识别元件是固定化的抗体片段或抗原(半抗原),用来测定特定分析物(抗原或抗体),从而形成稳定的免疫复合物,这类分析装置统称为免疫传感器。电化学免疫传感器是结合了抗原抗体反应高度特异性和选择性以及电化学分析方法,具有快速、灵敏、简便、精密度高、自动化程度好、应用范围广等优点,适用于食品安全领域中病原微生物、抗生素和毒素等的测定。

(2)电化学免疫传感器的分类。

电化学免疫传感器根据测量信号不同可分为以下类型:

①电位型电化学免疫传感器。电位型电化学免疫传感器的原理是基于抗原抗体发生复合反应后,测定由标记物质引起的电位的改变,电位与活性物质浓度对数值成正比,电位型免疫传感器就是通过测量这个电位的变化从而进行免疫分析的。电位型免疫传感器结

合了酶免疫分析的高灵敏度和离子选择电极气敏电极等的高选择性,可直接或间接检测各种抗原、抗体,具有可实时监测、响应时间较快等特点。1975 年,Janata 首次提出用电位测量式换能器检测免疫化学反应,但还存在灵敏度低,线性范围窄、不稳定等缺点。2004 年,袁若等把乙型肝炎表面抗体和纳米金固定在铅电极上,制得高灵敏、高稳定电位型电化学免疫传感器。同年,唐点平等研制了纳米金修饰玻碳电极固载抗体电位型电化学免疫传感器用于检测白喉类病毒,取得了良好的效果。

②电容型电化学免疫传感器。电容型电化学免疫传感器是近年来出现的新型传感器,其信号转换器由一对处于流体环境的导电体组成。识别分子固定在电极上,相关检测物及液体的移动引起介电常数的改变,导致电容的变化。当金属电极与电解质溶液接触,在电极/溶液的界面存在双电层,它可以用类似电容器的物理方程来描述:

$$C = A\varepsilon_0 \varepsilon / d^\varepsilon$$

式中:C 为界面电容;ε_0 为真空介电常数;ε 为电极/溶液界面物质介电常数;A 是电极与溶液的接触面积;d 是界面层厚度。

电极溶液的界面电容能灵敏反应界面物理化学性质的变化,当极性低的物质吸附到电极表面上时,d 就会增大,ε 就会减少,从而使界面电容降低。由于其具有灵敏度高、结构简单、易于集成、无须标记物就可以直接检测等优点,从而在许多方面得以应用。

③电流型免疫传感器。电流型免疫传感器的原理主要有竞争法和夹心法两类。前者是用酶标抗原与样品中的抗原竞争结合氧电极上的抗体,催化氧化还原反应,产生电活性物质而引起电流变化,从而测定样品中的抗原浓度;后者则是在样品中的抗原与氧电极上的抗体结合后,再加酶标抗体与样品中的抗原结合,形成夹心结构,从而催化氧化还原反应,产生电流值变化。常用来作为标记的酶有碱性磷酸酶、辣根过氧化物酶、乳酸脱氧酶、葡萄糖氧化酶、青霉素酰化酶和尿素水解酶等。在电流型免疫传感器的制备中,抗原抗体固定是影响传感器性能的一个重要因素。抗原抗体的固定方式、数量及活性等直接影响传感器的重现性、检测限及循环使用等性能。

④电导型免疫传感器。由于免疫反应会引起溶液或薄膜的电导发生变化,电导型免疫传感器就是利用这种变化来进行分析的生物传感器。电导率测量法可大量用于化学系统中,因为许多化学反应都会产生或消耗多种离子,从而引起溶液的总电导率的改变。通常是将一种酶固定在某种重金属电极(金、银、铜、镍、铬等)上,在电场作用下测量待测物溶液电导率的变化。

目前电导型免疫传感器还存在的问题就是仍存在非特异性问题,由于待测样品的离子强度与缓冲液电容的变化都会对这类传感器造成影响,并且溶液的电阻是由全部离子迁移决定的,所以该类型的传感器的发展受到限制。

⑤电阻型免疫传感器。对于一个阻抗特性的传感器,其电容、电感和电阻特性的组合会产生一个特定的阻抗信号。如果传感器周围环境发生变化引起上述特性的任何变化,都会造成阻抗的改变,将得到新的阻抗特性,这就是基于电化学阻抗技术的传感器的研究

基础。

随着电化学、物理学、生物科学、材料科学的发展和交叉,电化学阻抗谱法(EIS)自 20 世纪 60 年代出现后得到迅速发展并被广泛应用于各种领域,是少有的可以表征膜电荷转移过程的技术之一。由于 EIS 技术具有良好的界面表征作用,微小振幅正弦电压或电流不会对生物大分子造成干扰,敏感性高,因此特别适合分析电极表面生物铺感膜的制备、生物学反应的动力学机制,已逐渐成为生物传感器研究的有效辅助方法。

阻抗分析法通过记录导体或半导体表面电化学性质的变化来分析生物分子在载体表面的固定情况和生化反应的动力学过程,为评价生物体系的电化学特性提供了分析手段。

根据生物识别元件的不同,生物传感器还可分为酶传感器、免疫传感器、核酸传感器、组织传感器等,而根据信号转换元件所传导的物理或化学信号的不同,生物传感器又分为压电晶体传感器、光学传感器、测热传感器、表面等离子共振型传感器、电化学传感器。

11.3.3　介电常数法

介电常数是物质相对于真空来说增加电容器电容能力的度量。介电常数随分子偶极矩和可极化性的增大而增大。在化学中,介电常数是溶剂的一个重要性质,它表征溶剂对溶质分子溶剂化以及隔开离子的能力。介电常数大的溶剂,有较大隔开离子的能力,同时也具有较强的溶剂化能力。当电场的频率在 $0.1 \sim 10$ MHz 时,微生物悬浮液的介电常数是微生物体积分数的函数。

(1)介电常数法的检测原理。

在电场力的作用下,在 $0.1 \sim 10$ MHz 较低频率区域,两电极之间的带电粒子在电场力的作用下会向两极移动,微生物细胞内的带电粒子受到电场力的作用也会向两极移动,但由于细胞膜的限制作用,将带电粒子限制在细胞内,电荷就会在细胞膜附近积累,使微生物的细胞发生极化。此时,每个细胞表现为一个小电容,微生物细胞的这种现象称为极化。极化现象增加了培养介质的电容,而在 $0.1 \sim 10$ MHz 较高频率区域,由于频率变化太快,微生物细胞来不及极化,微生物细胞对微生物悬浮液的电容不产生影响。通过检测这两个频率下微生物悬浮液的电容差,根据该电容差与微生物的体积分数之间的函数关系,获得微生物悬浮液中微生物的浓度。介电常数法主要应用于微生物细胞浓度较高的细胞悬浮液(210 CFU/mL),如生物发酵过程中微生物浓度的检测。

(2)介电常数法的研究进展。

通过检测微生物悬浮液的介电常数,可以实现微生物发酵过程微生物数目的实时、在线检测,该法已在微生物发酵过程中微生物浓度的在线检测中得到应用。HPE5050A(惠普公司制造)利用感应的方法检测溶液的介电常数,由两个同轴螺旋线圈组成,微生物悬浮液分布在两个线圈之间,当一级线圈施加电压时,会在二级线圈产生感应电流,感应电流的大小跟微生物悬浮液的介电常数有关,HPE5050A 不使用电极,减少了检测过程中极化阻抗的影响,但是由于该传感器的探头不可进行灭菌,同时要求精确的运算过程。

11.4　生物传感器

11.4.1　生物传感器的定义及基本组成

生物传感器是一种含有固定化生物物质如酶、抗体、细胞、细胞器或其复合体等,并且与一种合适的换能器紧密结合的分析工具或系统,用以将生化信号转化为电信号并使其数量化。

关于生物传感器的基本组成单位,一般认为包括两部分:

(1)生物敏感元件(biological sensing element),又称生物识别元件(biological recognition element,感受器),它是具有识别能力的生物分子[如酶、抗原(体)等]经固定化后形成的一种膜结构,对被测定的物质具有选择性的分子识别能力。

(2)换能器(transducer),又称转换器,主要是电化学或光学检测元件。当待测物与生物识别元件特异性地结合后,所产生的复合物(或光、热等)通过信号转换器转变为可以输出的电信号、光信号等,从而达到分析测定的目的,关于换能器的选择见表11-2。

表11-2　生物传感器中生化反应产生的各种信息和换能器的选择

生化反应产生的信息	换能器的选择
离子变化	电流型或电位型离子选择性电极
质子变化	离子选择性电极、场效应晶体管
气体分压变化	气敏电极、场效应晶体管
质量变化	压电晶体
电荷密度变化	阻抗计、导纳、场效应晶体管
溶液密度变化	表面等离子共振
热效应	热敏元件
光效应	光纤、光敏管、荧光剂
色效应	光纤、光敏管

有的生物传感器还包括信号处理放大装置(signal amplification system),它能将换能器产生的电信号进行处理、放大和输出,也有学者将信号处理放大装置单独列为生物传感器的一部分,将生物传感器的基本组成分为生物敏感元件、换能器、信号处理放大装置三部分。

将生物分子用于传感器所提供的优点首先是特异性,其次是灵敏度,这可以构成能区分类似分子并检测其中一种具有经济上重要性的物质的探测器的基础。某些酶的高周转率导致放大效应,放大效应提高检测的灵敏度。但是,对生物传感器的发展来说,还有一些必须克服的障碍,生物分子往往缺乏稳定性,而且分子的活性寿命必须延长。

11.4.2　生物传感器的分类和命名

生物传感器的分类。根据生物传感器中信号检测器上的敏感材料分类:如 DNA 传感器、免疫传感器、酶传感器、微生物传感器、组织传感器、细胞传感器、细胞器传感器等。

根据生物传感器的信号换能器分类:如电化学传感器、介体传感器、测热型传感器、测光型传感器、测声型传感器、半导体传感器、压电晶体传感器等。

生物传感器的命名。以上两种分类之间没有明显的界限,有时可以相互交叉,例如,酶传感器。根据换能器不同又可分为酶电极、酶热敏传感器和酶极光等。具体至某一种传感器的命名,一般是采用"功能+结构特征"的方法,例如,BOD 微生物传感器、葡萄糖氧化酶传感器和葡萄糖氧化酶光纤传感器等。

11.4.3　检验原理

生物传感器基本工作原理:当被分析物中特异性的待测物与分子识别元件结合后,其产生的复合物、光、热等就被信号转换器转换为光信号或电信号等,电信号再经信号分析处理系统处理后输出,反映出样品中被测物质,如图 11-5 所示。

图 11-5　生物传感器基本工作原理

(1)分子识别。

分子识别是指待检样中代表成分能被生物敏感材料中的生物分子有选择地特异性结合,生物敏感材料包括酶、抗体(原)等免疫物质、细胞器、微生物细胞、组织切片、核酸等。

①酶分子识别。酶分子识别是指酶分子只能与某种特定的底物分子进行结合,而不与其他分子发生反应的性质。酶分子的识别能力决定了以酶为生物敏感材料的生物传感器的分子识别能力。酶分子的识别能力主要由酶的活性中心确定。

②微生物细胞传感器的分子识别。由于酶存在于微生物细胞中,因此微生物细胞传感器的分子识别本质上也属于酶分子识别,但也存在一定的差异。微生物细胞膜系统为微生物的酶促反应提供了更为天然的、适宜的反应条件,因此,酶可以在更长时间内保持一定的催化活性。微生物细胞本身为反应提供了各种天然的辅酶和辅基,而细胞的来源也比酶更为方便、便宜,所以,在多底物的反应中,使用微生物细胞比单纯使用酶更适合用作催化剂。然而微生物细胞中多种酶共存,众多代谢途径错综复杂,很多副反应难以排除;外界环境的

变化很容易引起微生物生理状态的变化,导致代谢紊乱,出现异常反应;在反应过程中微生物细胞自身也在生长、增殖,因此不利于分析。这些是微生物细胞传感器自身难以克服的缺点。

③免疫传感器的分子识别。免疫传感器的分子识别是由抗原或抗体所发生的特异性结合能力所决定。其工作原理是由于抗体或抗原(其本质为蛋白质)带有大量电荷、显色基团等,当抗原抗体发生特异性结合时,将产生电学、光学等变化,通过适当的传感器可检测这些参数。

④DNA 传感器的分子识别。DNA 传感器的分子识别是由 DNA 分子中碱基互补配对结合特性所决定的。当作为生物敏感元件的单链 DNA 分子与待测样品中的互补序列 DNA 发生特异性结合(分子杂交)时,一种可以作为识别 DNA 分子杂交的指示剂立即发出响应信号,这种响应信号可以是电化学中的电流的微弱变化,也可以是光学中的颜色的细微改变,还可以是热学中的热量的微小变化等。

(2)生化反应中量的变化和信号的转换。

当生物敏感材料进行完分子识别后,即发生生化反应。生化反应中伴随一系列量的变化,如光、热、阻抗和颜色等的变化,使用特定的换能器检测这些参数的变化,并将其转化成电信号。

①将化学变化转变成电信号。已研究的大部分生物传感器的工作原理均属于这种类型。以酶传感器为例,酶催化特定底物(底物是指在酶反应中,和酶发生反应的特定物质即反应物,在酶反应中特称为底物)发生反应,从而使特定生成物的量有所增减。用能把这类物质的量的改变转换为电信号的装置和固定化酶耦合,即组成酶传感器。常用的这类信号转换装置有氧电极、过氧化氢电极、氢离子电极、其他离子选择性电极、氨气敏电极、二氧化碳气敏电极、离子场效应晶体管等。除酶以外,用固定化细胞、微生物、固定化细胞器、抗原和抗体也可以组成相应的传感器,其原理和酶传感器类似。

②将热变化转换成电信号。固定化的生物材料与相应的被测物作用时常伴有热的变化。如大多数酶反应的热焓变化量在 25~100 kJ/mol 的范围。这类生物传感器的工作原理是把反应的热效应借热敏电阻转换为阻值的变化,后者通过有放大器的电桥输入记录仪中。

③将光信号转变为电信号。有些酶如过氧化氢酶,能催化过氧化氢/鲁米诺体系电化学发光,因此设法将过氧化氢酶膜附着在光纤或光敏二极管的前端,再和光电流测定装置相连,即可测定过氧化氢含量。还有很多细菌能与特定底物发生反应,产生荧光,也可以用这种方法测定底物浓度。

上述三种原理的生物传感器,都是以生物敏感物质与待测物发生的化学反应为基础,将反应后所产生的化学或物理变化通过信号转换器转变为电信号进行测量,这种方式统称为间接测量方式。此外还有一种直接测量方式。

④直接产生电信号方式。这种方式可以使酶反应伴随的电子转移、微生物细胞的氧化

直接(或通过电子递体的作用)在电极表面上发生。根据所得的电流量即可得底物浓度。

(3)生物放大。

生物放大是指利用生物体内的生化反应通过对反应过程中某些产量大、变化大或容易检测的物质进行分析来间接确定反应过程中其他产量小、变化小、不易检测的物质的量的方法。利用生物放大技术可以大幅提高检测的灵敏度,这里简要介绍几种生物放大的方法。

①酶催化方法。酶是一种专一性、特异性很强的催化剂,因此,可以通过测定酶所催化的反应中底物的减少量或产物的增加量推测反应中酶的消耗量,或与酶相关的其他物质的量,从而实现生物放大的效果,该方法常用于酶联免疫和酶标记杂交反应。

②底物循环放大。其原理是被测物在多种酶之间不断循环,每次循环都要消耗各自底物,产生对应的产物,每次循环过程中被测物的浓度保持不变,通过分析底物的消耗量和产物的增加量就可测定待测物的量,实现放大效应,循环次数越多,酶消耗的底物和产生的产物越多,方法效率越高,通常可将信号放大 4 个数量级。

③脂质体技术。脂质体是由脂质膜构成的微球体,在其内部含有由酶、荧光素或电活性物质标记的抗原(体)等标记物。微球体外膜结合有抗原(体),当外膜上的抗原(体)与待测的抗体(原)特异性结合时,微球体破裂,微球体内标记物释放出来。由于标记物量大且容易测定,因此通过测定标记物的量就可以测定待测抗体(原)的量,从而实现放大。其缺点是微球体稳定性较差,标记物易泄露。

11.4.4　常见的生物传感器原理及其应用

(1)酶生物传感器。

①酶生物传感器的原理。酶传感器由固定化酶和电化学器件构成,通过电极反应检测出与酶反应有关的物质并转换为电信号,从而检测试液中的特定成分的浓度。

作为电化学器件使用的是各种电极,其测定方法大致分为电位法和电流法两种。

1)电位法。该方法由工作电极和参考电极来实现。工作电极带有选择性膜,膜能够与酶、有关的离子、气体等电极活性物质进行选择性反应。工作电极的膜电位随电极活性物质的浓度而变化。按照工作电极与参考电极的电位差来测定这个变化,再换算成浓度。pH 电极、钠及钾离子电极、氨气体电极、二氧化碳气体电极等都是这种类型的电极。

2)电流法。该方法分为电动势型(燃料电池型)和极谱型两类。电动势型是在电解液中电极活性物质自发地进行电极反应,并测出流动的电流。极谱型是采用外部的电源,通过在阳极与阴极之间加以电位,使电极活性物质氧化、还原,检测两电极间流动的电流。氧电极和过氧化氢电极是电流法使用的典型电极。

此外,由于与酶反应有关的物质生成或消耗会引起溶液电导率的变化,所以测定电导率变化的"电导率法"也被些电化学装置所采用。

②酶的固定化方法。酶传感器是生物传感器领域中研究最多的一种类型。此类传感

器中酶是传感器的核心部分,但是酶易溶于水,本身也不稳定,需要将其固定在各种载体上,才可延长酶的活性。酶的固定化方法大致分为三类:载体结合法、架桥法、包括法。酶固定化技术在很大程度上决定了酶传感器的性能,包括稳定性、灵敏度、选择性、检测范围与使用寿命等。

③酶传感器的应用。酶传感器是间接型传感器,它不是直接测量待测物质,而是通过与反应有关的物质间接地测量待测物质,如葡萄糖传感器。葡萄糖是典型的单糖,可将它进行特殊的氧化从而生成葡萄糖酸的酶(葡萄糖氧化酶,GOD),GOD 催化下列反应:

$$C_6H_{12}O_6+O_2 \rightarrow C_6H_{10}O_7+H_2O_2$$

这是一个耗氧反应,由于 GOD 的催化作用,氧随着葡萄糖被氧化而逐渐消耗,同时产生 H_2O_2,用氧做电极,可把反应系统中的含氧量变化转换为电信号,其强弱直接反映了系统中的葡萄糖浓度,通过仪器测定实现传感器的功能。由于反应中 H_2O_2 的产生会影响 GOD 的活力,所以及时分解 H_2O_2,会对酶膜起保护作用。利用辣根过氧化物酶(POD)的催化作用,从理论上讲能达到此目的。反应如下:

$$H_2O_2+还原剂(还原型) \rightarrow 还原剂(氧化型)+H_2O$$

不同的酶膜及反应条件对酶传感器的响应速度和灵敏度有很大的影响,如 pH 值、还原剂的量、适当的搅拌以及添加改变机械强度的明胶等因素对测量的速度及灵敏度起着很大的作用。

(2)组织传感器。

组织传感器将组织切片中的生物催化层与基础敏感膜电极结合而成。由于酶存在于生物组织中,因而组织传感器工作的基本原理与酶传感器相同。

(3)微生物传感器。

①微生物传感器的原理。微生物传感器由包含微生物的膜状感受器和电化学换能器组合而成,可以分为两类:

1)以微生物呼吸活性(氧消耗量)为指标的呼吸活性测定型传感器;

2)以微生物的代谢产物(电极活性物质)为指标的电极活性物质测定型传感器。

ⅰ.呼吸活性测定型传感器。微生物大体上分为好氧性微生物和厌氧性微生物。好氧性微生物呼吸时消耗 O_2 并生成 CO_2。因此把固定好氧性微生物的膜和 O_2 电极或 CO_2 电极结合起来,就构成呼吸活性测定型微生物传感器。其基本原理是:作为测定对象的有机化合物(基质)存在于溶液中,基质向微生物膜上扩散,微生物因同化了这种有机物而使呼吸活泼起来。O_2 在微生物膜上被消耗,其含量减少,透过透氧性膜到达电极的还原氧量减少,这个变化可以直接从电流的减小来观察。确定了电流值的变化量和有机物浓度之间的关系即可以进行这种有机物的定量分析。

ⅱ.电极活性物质测定型传感器。厌氧性微生物可以通过电极活性物质测定型传感器测定,好氧性微生物也可利用这种传感器。微生物在代谢有机物时生成各种产物,在代谢产物是电极活性物质的情况下,把微生物膜和离子选择性电极组合起来,就构成电极活性物质测定型微生物传感器。当待测有机物扩散到微生物膜内时,被微生物代谢而生成氢气。氢气到达阳极,经电化学反应而被氧化。阳极和阴极之间的电流值和微生物所生成的 H_2 成比例地变化。因此,根据这个电流的测量,可以测定被测对象的浓度。

②微生物传感器在食品工业中的应用。微生物传感器主要用于发酵过程中,微生物传感器的特性决定了它最适合发酵工业的测定。在发酵过程中发酵液往往是浑浊的,不适于光谱等方法测定,而且发酵液中常存在干扰酶等物质。应用微生物传感器则可能排除干扰,并且不受浑浊度的限制。微生物传感器成本低、设备简单的特点使其在发酵工业中具有极大的优势,这类传感器主要有醋酸传感器、同化糖传感器、酒精传感器、谷氨酸传感器等。

(4)免疫传感器。

①免疫传感器的原理。利用抗体能够识别抗原并和被识别抗原结合的功能开发的生物传感器称为免疫传感器。免疫传感器是以免疫测定法的原理为基础构成的,可分为采用不用标识剂(非标识免疫)的方式和标识剂(标识免疫)的方式两种。免疫传感器可以识别肽或蛋白质等高分子之间微小的结构差异。

1)非标识免疫方式是在感受器表面上形成抗原抗体复合物时,引起的物理变化直接转换为电信号。已经进行了两类研究:在膜表面上结合抗体(或抗原)以组成感受器,用来测定其与抗原(或抗体)反应前后的膜电位;在金属表面上结合抗体(或抗原)以组成传感器,用来测定其与抗原(或抗体)反应时所产生的电极电位变化。

2)在标识免疫方式的免疫传感器中,把酶、红细胞或核糖体等作为标识剂,将各种标识剂的最终变化用电化学换能器转化为电信号。这种标识免疫传感器的重要特点是利用了标识剂的化学放大作用,从而获得较高的灵敏度。

免疫传感器分为电化学免疫传感器(这类生物传感器分为电位测量式、电流测量式和导电率测量式三种类型);质量检测免疫传感器;压电免疫传感器;声波免疫传感器;热量检测免疫传感器;光学免疫传感器。

②免疫传感器在食品工业中的应用。

1)检测食品中的毒素。毒素的种类繁多,食品在产前、运输、加工及销售等环节都有可能被污染,而且有些毒素的毒性大,甚至有致畸、致癌作用。为了防止毒素超标的食品和饲料直接进入食物链,加强对其检测非常必要。毒素的检测主要集中在伏马菌素 B(FB)、葡萄球菌肠毒素、黄曲霉毒素 B_1、肉毒毒素等上,所用的传感器大多采用光纤免疫传感器。

2)检测食品中的细菌。许多细菌是引起人感染的主要病原体。生物传感器的出现极大地推进了细菌测定学的发展,也使食品工业生产和包装过程中微生物自动检测成为可能,以电化学为基础的免疫传感器已成功地用于检测细菌毒素蛋白质。

3)检测食品中的农药残留。免疫传感器在残留农药的检测方面也显示了它的优点,如表面等离子共振免疫传感器快速检测脱脂牛奶和生牛奶中的硫胺二甲嘧啶残留物,压电晶体免疫传感器、流注分析免疫传感器、安培酶免疫电极测定杀虫剂阿特拉津,多克隆抗 PCB 抗体制作敏感膜光纤免疫传感器测定多氯化联苯杀虫剂等。

(5)DNA 生物传感器。

DNA 生物传感器是由固定有已知核苷酸序列的单链 DNA(ssDNA 探针)的电极(探头),通过 DNA 分子杂交,对待测样品的目的 DNA 进行识别、杂交,结合成双链 DNA,杂交反应在传感器电极上完成,产生的电、光、热信号由换能器转变成电信号。根据电信号的变化量,推断出被检测 DNA 量。因换能器和分子识别种类不同,所以就可以构成不同类型的 DNA 生物传感器。

按换能器转换信号可以分为电化学 DNA 传感器、光学 DNA 传感器、光渐消逝波 DNA 传感器、荧光 DNA 传感器、表面等离子体共振 DNA 传感器、光寻址电位式 DNA 传感器、生物发光 DNA 传感器、拉曼光谱式 DNA 传感器、瞬波光纤 DNA 传感器、压电晶体 DNA 生物传感器等。

DNA 生物传感器已经在由细菌、病毒、毒素等引起的疾病的检测方面有所应用,利用 DNA 分离、PCR 产物测定、毒素测定等手段发挥其作用。

11.5 测试纸片快速检验法

11.5.1 基本知识

快速测试是指以纸片、冷水可凝胶、无纺布等作为培养基载体,将特定的培养基和显色物质附着在上面,通过微生物在上面的生长、显色来测定食品中微生物的方法,可分别检测菌落总数、大肠菌群计数、霉菌和酵母菌计数,与发酵法符合率高。该方法综合了化学、高分子学、微生物学技术,能够对多种活体微生物进行快速检测,并在种类上进行选择性分析。

11.5.2 快速测试片法的特点

快速测试片在食品微生物检测中有着良好的应用,这项检测技术有着较多的优点。

(1)操作简便。

待检的样品取少量即可,不需要其他试剂和大量玻璃器皿,检样不需要增菌,直接接种纸片,适宜温度培养后计数,使用过程中不产生任何废液废物,使用后省去繁重的清洗工作,经灭菌便可弃置,价格低廉,携带方便。

(2)高效实用。

避免了热琼脂法不适宜受损细菌恢复的缺陷,故适用于实验室、生产现场和野外环境工作使用,快速测试片可以在取样时同时接种,结果更能反映当时样本中真实的细菌数,防止延长接种时间时由于细菌繁殖造成的数量增多。

11.5.3　快速测试纸片的基本原理

快速测试纸片的载体是一种可以黏附固体培养基的不透水膜,为可再生的水合物材质,由上下两层薄膜组成。上层聚丙烯膜含有黏合剂、指示剂及冷水可溶性凝胶,下层聚乙烯薄膜内侧含有待检测微生物生长所需的琼脂培养基。样品经过简单的处理后成为悬浮液,取一定量悬浮液滴加到干燥状态的固体培养基上时,干燥的固体培养基迅速吸收样品中的水分,膨胀成为常见的固体培养基状态,且经过压延,待检测微生物可以均匀散布在该固体培养基表面,类似于微生物涂布,当微生物在此测试片上生长时,细胞代谢产物与上层的指示剂(因种而异)发生氧化还原反应,将指示剂还原显色,从而使微生物着色。测试片上就会呈现出特异的菌落判断,根据这些菌落数可以报告样品中微生物活菌的数量。

11.5.4　快速测试片的应用

细菌总数测试纸片是加上菌落指示剂 TTC(氧化三苯四氮唑)和培养基的纸片。TTC 用于菌落制片计数,原理是细菌代谢过程中在脱氢酶的催化下,通过生物氧化获得能量,并将供氢体的氢脱下传递至受氢体,以 TTC 作为受氢体,接收氢后生成红色非溶解性产物苯甲酯,指示菌落存在。以滤纸为载体的测试片,需要筛选白色、密度均匀、吸附力强的滤纸,还要将滤纸裁剪为 4.0 cm×5.0 cm 的统一尺寸。检测人员还需要做好灭菌工作,将 TTC (氯化三苯四氮唑)加入无菌培养基后,将滤纸浸入其中,要控制好滤纸的培养基吸附量,还要保证测试环境的干燥性,要做好滤纸的密封保存工作,降低装入已灭菌的塑料口袋中。在使用的过程中,要将 1 mL 待测液加在纸片上,然后做压平处理,将其放置在 37℃ 的培养箱中,培养时间以 16~18 h 为宜,然后对滤纸上的红点进行统计。检测纸片都是一次性的,在测定后直接对其进行焚烧处理。

大肠菌群快速检测纸片制作方法是将乳糖、蛋白胨等营养成分加上溴甲酚紫及 TIC 指示剂,pH 值在 6.8~7.0,灭菌条件为 115℃,灭菌时间为 15 min,浸泡条件为 60℃,时间为 10 min,烘干温度为 55℃,将待测液加到纸片上后,37℃培养 16~18 h,即可检测出结果。如纸片保持蓝紫色不变,无论有否红色斑点或红晕均判定为阴性;如纸片上呈现红色斑点或红晕,其周围变黄或整个纸片变黄均为阳性;如所检样品为未经消毒的餐饮器具,纸片结果为全黄且无红色斑点或红晕,可直接列为阳性;如所检样品为已经消毒的餐饮器具,应按发酵法做证实试验或加 pH 值为 7.4 的无菌 PBS 溶液证实。

纸片荧光法利用细菌产生某些代谢酶或代谢产物的特点,建立酶—底物反应法。将待测细菌所需的营养成分、酶促底物以及抑制杂菌的成分固相化在纸片上,通过检测大肠菌群、大肠杆菌产生的有关酶的活性,以达到计数的目的。已有的两种测试片可分别检测大肠菌群和大肠杆菌,均在 37℃ 培养 24 h 后,在波长 365 nm 荧光灯下观察结果。最低检测量可达 0~4 CFU/mL。

美国 3M 公司生产了一种新型的测试片,得到了美国分析化学家协会(AOAC)的认可,在食品微生物检测中有着良好的应用,这种纸片使用了凝胶剂,可以对菌落进行准确的计数,是一种可再生的水合物干膜,薄膜的下层还覆盖了培养基,其含有供微生物生长的营养剂,当外界环境的温度达到要求,则可对细菌微生物进行培养。以 Petrifilm 测试片检测金黄色葡萄球菌为例:Petrifilm 金黄色葡萄球菌测试片(staph express count plates,STX),内含冷水可溶性凝胶,是一种无须耗时准备培养基的快速检验系统。该测试片含有显色功能,经改良的培养基对金黄色葡萄球菌生长具有很强的选择性,并能将其鉴定出来。金黄色葡萄球菌在测试片上为暗紫红色菌落,若测试片上的菌落均呈暗紫红色则无须再做进一步的确认,此即为确认的结果,测试即已完成。

日本 Chisso 公司的 Sanita-Kun 和德国 R-biophann 公司的 Rida Count 微生物快速测试片是以无纺布和黏性涂料为载体测试片,最大的优点是可使样液均匀、迅速地扩散,并得到了 AOAC 的认可,根据其报告显示,Sanita-Kun 大肠菌群测试片的敏感性为 100%,特异性 92.9%。另据 Chisso 公司介绍,霉菌酵母菌测试片应用了 X-acetate 指示剂,在酯酶裂解酶的作用下,25℃培养 3 d 菌落显示为蓝色;金黄色葡萄球菌测试片含有 X-acetate 指示剂,在酯酶裂解酶的作用下,35℃培养 1~2 d 使菌落显示为黄绿色;沙门氏菌测试片含有硫化亚铁指示剂,35℃培养 1~2 d,使菌落显示为黑色,并检验出硫化氢。

11.5.5 思考讨论

(1)简述聚合酶链式反应(PCR)技术的原理。

(2)电化学免疫传感器分为哪几种类型? 各自都有什么特点?

(3)请画出电阻抗法检测微生物的电路图,并简述其原理。

(4)快速测试片培养基载体的构成材质都有哪些? 该检测方法有什么特点?

(5)免疫荧光技术的操作方法分为哪两类? 分别描述其原理。

11.6 流式细胞技术

11.6.1 实验目的

(1)掌握流式细胞技术的基本原理。

(2)学习采用流式细胞仪检测活性细胞个数的方法。

11.6.2 基本原理

流式细胞仪(flow cytometry,FCM)是对高速直线流动的细胞或生物微粒进行快速定量测定和分析的仪器。目前拥有流式细胞仪市场较大份额的公司是美国的 BD(Becton-Dickinson)公司、贝克曼库尔特(Beckman-Coulter)公司和德国的 Partec 公司。流式细胞仪主要由四部分组成:流动室和液流系统;激光源和光学系统;光电管和检测系统;计算机和分析系统。

基本原理:将经特异性荧光染料染色后的待测细胞放入样品管中,细胞在气体压力下进入充满鞘液的流动室,在鞘液的约束下细胞排成单列由流动室的喷嘴喷出,形成细胞柱,依次通过检测区。当细胞在鞘液流中通过测量区时,经激光照射产生散射光线,分前向角散射光(forward scatter,FSC)和侧向角散射光(side scatter,SSC)。FSC 反映被测细胞的大小;SSC 反映胞质、胞膜和核膜的折射以及细胞内的颗粒的性质,细胞内结构越复杂,SSC 就越强。由各自的激光检测器收集信号,再经光电倍增管(PMT)将信号放大,转变为电信号后由计算机系统进行分析和显示,其结果以一维直方图、二维位图及数据表或三维图形显示。

本实验以贝克曼库尔特公司的 CytoFLEX 流式细胞仪检测大肠杆菌活菌数为例进行。

11.6.3　实验材料

设备和材料:CytoFLEX 流式细胞仪、高压灭菌锅、离心机、水浴锅、天平(感量为0.1 g)、均质器、振荡器、2 mL 离心管、微量移液器及吸头、0.22 μm 滤膜、pH 计或精密 pH 试纸。

试剂:

(1)染料:SYBR green I 母液为 10000×(Invitrogen 公司),经 DMSO(经 0.22 μm 滤膜过滤)稀释,置于-20℃冰箱保存。

(2) LB 液体培养基:胰蛋白胨 10.0 g、酵母粉 5.0 g、氯化钠 10.0 g,加超纯水至 1 L,加热熔化,待冷后调 pH 值为 7.2~7.6,121℃高压灭菌 15 min 备用。

(3)去离子水或无菌水:0.22 μm 滤膜过滤(无菌水:为了防止管路内残留有清洗液,形成结晶或造成管路接口的腐蚀,在使用清洗液清洗完毕后,一定要用无菌水,再次冲洗管路。无菌水必须以 0.22 μm 滤膜过滤后备用)。

(4)NaClO 溶液:流式细胞仪的常规清洗用液。目前市场上的漂白剂有效氯浓度多为5%~10%。漂白剂须经 0.45 μm 滤膜或滤纸过滤后,稀释至有效氯浓度 0.5%~1%,现用现配。

11.6.4　实验步骤

大肠杆菌活菌数的检验程序见图 11-6。

①样品的稀释:用微量移液器吸取大肠杆菌储备液 50 μL(-80℃甘油储存),接种于10 mL LB 液体培养基中,37℃,150 r/min 培养 12 h。将培养后的大肠杆菌菌悬液用无菌矿泉水(经 0.22 μm 孔径滤膜过滤)稀释至合适浓度,使菌悬液浓度在 10^6 cells/mL 数量级。

②对样品进行染色:SYBR green I(Invitrogen,母液为 10000×,DMSO 稀释,-20℃冰箱保存)使用时需要将母液稀释 200 倍(超纯水稀释),SYBR Green I 避光染色 10 min。同时,每个梯度吸取 1 mL 使用液不加染料作为阴性对照上机检测。

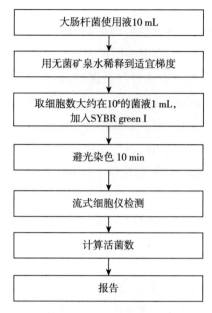

图 11-6　检验流程

③打开流式细胞仪软件 CytExpert,点击新建文件,命名保存文件夹。

④建立 FSC/VSSC-Log 双参数散点图,SYBR /VSSC-Log 散点图。

⑤将阈值设定在 SYBR 通道,根据阴性对照界定阈值将杂信号去掉。

⑥上机检测:通过散点图和直方图记录活菌数,通过数据统计表计算总活菌数及其平均值和标准偏差。具体检测结果见图 11-7。

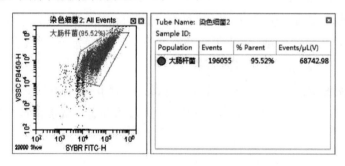

图 11-7　SYBR green I 染色大肠杆菌

⑦用 NaClO 溶液和去离子水对流式细胞仪进行清洗。

活菌数的计算方法:以每次样品中活菌数为例,具体按下式计算:

$$N=\frac{V_2 \times N_1}{V_1}$$

式中:N——样品中总活菌数;

V_2——样品上机检测的总体积;

V_1——上机检测过程中消耗样品的体积;

N_1——上机检测过程中消耗样品的体积所测得的活菌数。

计算每组样品 3 个平行实验中 N 的平均值,再将平均值乘以相应稀释倍数,作为每毫升样品中活菌个数的结果。流式细胞技术的单位是 AFU/mL,表示每毫升样品中细胞个数。

11.6.5　注意事项

待测样本量至少 1 mL,样本应在采集后 6 h 内处理,不可使用冷冻的标本或溶血样本。确保标本上机检测前的最适细胞浓度为 $1×10^6$ CFU/mL 左右,细胞浓度过低则直接影响检测结果。操作方面,保证流式细胞仪在整个工作过程中处于最佳状态,能保证定量检测的准确性和检测精度。使用标准样品调整仪器的变异系数在最小范围,分辨率在最好状态,避免在测量过程中仪器条件的变化引起的检测误差。

11.6.6　实验报告

总结实验过程,按实验结果写出报告,计算每毫升样品中大肠杆菌的活菌数。

第 12 章　分子生物学技术

12.1　细菌总 DNA 提取技术

12.1.1　实验目的

学习细菌总 DNA 提取的原理和方法,掌握几种常见提取细菌总 DNA 的操作流程,对比不同的提取方法所获得 DNA 的纯度与浓度。

12.1.2　基本原理

DNA 是细菌的主要遗传物质,为了研究 DNA 分子在生命代谢过程中的作用,常常需要从中提取 DNA。不同细菌总 DNA 提取方法有所不同,常见的细菌总 DNA 提取方法包括煮沸裂解法、反复冻融法、碱裂解法、CTAB 法、SDS 法、DNA 提取试剂盒等。由于提取的方法步骤存在差异,因此所获得的 DNA 的纯度及浓度也各不相同。

提取 DNA 一般遵循以下几点:①总的原则是要保证 DNA 一级结构完整,同时排除其他分子的污染;②DNA 样品中不应存在对酶有抑制作用的有机溶剂和过高浓度的金属离子,其他生物大分子的污染应降到最低程度,并且还要排除其他核酸分子的污染;③简化操作步骤,缩短提取过程;④尽量减少物理因素(如机械剪切力和高温等)及化学因素对 DNA 的降解,同时还要防止 DNA 的生物降解。

DNA 提取过程中常用的两种去污剂是 SDS 和 CTAB,其特点分别如下:SDS 法利用高浓度的阴离子去污剂 SDS 能够使 DNA 与蛋白质分离,在高温($55\sim65℃$)条件下裂解细胞,使染色体离析,蛋白质变性,释放出核酸,然后采用提高盐浓度及降低温度的方法使蛋白质及多糖杂质沉淀,离心后除去沉淀,上清液中的 DNA 用酚:氯仿:异戊醇(25:24:1)抽提,反复抽提后用乙醇沉淀水相中的 DNA。CTAB 是一种阳离子去污剂,可溶解细胞膜,它能与核酸形成复合物,在高盐溶液中($0.7\ mol/L\ NaCl$)是可溶的,当盐溶液的浓度降低到一定程度时($0.3\ mol/L\ NaCl$),DNA 就会从溶液中沉淀出来,通过离心可将 CTAB 与 DNA 的复合物同蛋白质、多糖类物质分开,然后将 CTAB 与核酸的复合物沉淀溶解于高盐溶液中,再加入乙醇使核酸沉淀,CTAB 能溶解于乙醇中。

12.1.3　实验材料

(1)菌种:大肠杆菌(*Escherichia coli*)或金黄色葡萄球菌(*Staphylococcus aureus*)在 LB 液体培养基37℃过夜培养,也可以将乳酸菌(*Lactic acidbacteria*)在 MRS 培养基中静止培养

18~24 h。

（2）仪器：冷冻离心机、水浴锅、涡旋振荡仪、-20℃冰箱、1.5 mL 离心管、计时器、移液器、恒温培养箱等。

12.1.4　实验步骤

（1）DNA 的提取。

方法一：煮沸裂解法。

①取 1 mL 37℃培养过夜的菌液至 1.5 mL 离心管中，12000 r/min 离心 2 min（如果菌体量过少，可重复操作 1 次）。

②弃上清，离心管中加入 500 μL 无菌水洗涤菌体，充分混匀后 12000 r/min 离心 2 min。

③弃上清，加入 100 μL 无菌水至离心管，充分混匀。

④在 100℃水浴锅中煮沸 20 min，12000 r/min 离心 5 min。

⑤将上清转移至另一 1.5 mL 无菌离心管中，-20℃保存备用。

方法二：反复冻融法。

试剂：液氮、无菌水。

①吸取 1 mL 37℃培养过夜的菌液至 1.5 mL 离心管中，12000 r/min 离心 2 min（如果菌体量过少，可重复操作 1 次）。

②弃上清，离心管中加入 500 μL 无菌水重悬菌体。

③采用液氮将离心管快速冷冻后（可将离心管置于液氮罐中 10 s 左右），取出置于 100℃水浴 5 min。

④涡旋振荡 30 s，重复上述操作 3 次，最后 12000/min 离心 5 min。

⑤将上清转移至另一 1.5 mL 无菌离心管中，-20℃保存备用。

方法三：碱裂解法。

试剂：0.5 mol/L NaOH 溶液、0.1 mol/L Tris（pH8.0）溶液。

①吸取 1 mL 37℃培养过夜的菌液至 1.5 mL 离心管中，12000 r/min 离心 2 min（如果菌体量过少，可重复操作 1 次）。

②弃上清，菌体沉淀中加入 50 μL0.5 mol/L NaOH 溶液。

③涡旋振荡 30s，12000 r/min 离心 5 min。

④取 5 μL 液体，用无菌的 0.1 mol/L Tris（pH8.0）溶液稀释 100 倍。

⑤稀释液可以作为 PCR 实验的模板，-20℃保存备用。

方法四：CTAB 法。

试剂：10%SDS、蛋白酶 K、酚：氯仿：异戊醇（25：24：1）、异丙醇、70%乙醇、TE 缓冲液[10 mmol/L Tris·HCl，0.1 mmol/L EDTA（pH8.0）]、CTAB/NaCl 溶液（5%，m/v，5 g CTAB 溶于 100 mL 0.5 mol/L NaCl 溶液中，需要加热到 65℃使之溶解，然后室温保存）。

①吸取 1 mL 37℃培养过夜的菌液至 1.5 mL 离心管中,12000 r/min 离心 2 min(如果菌体量过少,可重复操作 1 次)。

②弃上清,沉淀物中加入 567 μL 的 TE 缓冲液,反复吹打使之重新悬浮。

③加入 30 μL 10% SDS 和 15 μL 的蛋白酶 K,混匀,于 37℃下温育 1 h,每隔 10 min 倒 1 次离心管,使其充分反应,破碎细胞。

④加入 100 μL 5 mol/L NaCl,充分混匀,再加入 80 μL 5% CTAB/NaCl 溶液,混匀后在 65℃下温育 10 min。

⑤加入等体积(约 700 μL)的酚∶氯仿∶异戊醇(25∶24∶1)混匀,12000 r/min 离心 5 min(离心后的水层如混浊则说明仍含有蛋白质,则需将上清液转入新的离心管,重复上述步骤约 2 次直到水层透明,水层和酚层之间不再有白色沉淀物为止)。

⑥将上清液(约 700 μL)转入一支新的无菌离心管中,加入 0.6~0.8 倍体积的异丙醇,轻轻混合直到 DNA 沉淀下来,此时可见 DNA 呈絮状沉淀,12000 r/min 离心 5 min。

⑦弃上清,得到 DNA 粗提物,将离心管倒置于滤纸上干燥。

⑧向离心管中加入 1 mL 70%乙醇洗涤,12000 r/min 离心 5 min,弃上清液,再次加入 70%的乙醇(500 μL),12000 r/min 离心 5 min,充分弃上清液,倒置干燥。

⑨加入 50~100 μL 的无菌水或 TE 缓冲液,充分溶解离心管底部的 DNA,-20℃保存备用(注:若长期储存,建议使用 TE 缓冲液溶解 DNA,TE 中的 EDTA 能整合 Mg^{2+} 或 Mn^{2+},抑制 DNA 酶;另外 TE 缓冲液 pH 为 8.0,可防止 DNA 发生酸解)。

方法五:SDS 法。

试剂:TE 缓冲液、溶菌酶、20% SDS、5 mol/L $NaClO_4$、氯仿∶异戊醇(24∶1)、无菌水、无水乙醇、70%乙醇等。

①取 1 mL 新鲜培养的菌液至 1.5 mL 离心管中,12000 r/min 离心 5 min 收集菌体。

②弃上清,将菌体重悬于 360 μL TE 缓冲液中,然后加 50 mg/mL 的溶菌酶储液 100 μL,上下颠倒混匀,37℃水浴 4~5 h。

③加入 40 μL 20% SDS,上下颠倒混匀,60℃水浴 15 min。

④取出,加入 125 μL $NaClO_4$(5 mol/L)混匀,再加入氯仿∶异戊醇(24∶1)625 μL,混匀。12000 r/min 离心 10 min,小心吸出上清液,加入 2 倍体积无水乙醇,混匀后 12000 r/min 离心 10 min。

⑤弃上清,加入 70%乙醇 600 μL,混匀后 12000 r/min 离心 5 min。

⑥弃去乙醇,吸出多余液体,室温自然晾干,加入 40 μL 无菌水吹打沉淀,12000 r/min 离心 30 s 后,-20℃保存。

方法六:DNA 提取试剂盒。

细菌 DNA 提取试剂盒(bacterial DNA kit)可以快速简便地从大量不同种类的细菌中提取高质量的总 DNA。有些试剂盒采用硅胶柱代替酚/氯仿进行抽提,不同公司所生产的试剂盒中的试剂有所不同,操作步骤也存在一定的差异,但所遵循的细菌 DNA 提取的原理基

本一致。以天根生物科技有限公司的细菌 DNA 提取试剂盒为例,细菌总 DNA 提取流程如下:

处理的样品菌泥→加 200 μL 缓冲液 GA,振荡,使细胞悬浮→加入 20 μL 蛋白酶 K 溶液,混匀→加 220 μL 缓冲液 GB,70℃水浴 10 min,加 220 μL 无水乙醇,振荡 15 s →所得溶液转入吸附柱,离心 30s→向吸附柱加 500 μL 缓冲液 GD,离心→向吸附柱加 600 μL 漂洗液 PW,离心→ 吸附柱转入新的离心管,向吸附膜中间悬空滴加 50~200 μL TE 缓冲液→室温放置 2~5 min→10000 r/min 高速离心 2 min,将总 DNA 收集到离心管中→−20℃保存。

(2)DNA 浓度和纯度的检测。

DNA 含量的检测通常采用两种方法,琼脂糖凝胶电泳法和分光光度法。

琼脂糖凝胶电泳法是通过凝胶电泳的方法检测 DNA 的含量,取 2~5 μL DNA 溶解液与适量 6×载样缓冲液(loading buffer)混合,用 0.8%琼脂糖凝胶(含溴化乙锭 0.5 μg/mL)检测。溴化乙锭(ethidium bromide,EB)可迅速嵌于 DNA 双螺旋结构中,嵌入 DNA 中的溴化乙锭受紫外光激发而发出荧光,荧光强度与 DNA 总质量数成正比,通过比较样品与标准品的荧光强度,对样品中的 DNA 进行定量。

另外一种方法是分光光度法,组成 DNA 的碱基具有一定的吸收紫外线的特性。这些碱基与戊糖、磷酸形成核苷酸后,其吸收紫外线的特性没有改变,核酸 DNA 的最大吸收波长为 260 nm,利用 DNA 的这个物理特性来测定 DNA 的浓度。

ND1000 紫外微量分光光度法测 DNA 浓度的具体操作如下:

①打开 ND1000 紫外微量分光光度的软件,选择测样类型——核酸;

②初始化:取 2 μL ddH$_2$O 于测样基座上,放下样品臂,点击 OK 并听到响声,用擦镜纸擦一下探头;

③上空白对照:加 2 μL 空白样(无菌水或 TE)于测样基座上,放下样品臂,点击"blank",听到响声,用擦镜纸擦一下探头;

④检测样本:取 2 μL 样本于测样基座上,放下样品臂,点击"measure",响声结束后,记录样品的 DNA 浓度和 A_{260}/A_{280} 比值;

⑤多个样本则重复(4)操作步骤;

⑥试验完成后点击"Exit",退出后关闭程序,并用酒精棉球擦测样基座。

注意:A_{260}/A_{280} 表示样本在 260 和 280 吸光值的比值,分别代表的是 DNA 和 RNA 的纯度,纯 DNA 的比值约为 1.8,纯 RNA 的比值约为 2.0,如果 A_{260}/A_{280} 小于 1.8 或 2.0,表示样本中存在蛋白质、酚等杂质。通常是 DNA 样品中有蛋白质残留,但如果操作过程中使用了苯酚,则更可能是苯酚残留。A_{260} 提示的含量与电泳检测时提示的含量有可见的误差,这种现象的原因可能是苯酚残留。

12.1.5　思考讨论

(1)简要叙述 CTAB 法提取 DNA 过程中,采用酚/氯仿抽提 DNA 体系后出现的现象及其成因。

(2)在 CTAB 法及 SDS 法提取 DNA 过程中,沉淀 DNA 时为什么要用无水乙醇?

12.2　琼脂糖凝胶电泳

12.2.1　实验目的

学习琼脂糖凝胶电泳分离 DNA 的原理和方法。

12.2.2　实验原理

核酸分子在琼脂糖凝胶中泳动时有电荷效应和分子筛效应。核酸分子的磷酸基团在高于其等电点的电泳缓冲液(pH 8.0~8.3)中全部解离,带负电荷,在电场中向正极迁移。由于糖—磷酸骨架在结构上的重复性质,相同数量的双链 DNA 几乎具有等量的净电荷,因此它们能以同样的速度向正极方向移动。琼脂糖是一种线性多糖聚合物,可以形成具有刚性的滤孔,凝胶孔径的大小决定于琼脂糖的浓度,浓度越高,孔隙越小,其分辨能力就越强。使用琼脂糖凝胶作为电泳支持介质,发挥分子筛功能,使不同大小、不同构象的核酸分子迁移率出现较大差异,从而达到分离的目的。DNA 分子的迁移速率与核酸相对分子量对数值成反比,分子量大的核酸跑得慢。琼脂糖凝胶电泳操作简单快速,已经成为分离、纯化和鉴定核酸分子的常用方法。

12.2.3　实验材料

(1)仪器:天平、琼脂糖凝胶电泳系统(包括电泳仪、水平电泳槽、梳子)、凝胶成像仪、微波炉。

(2)药品和器材:tris base(三羟甲基氨基甲烷)、硼酸、乙二胺四乙酸(EDTA)、溴酚蓝、蔗糖、琼脂糖、溴化乙锭、DNA marker、TE、微量移液器、吸头、锥形瓶、无菌培养容器封口膜、皮筋。

(3)试剂:

①5×TBE(5 倍体积的 TBE 贮存液)1000 mL。

tris base	54 g
硼酸	27.5 g
0.5 mol/L EDTA (pH 8.0)	20 mL

②6×上样缓冲液(loading buffer)。

| 溴酚蓝 | 0.25% |
| 蔗糖 | 40% |

或者:0.25%溴酚蓝,0.25%二甲苯青,50%甘油(m/v)。

③EB(溴化乙锭)贮存液(10 mg/mL)50 mL。称 0.5 g 溴化乙锭,加入 50 mL ddH$_2$O,磁力搅拌数小时以确保其完全溶解,室温避光保存(注意:溴化乙锭是一种致癌物,操作时戴上乳胶或塑料手套,不要沾到手上)。

12.2.4　操作步骤

(1)制备琼脂糖凝胶。

按照被分离 DNA 的大小,确定凝胶中琼脂糖的百分含量。可参照表 12-1。

表 12-1　琼脂糖浓度和分离 DNA 片段大小关系

琼脂糖凝胶浓度/%	分离线状 DNA 分子的有效范围/kb
0.3	5~60
0.6	1~20
0.7	0.8~10
0.9	0.5~7
1.2	0.4~6
1.5	0.2~3
2.0	0.1~2

称取 0.4 g 琼脂糖放入锥形瓶中,加入 50 mL 0.5×TBE 电泳缓冲液,盖上封口膜,用皮筋捆住,置微波炉中加热使琼脂糖颗粒完全溶解,取出摇匀,则为 0.8% 的琼脂糖凝胶液。

(2)胶板的制备。

①将胶槽置于制胶板上,插上样品梳子,梳子齿下缘应与胶槽底面保持 1 mm 左右的间隙。

②待胶溶液冷却至 55℃ 左右时,加入 EB 至终浓度为 0.5 μg/mL,摇匀,缓缓倒入电泳制胶板内,直至形成一层均匀的胶面(注意不要形成气泡)。

注:此步凝胶中可以不加 EB,在电泳结束后用 EB 染色液浸泡 15~30 min。

③待凝胶凝固后,垂直轻拔出梳子,将凝胶转入电泳槽内。

④在电泳槽内加入 0.5×TBE 电泳缓冲液,以电泳液高出胶面 1~2 mm 为宜。

(3)加样。

在点样板或薄膜上混合 DNA 样和上样缓冲液(取 2 μL PCR 产物加 3 μL TE 和 1 μL 6×loading buffer 混合),用 10 μL 微量移液器分别将样品加入凝胶的样品孔内。

注意:加样前要先记下加样的顺序和点样量;上样缓冲液的最终稀释倍数应不小于 1;加样时勿碰坏样品孔周围的凝胶面;每加完一个样品,应更换一个吸头,以防污染。

(4)电泳。

①接通电泳槽和电泳仪的电源,注意正负极,DNA 从负极(黑色)向正极(红色)方向移动。DNA 的迁移速度与电压成正比,最高电压不超过 5 V/cm。电压升高,琼脂糖凝胶的有

效分离范围降低。

②根据指示剂泳动的位置,判断是否终止电泳(一般来说,当溴酚蓝染料移动到距凝胶前沿 1~2 cm 时,停止电泳)。

(5)凝胶成像观察。

已染色的凝胶置于紫外凝胶成像仪内观察,照相并保存。

12.2.5 实验结果

不同大小和不同构象的 DNA 琼脂糖凝胶电泳结果见图 12-1 和图 12-2。

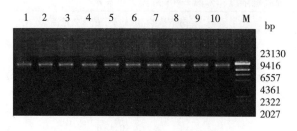

图 12-1　0.8%琼脂糖凝胶检测细菌基因组 DNA 电泳图

图 12-2　1.5%琼脂糖凝胶测 PCR 产物电泳图

12.2.6 思考讨论

(1)琼脂糖凝胶电泳的步骤有哪些?

(2)琼脂糖凝胶电泳应注意的事项有哪些?

12.3 细菌 16S rDNA 的 PCR 扩增

12.3.1 实验目的

通过本实验,了解 PCR 反应的基本原理,了解 16S rDNA 对细菌进行分类鉴定的原因,掌握 PCR 扩增目的片段的实验技术。

12.3.2 实验原理

(1)PCR。

聚合酶链式反应(Polymerase Chain Reaction,PCR)的原理类似于 DNA 的天然复制过程,PCR 是在模板 DNA、引物和 4 种脱氧核苷酸存在的条件下依赖于 DNA 聚合酶的一种体外扩增 DNA 片段的技术。PCR 技术的特异性取决于引物和模板 DNA 结合的特异性。

PCR 反应分三步:

①高温变性(denaturation):模板 DNA 在 94~95℃高温下变性,双链 DNA 解离成两条

单链。

②低温退火(annealing):将反应体系的温度降至 50~60℃,使一对引物分别与变性后的两条模板链按碱基配对原则互补结合。

③中温延伸(extension):将反应体系温度升高到 72℃,耐热 DNA 聚合酶以单链 DNA 为模板,在引物的引导下利用反应液中 4 种 dNTP,按 5′→3′ 方向复制出互补 DNA。

上述三步为一个循环(见图 12-3),经过 25~30 个循环后获得大量的目的基因。因此 PCR 能使极其微量的目的基因在几小时后迅速扩增数百万倍。PCR 技术因其具有特异性强、灵敏度高、快速和准确等优点,在食品、农业、医药、分子生物学等领域得以广泛的应用。

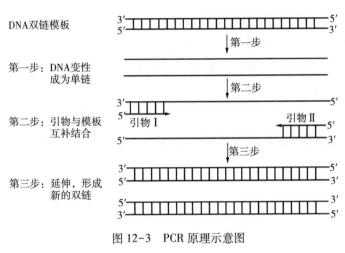

图 12-3 PCR 原理示意图

(2)16S rDNA。

细菌 rRNA 按沉降系数分为 3 种,分别为 5S、16S 和 23S rRNA。16S rDNA 是细菌染色体上编码 16S rRNA 相对应的 DNA 序列,种类少,含量大(约占细菌 RNA 含量的 80%),存在于所有细菌染色体基因中,在很多细菌中是多拷贝的。16S rRNA 在相当长的进化过程中相对保守,素有"细菌化石"之称,是测量细菌进化和亲缘关系的良好工具。16S rDNA 的相对分子量大小适中,约 1540 个核苷酸,其内部结构既含有高度保守的序列区,又有中度保守和高度变化的序列区,其中可变区存在于保守区之间,有 9~10 个,分别命名为 V1~V10。所以我们可以根据保守区序列设计引物,通过 PCR 技术把 16S rDNA 片段扩增出来,利用可变区序列的差异来对不同菌属、菌种的细菌进行分类鉴定。

12.3.3 实验材料

(1)仪器:PCR 扩增仪、离心机、琼脂糖凝胶电泳系统。

(2)试剂与器材:细菌基因组 DNA、16S rDNA 引物、Taq DNA 聚合酶、dNTP Mix、PCR buffer、灭菌 ddH$_2$O、琼脂糖、DNA Marker、TE、电泳缓冲液、染色液(EB)、加样缓冲液、碎冰、微量移液器、吸头、Eppendorf 管、PCR 管。

其中 16S rDNA 引物相关信息介绍如下：

如果扩增细菌 16S rDNA 全长，选择通用引物为 27F/1492R，上游引物 27F：5′-AGA GTT TGA TCC TGG CTC AG-3′；下游引物 1492R：5′-GGT TAC CTT GTT ACG ACT T-3′。另外，也可以选择或设计其他引物扩增细菌 16S rDNA 的部分片段，例如扩增细菌 16S rDNA V3 区的通用引物为 F341/ R518，上游引物 F341：5′-CCT ACG GGA GGC AGC AG-3′；下游引物 R518：5′-ATT ACC GCG GCT GCT GG-3′。

12.3.4 实验步骤

（1）稀释引物（按合成单上的稀释说明书进行）。

稀释前将引物离心数秒，使引物 DNA 干粉聚集管底 → 小心开启瓶盖，加适量 TE 或者灭菌 ddH$_2$O→盖好瓶盖，漩涡振荡混匀→-20℃ 保存。

注：如果稀释引物浓度到 100 μmol（ = 100 pmol/μL），则需要加（管内的 nmol 数×10）μL 的 TE 或 ddH$_2$O 即可。

（2）稀释模板。

根据紫外分光光度计检测的细菌基因组 DNA 浓度，用 TE 缓冲液稀释到 100 ng/μL 左右。

（3）配制反应液。

在 PCR 管中按下述比例建立 PCR 反应体系，表 12-2 为 25 μL 的 PCR 扩增细菌 16S rDNA 的反应体系。

表 12-2　PCR 扩增细菌 16S rDNA 的反应体系

组分	用量
10×PCR buffer（ MgCl$_2$ free）	2.5 μL
dNTP Mix（2.5 mM each）	2 μL
引物 27F（10 pmol/μL）	1 μL
引物 1495R（10 pmol/μL）	1 μL
Taq DNA 聚合酶（5 U/μL）	0.2~0.3 μL
细菌基因组 DNA 模板（100 ng/μL）	1 μL
ddH$_2$O	补充至 25 μL

混匀反应液，低速离心数秒使液体不挂壁。

注：如果配制多管反应体系，可以先在一个 Eppendorf 管中混合共同组分，混匀后分装到各个 PCR 管中，最后加差异组分。此过程最好把试剂放冰上操作。

（4）PCR 扩增。

将带有反应液的 PCR 管放入 PCR 扩增仪，设置 PCR 扩增程序。本实验 PCR 扩增循环参数如下：94℃预变性 3 min；94℃变性 1 min，58℃退火 1 min，72℃延伸 1~2 min，循环

30 次;最后一轮循环结束后,72℃末端延伸 5~10 min,4℃保温。

(5)琼脂糖凝胶电泳检测。

取 2 μL PCR 产物进行 1%琼脂糖凝胶电泳检测,分析 PCR 产物电泳结果。

12.3.5　实验结果

本实验扩增片段长约 1500 bp,见图 12-4。

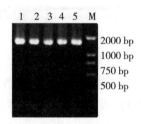

图 12-4　细菌 16S rDNA PCR 扩增产物电泳图

1~5—细菌 16S rDNA 的 PCR 产物;M—DL 2000 DNA Marker

从图 12-4 中可以观察到所有泳道在大约 1500 bp 的位置均出现了一条亮带,没有弥散现象,无明显非特异扩增现象,表明采用 PCR 技术成功扩增了细菌的 16S rDNA 基因。

12.3.6　思考讨论

(1)PCR 扩增原理是什么?

(2)16S rDNA 能对细菌进行分类鉴定的原因是什么?

(3)PCR 实验过程中应注意的事项有哪些?

12.4　SDS-PAGE 检测表达蛋白

12.4.1　实验目的

学习 SDS-PAGE 的基本操作,学会用 SDS-PAGE 检测蛋白。

12.4.2　实验原理

蛋白质分子在聚丙烯酰胺凝胶中电泳时,它的迁移率取决于所带净电荷及分子的大小和形状等因素。如果在聚丙烯酰胺凝胶系统中加入 SDS 和巯基乙醇,则蛋白质分子的迁移率主要取决于它的分子量,而与所带电荷和形状无关。在蛋白质溶液中加入 SDS 和巯基乙醇后,巯基乙醇能使蛋白质分子中的二硫键还原;SDS 能使蛋白质的氢键、疏水键打开,并结合到蛋白质分子上,形成蛋白质-SDS 复合物。SDS 与蛋白质的结合带来两个后果:第一,使各种蛋白质的 SDS-复合物都带上相同密度的负电荷,掩盖了不同种类蛋白质间原有的电荷差别,使所有的 SDS-蛋白质复合物在电泳时都以同样的电荷/蛋白质比向正极移动;第二,SDS 与蛋白质结合后,还引起了蛋白质构象的改变。这两个原因使蛋白质-SDS复合物在凝胶电泳中的迁移率不再受蛋白质原有电荷和形状的影响,而只是蛋白质分子量的函数。选择一系列不同分子量的球形或基本呈球形的蛋白质作为标准物,使其形成 SDS复合物。将这些复合物在相同条件下进行电泳分离,分子量小的物质泳动距离大,分子量大的物质泳动距离小。测定出相对泳动率,用相对泳动率对蛋白质的分子量的对数作图,它们在一定范围内呈直线关系,因此可作为标准曲线来检测样品蛋白质的分子量。

12.4.3　实验材料

(1)仪器:平板电泳槽及配套的玻璃板、胶条、梳子、普通恒压恒流电泳仪。

(2)材料:十二烷基硫酸钠(SDS)、丙烯酰胺(Acr)、N,N′-亚甲基双丙烯酰胺(Bis)、三羟甲基氨基甲烷(Tris)、甘氨酸(Gly)、盐酸(HCl)、过硫酸铵(Aps)、四甲基乙二胺(TEMED)、低相对分子质量标准蛋白、预染标准蛋白(购自 Bio-lab 公司)、溴酚蓝、甘油、冰醋酸、乙醇、巯基乙醇、琼脂、考马斯亮蓝 R250。

(3)试剂:

①1.5 mol/L Tris·HCl pH 8.8(4℃存放)。

②0.5 mol/L Tris·HCl pH 6.8(4℃存放)。

③10% SDS(室温存放)。

④30% Acr/Bis 29.2 g Acr+0.8 g Bis,用双蒸水定容至 100 mL,过滤备用,4℃存放。

⑤10% Aps(-20℃存放)。

⑥6.2×上样缓冲液(室温存放)。

0.5 mol/LTris·HCl pH 6.8	2 mL
甘油	2 mL
20%(w/v) SDS	2 mL
0.1%溴酚蓝	0.5 mL
2-β-巯基乙醇	1 mL
双蒸水	2.5 mL

室温存放备用。

⑦7.5 × 电泳缓冲液(室温存放)。

Tris	7.5 g
Gly	36 g
SDS	2.5 g

双蒸水溶解,定容至 500 mL,使用时稀释 5 倍使用。

⑧染色液:0.2 g 考马斯亮蓝 R250+ 84 mL 95%乙醇+20 mL 冰醋酸,定容至 200 mL,过滤备用。

⑨脱色液:医用酒精∶冰醋酸∶水=4.5∶0.5∶5(v∶v∶v)。

⑩保存液:7%冰醋酸。

⑪封底胶:1%琼脂糖(用无菌水配制)。

12.4.4　实验步骤

(1)配制分离胶。

①架好胶板,用1.5 mm胶条在两边隔开,用夹子固定,并用封底胶封底约1 cm。

②配制分离胶:凝胶浓度可根据被分离物的相对分子质量进行选择(表12-3)。

表 12-3　配制不同凝胶浓度 SDS-PAGE 分离胶所需各成分的体积

凝胶浓度/%	7.5	10	12	15	18	20
双蒸水/mL	9.6	8.1	6.7	4.7	2.7	1.5
1.5 mol/LTris·HCl(pH 8.8)/mL	5	5	5	5	5	5
10%(w/v) SDS/μL	200	200	200	200	200	200
Acr/Bis(30%)/mL	5	6.65	8	10	12	13.2
TEMED/μL	10	10	10	10	10	10
10%Aps/μL	100	100	100	100	100	100
总体积/mL	20	20	20	20	20	20

混匀后加入两玻璃夹缝中,并小心在胶面上加入1 cm无菌水,约40 min等胶自然凝聚后倾斜倒出无菌水,并在两玻璃板夹缝中水平插入1.5 mm的梳子(在胶面上加入无菌水称水封,其目的是保持胶面平整和防止空气进入,影响凝胶)。

(2)4%浓缩胶的配制。

双蒸水	6.1 mL
0.5 mol/LTris·HCl pH 6.8	2.5 mL
10%(w/v)SDS	100 μL
30%Acr/Bis	1.3 mL
TEMED	10 μL
10%Aps	50 μL
总体积	10 mL

混匀后加入夹缝中,并没过梳子,待凝固后小心拨出梳子,用100 μL微量注射器抽取电极缓冲液,冲洗梳子拔出后的加样凹槽底部,清除未凝的丙烯酰胺。

(3)样品制备。

菌体样品与2×上样缓冲液1∶1混匀,并在100℃沸水浴中保温3~5 min,取出待用。

(4)电泳。

一孔加10 μL标准蛋白,一孔加样品(若做印迹,需加预染蛋白)。将玻璃板凝胶放入电泳槽中,并在槽中加入电极液,接通电源,电流调至 1 mA/孔,当样品进入分离胶时,调节电压使恒定在 120 V。当溴酚蓝移动到离底部约 0.5 cm 时,切断电源,停止电泳。将胶板从电泳槽中取出,小心从玻璃板上取下胶。移去浓缩胶,将分离胶用考马斯亮蓝染色液染色,也可将此分离胶作印迹用。

(5)凝胶。

用染色液染色 2 h,脱色过夜,换保存液保存胶。

12.4.5　实验结果

SDS-PAGE 检测表达蛋白结果如图 12-5 所示。

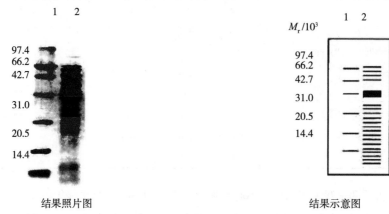

图 12-5　SDS-PAGE 检测蛋白(此结果为采用 12%分离胶和 4%分离胶所得)

1—标准蛋白；2—表达蛋白样品

12.5　大肠杆菌质粒 DNA 提取

12.5.1　实验目的

学习并掌握碱裂解法制备质粒 DNA 的原理、方法和技术,为质粒 DNA 的转化实验提供样品。

12.5.2　实验原理

细菌质粒 DNA 是存在于细菌细胞质中、独立于细胞染色体之外的自主复制的一类双链、闭环的 DNA,大小为 1~200 kb 及以上。通常情况下可持续稳定地处于染色体外,但在一定条件下也会可逆地整合到寄主染色体上,随着染色体的复制而复制,并通过细胞分裂传到后代。

质粒 DNA 已成为目前最常用的基因克隆的载体分子,目前已有许多方法可用于质粒 DNA 的提取,主要包括碱裂解法、煮沸法、氯化溴化乙锭梯度平衡超速离心法及各种改良的方法。本实验以大肠杆菌的 pUC19 质粒为例来阐述碱裂解法提取质粒 DNA 的方法和技术,基本原理为:碱裂解法利用宿主菌线状染色体 DNA 与闭环双链质粒 DNA 的结构状态的差异来提取质粒 DNA。当碱变性时,线状基因组 DNA 变性充分而质粒 DNA 处于拓扑缠绕的自然状态而不能彼此分开。当条件恢复时(酸中和),质粒 DNA 迅速准确配置重新形成完全天然超螺旋分子,而线状 DNA 则与破裂的细胞壁、细菌蛋白质相互缠绕成大型复合物,被 SDS 包盖。当 K^+ 取代 Na^+ 时,这些复合物会从溶液中沉淀下来,附在细胞碎片上一起被离心除去,而质粒 DNA 处于溶液之中,再通过酚:氯仿:异成醇(25:24:1)抽提,无水乙醇沉淀,70%乙醇洗涤,获得相对较纯的质粒 DNA。

采用琼脂糖凝胶电泳检测质粒 DNA 时,对于同一种质粒 DNA 的 3 种不同构象具有不同的电泳迁移率,跑在最前沿的是超螺旋共价闭合环状 DNA,其后依次是线性 DNA 和开环 DNA。凝胶中的 DNA 可与荧光染料溴化乙锭(EB)结合,在紫外灯下可看到荧光条带,以此可分析实验结果。

12.5.3　实验材料

(1)菌株:含有 pUC19 质粒的大肠杆菌 DH5a。

(2)培养基:含氨苄西林(Amp)的 LB 液体培养基和固体培养基。

(3)试剂:

溶液 I:50 mmol/L 葡萄糖,2 mmol/L Tris-HCl(pH8.0),10 mmol/L EDTA(pH 8.0)。115℃高压灭菌 30 min,贮存于 4℃。

溶液 II:0.2 mol/L NaOH,1%SDS,使用前临时配置。

溶液 III(500 mL):乙酸钾(KAc)缓冲液,pH 4.8,5 mol/L KAc 300 mL,冰醋酸57.5 mL,加 ddH₂O 至 500 mL。121℃高压灭菌 20 min,贮存于 4℃。

TE(100 mL):10 mmol/L TRIS-HCl(pH 8.0),1 mmol/L EDTA(pH 8.0)。121℃高压灭菌 20 min,贮存于 4℃。

酚:氯仿:异成醇:体积比为 25:24:1。

乙醇:预冷无水乙醇、75%乙醇。

(4)试剂和器材:接种环、无菌吸管、酒精灯、微量加样器、涡旋振荡器等。

12.5.4　操作步骤

(1)细菌培养。

在无菌条件下挑选一个 1~2 mm 大小的大肠杆菌 DH5a/pUC19 单菌落,接种于含有100 μg/mL 氨苄西林的 LB 液体培养基中。在 37℃条件下,180~220 r/min,振荡培养 24 h。

(2)小量抽提(碱裂解法)方法。

①将上述培养好的含质粒的大肠杆菌 1.5 mL LB 液体培养基转移至 1.5 mL 离心管中,12000 r/min 离心 1.0 min。

②倒掉上清液,收集菌体,滤纸吸干。

③菌体加入预冷的 100 μL 溶液 I 涡旋振荡,充分混合,冰浴 5 min。

④加入 200 μL 溶液 II,轻轻翻转混匀,冰浴 5 min。

⑤加入 150 μL 预冷溶液 III,轻轻翻转混匀,冰浴 3 min。

⑥以 12000 r/min 离心 5 min,取上清液于另一新的离心管中。

⑦按上清液体积加入等体积的酚:氯仿:异戊醇(25:24:1)溶液,涡旋混合,12000 r/min 离心 10 min,取上层液体于另一 1.5 mL 离心管中,尽可能避免吸入下层液体。

⑧按上清液体积加入 2 倍体积预冷的无水乙醇沉淀,-20℃放置 20 min。

⑨(9)12000 r/min 离心 5 min,弃上清。

⑩用等体积70%乙醇洗涤一次,12000 r/min 离心 5 min,弃上清液,滤纸吸干。室温干燥 15~20 min,或者真空抽干乙醇 2 min,或者在 65℃条件下干燥 2 min。

⑪将沉淀溶于 20~40 μL 无菌水(或 TE 缓冲液)中,-20℃保存备用。用于后续的酶切鉴定和质粒转化等试验。

⑫参考琼脂糖凝胶电泳方法,电泳检测质粒 DNA 的完整性和质量。琼脂糖凝胶电泳检测质粒的三种 DNA 构象模式图见图 12-6。

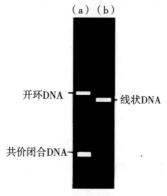

图 12-6 琼脂糖凝胶电泳检测质粒的三种 DNA 构象模式图
(a)质粒开环 DNA 和共价闭合 DNA;(b)质粒线性 DNA

12.5.5 实验报告

(1)记录质粒提取过程中各种试剂加入后的反应现象。

(2)绘制质粒 DNA 的电泳检测图谱,并分析提取质粒的完整性。

12.5.6 思考讨论

简述质粒提取的不同方法及酶裂解法的原理。

12.6　大肠杆菌转化技术

12.6.1　实验目的

通过本实验,掌握质粒转化到大肠杆菌的方法和技术。

12.6.2　实验原理

细菌经过一些特殊方法(如 $CaCl_2$、RbCl、KCl 等化学试剂)处理后,细胞膜的通透性发生了暂时性的改变,处于容易吸收外源 DNA 的状态,称为感受态。转化是指质粒 DNA 或以它为载体构建的重组子导入细菌的过程。以 $CaCl_2$ 法为例,其原理是:在 0℃ 下的 $CaCl_2$ 低渗溶液中,细菌细胞膨胀成球形。转化缓冲液中的 DNA 形成不易被 DNA 酶所降解的羟基-钙磷酸复合物,此复合物黏附于细菌细胞表面。42℃ 短时间热处理(热休克),可以促进细胞吸收 DNA 复合物。将处理后的细菌放置在非选择性培养液中保温一段时间,促使在转化过程中获得的新的表型(如氨苄西林抗性)得到表达,然后再涂布于含有氨苄西林的选择性固体培养基上,37℃ 培养过夜,这样即可得到转化菌落。

12.6.3　实验器材

(1)仪器:恒温摇床、恒温箱、无菌工作台、70℃ 冰箱、制冰机。

(2)药品和器材:大肠杆菌 DH5α、质粒 pUC19、胰蛋白胨、酵母提取物、NaCl、琼脂、氨苄西林(Amp)、微量移液器、吸头、培养皿、冰块。

(3)试剂:

①LB 培养液:在 950 mL 去离子水中加入:

胰蛋白胨(tryptone)	10 g
酵母提取物(yeast extract)	5 g
NaCl	10 g

待溶质完全溶解,用 NaOH 调节 pH 至 7.0,加去离子水至总体积为 1 L,121℃ 湿热灭菌 20 min。

②LB 固体培养基:每升 LB 液体培养基中加 15 g 琼脂,121℃ 湿热灭菌 20 min。

③氨苄西林(Amp):用无菌水配制成 100 mg/mL 溶液,分装成小份置 -20℃ 冰箱保存。

12.6.4　操作步骤

(1)取新鲜制备的或 -80℃ 冰箱保存的 100 μL 大肠杆菌 DH5α 的感受态细胞置于冰

上,缓慢解冻后立即加入 1~5 μL 质粒溶液(含量不超过 50 ng,体积不超过 10 μL),轻轻混匀。

(2)冰浴 30 min,42℃水浴热处理 60~90 s,冰浴 2 min。

(3)加 800~1000 μL LB 液体培养液(不含 Amp),放入恒温摇床内,37℃慢速振荡培养 0.5~1 h,使细菌恢复正常生长状态,并表达质粒编码的抗生素抗性基因(Amp)。

(4)取适量体积(50 μL、100 μL)已转化的感受态细胞,分别涂布在含有 Amp (50~100 μg/mL)的 LB 固体培养基上。

(5)在 37℃恒温箱正向放置 0.5~1 h,待接种的液体被吸收后将培养皿倒置,37℃培养过夜(12~16 h),出现菌落。

12.6.5 实验结果

在含有氨苄西林的固体培养基上生长的菌落为含有 pUC19 质粒的大肠杆菌(图 12-7 和图 12-8)。

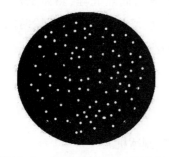

图 12-7 质粒转化大肠杆菌模式图　图 12-8 质粒 pUC19 转化 *E. coli* DH5α 的实验结果

12.6.6 思考讨论

(1)质粒转化到大肠杆菌的原理是什么?

(2)质粒转化感受细胞的步骤有哪些?

(3)为什么 *E. coli* DH5α 常作为基因克隆的受体菌?

附录1 食品卫生微生物学检测用培养基、染色液及试剂

一、培养基

（1）无碳培养基：NaCl 0.5 g，NH_4NO_3 1.0 g，(NH_4)_2SO_4 0.5 g，K_2HPO_4 1.5 g，KH_2PO_4 0.5 g，MgSO_4·7H_2O 0.2 g，去离子水 1000 mL，自然 pH。在 121℃灭菌 20 min。

（2）无氮培养基：NaCl 0.5 g，葡萄糖 1.0 g，K_2HPO_4 1.5 g，KH_2PO_4 0.5 g，MgSO_4·7H_2O 0.2 g，去离子水 1000 mL，自然 pH。在 115℃消毒 30 min。

（3）察氏培养基（蔗糖硝酸钠培养基）（用于霉菌培养）：蔗糖 30 g，NaNO_3 2 g，K_2HPO_4 1 g，MgSO_4·7H_2O 0.5 g，KCl 0.5 g，FeSO_4·7H_2O 0.1 g，水 1000 mL，pH 7.0~7.2。

（4）蛋白 ept 培养基（用于细菌培养）：牛肉提取物 3 g，蛋白胨 10 g，NaCl 5 g，水 1000 mL，pH 7.4~7.6。

（5）高氏 1 号培养基（用于放线菌培养）：可溶性淀粉 20 g，KNO_3 1 g，NaCl 0.5 g，K_2HPO_4·3H_2O 0.5 g，MgSO_4·7H_2O 0.5 g，FeSO_4·7H_2O 0.01 g，1000 mL 水，pH 7.4~7.6。注意制备，可溶性淀粉应与冷水充分混合，然后加入上述介质中。

（6）马丁氏培养基（用于从土壤中分离真菌）：K_2HPO_4 1 g，MgSO_4·7H_2O 0.5 g，蛋白 55 g，葡萄糖 10 g，1/3000 红孟加拉水溶液 100 mL，水 900 mL，自然 pH，121℃湿热灭菌 30 min。当培养基融化并在 55~60℃冷却时，加入链霉素（链霉素含量为 30 μg/mL）。

（7）马铃薯培养基（PDA）（用于霉菌或酵母菌培养）：200 g 马铃薯（去皮），20 g 蔗糖（或葡萄糖），1000 mL 水，制备方法如下：将马铃薯去皮切成 2 cm³ 的小块放入 1500 mL 烧杯中煮沸 30 min。注意用玻璃棒搅拌，以防止底部粘连。然后用双层纱布过滤。取滤液并加入糖，然后补足至 1000 mL，自然 pH 值。用蔗糖用作培养霉菌，用葡萄糖用作培养酵母菌。

（8）Hayflick 培养基（用于支原体培养）：1000 mL 牛心脏消化液（或提取物），蛋白胨 10 g，NaCl 5 g，琼脂 15 g，pH 7.8~8.0，等分每瓶 70 mL，121℃湿热灭菌 15 min，等待冷却至约 80℃，向每 70 mL 中加入 20 mL 马血清，10 mL 25%新鲜酵母提取物，2.5 mL 15%醋酸铊水溶液，0.5 mL 青霉素 G 钾盐水溶液（200,000 单位），然后倒入平板中混合以上。注意：乙酸是一种剧毒药物，应特别注意安全操作。

（9）McCLary 培养基（乙酸钠培养基）：葡萄糖 0.1 g，KCl 0.18 g，酵母提取物 0.25 g，乙酸钠 0.82 g，琼脂 1.5 g，无菌水 100 mL。溶解后，分成试管，在 115℃下用湿热灭菌 15 min。

（10）葡萄糖蛋白胨水介质（用于 V. P. 反应和甲基红测试）：蛋白胨 0.5 g，葡萄糖

0.5 g,K₂HPO₄ 0.2 g,水 100 mL,pH 7.2,115℃湿热灭菌 20 min。

（11）蛋白胨水介质（用于吲哚试验）：蛋白胨 10 g,NaCl 5 g,水 1000 mL,pH 7.2~7.4,121℃湿热灭菌 20 min。

（12）糖发酵培养基（用于细菌糖发酵试验）：蛋白胨 0.2 g,NaCl 0.5 g,K₂HPO₄ 0.02 g,水 100 mL,溴百里酚蓝（1%水溶液）0.3 mL,糖 1 g。称量蛋白胨和 NaCl 并将其溶解在热水中,将 pH 调节至 7.4,然后加入溴百里酚蓝（首先用少量 95%乙醇溶解,然后加入水制成 1%的水溶液）,加入糖,然后分溶放入试管中,将其高 4~5 cm,并倒入一个小的杜氏管中（管的嘴朝下,并且该管中充满培养基）。在 115℃用湿热灭菌 20 min。进行灭菌时,请注意适当延长沸腾时间,并尽可能多地排出冷空气,以免杜氏小管中残留气泡。常用的糖,例如葡萄糖、蔗糖、甘露糖、麦芽糖、乳糖、半乳糖等（后两种糖的量通常增加到 1.5%）。

（13）RCM 培养基（增强的梭菌培养基）（用于厌氧培养）：酵母提取物 3 g,牛肉提取物 10 g,蛋白胨 10 g,可溶性淀粉 1 g,葡萄糖 5 g,L-半胱氨酸盐酸盐 0.5 g,NaCl 3 g,NaAc 3 g,水 1000 mL,pH 8.5,刃天青 3 mg/L,121℃湿热灭菌 30 min。

（14）TYA 培养基（用于厌氧菌培养）：葡萄糖 40 g,牛肉提取物 2 g,酵母提取物 2 g,胰蛋白胨（细菌型）6 g,醋酸铵 3 g,KH₂PO₄ 0.5 g,MgSO₄·7H₂O 0.2 g,FeSO₄·7H₂O 0.01 g,1000 mL 水,pH 6.5,121℃湿热灭菌 30 min。

（15）玉米液（用于厌氧菌培养）：玉米粉 65 g,无菌水 1000 mL,混合,煮沸 10 min,形成糊状物,天然 pH 值,在 121℃的湿热条件下灭菌 30 min。

（16）中性红培养基（用于厌氧菌培养）：葡萄糖 40 g,胰蛋白胨 6 g,酵母提取物 2 g,牛肉提取物 2 g,醋酸铵 3 g,KH₂PO₄ 5 g,中性红 0.2 g,MgSO₄·7H₂O 0.2 g,FeSO₄·7H₂O 0.01 g,用水 1000 mL,pH 6.2,121℃湿热灭菌 30 min。

（17）CaCO₃ 明胶麦芽汁培养基（用于厌氧细菌培养）：（6 波姆）麦芽汁 1000 mL,水 1000 mL,CaCO₃ 10 g,明胶 10 g,pH 6.8,121℃湿热灭菌 30 min。

（18）BCG 牛奶培养基（用于乳酸发酵）：

A. 溶液：脱脂奶粉 100 g,水 500 mL,添加 1 mL 1.6%溴甲酚绿（B.C.G）乙醇溶液,并在 80℃灭菌 20 min。

B. 溶液：酵母提取物 10 g,水 500 mL,琼脂 20 g,pH 6.8,在 121℃下通过湿热灭菌 20 min。趁热无菌混合 A 和 B 溶液,然后倒入培养皿。

（19）乳酸菌培养基（用于乳酸发酵）：牛肉提取物 5 g,酵母提取物 5 g,蛋白胨 10 g,葡萄糖 10 g,乳糖 5 g,NaCl 5 g,水 1000 mL,pH 6.8,121℃湿热灭菌 20 min。

（20）酒精发酵培养基（用于酒精发酵）：蔗糖 10 g,MgSO₄·7H₂O 0.5 g,NH₄NO₃ 0.5 g,20%豆芽汁 2 mL,KH₂PO₄ 0.5 g,水 100 mL,自然 pH。

（21）柯索夫培养基（钩端螺旋体培养用）：优质蛋白胨 0.4 g,NaCl 0.7 g,KCl 0.02 g,NaHCO₃ 0.01 g,CaCl 0.02 g,KH₂PO₄ 0.09 g,NaH₂PO₄ 0.48 g,500 mL 无菌水,无菌兔血清 40 mL。制备方法：将除兔血清外的其余成分混合,加热溶解,调节 pH 至 7.2,在 121℃下用

湿热灭菌 20 min,冷却后,加入无菌兔血清制成 8%的血清溶液,然后分成试管(5~10 mL/管),在 56℃水浴中灭活 1 h,然后静置。

(22)豆芽汁培养基:豆芽 500 g,加水 1000 mL,煮沸 1 h,过滤,补水,121℃湿热灭菌,备用,为 50%豆芽汁,用于细菌培养:10%豆芽汁 200 mL,葡萄糖(或蔗糖)50 g,水 800 mL,pH 7.2~7.4。

对于霉菌或酵母菌培养:10%豆芽汁 200 mL,糖 50 g,水 800 mL,自然 pH。蔗糖用于霉菌,葡萄糖用于酵母。

(23)LB(Luria-Bertani)培养基(细菌培养,通常用于分子生物学):双无菌水 950 mL,胰蛋白 10 g,NaCl 10 g,酵母菌提取物 5 g,使用 1 mol/ L NaOH(约 1 mL)将 pH 值调节至 7.0,加双倍无菌水至 1 L 的总体积,并在 121℃下用湿热灭菌 30 min。

含有氨苄青霉素的 LB 培养基:灭菌后,冷却至约 50℃,并添加抗生素至终浓度 80~100 mg/L。

(24)Fuhong 亚硫酸钠培养基(Endo's 培养基)(用于测定水中的大肠菌):蛋白胨 10 g,牛肉提取物 5 g,酵母提取物 5 g,琼脂 20 g,乳糖 10 g,K_2HPO_4 0.5 g,无水亚硫酸钠 5 g,20 mL 的 5%碱性复合红乙醇溶液和 1000 mL 无菌水。

生产过程:先将蛋白胨,牛肉提取物,酵母提取物和琼脂加到 900 mL 水中,加热溶解,然后加入 K_2HPO_4,溶解后加水至 1000 mL,调节 pH 值至 7.2~7.4。然后加入乳糖,混合并溶解,在 115℃下用湿热灭菌 20 min。将亚硫酸钠称入无菌的空试管中,用少量无菌水溶解,在水浴中煮沸 10 min,然后立即滴加到 20 mL 5%碱性品红乙醇溶液中,直到深红色变成浅粉红色颜色到目前为止。将该混合物添加到上述无菌且仍熔化的培养基中,混合后立即倒入板中,并在凝固后将其储存在冰箱中以备后用。如果颜色从浅红色变为深红色,则无法再次使用。

(25)乳糖蛋白胨半固体培养基(用于测定水中的大肠杆菌):蛋白胨 10 g,牛肉提取物 5 g,酵母提取物 5 g,乳糖 10 g,琼脂 5 g,无菌水 1000 mL,pH 7.2~7.4,等分试管(10 mL /管),在 115℃下湿热灭菌 20 min。

(26)乳糖蛋白胨培养液(用于多管发酵法检测水中的大肠菌):蛋白胨 10 g,牛肉提取物 3 g,乳糖 5 g,NaCl 5 g,无菌水 1000 mL,溴甲酚紫乙醇溶液 1 mL。将 pH 值调节至 7.2,分配试管(10 mL /管),并将其放入倒置的杜氏小管中,在 115℃下用湿热灭菌 20 min。

(27)浓度为乳糖蛋白胨培养液浓度的三倍(用于确定水体中的大肠菌):乳糖蛋白胨培养液中的营养物膨胀 3 倍,并添加到 1000 mL 水中。制备方法与上述相同,分为带有倒置的杜氏小管的试管,每管 5 mL,在 115℃的湿热条件下灭菌 20 min。

(28)伊红美蓝培养基(EMB 培养基)(用于测定水中的大肠菌群和细菌转导):蛋白胨 10 g,乳糖 10 g,K_2HPO_4 2 g,琼脂 25 g,2%曙红水溶液 20 mL,0.5%的亚甲基蓝(亚甲基蓝)水溶液 13 mL,pH 7.4。生产过程:先将蛋白胨,乳糖,K_2HPO_4 和琼脂混合,加热溶解,将 pH 调节至 7.4,在 1l5℃下灭菌 20 min,然后分别加入灭菌的曙红溶液和亚甲基蓝溶液,并充分混合以防止产生气泡。等待直到介质冷却至约 50℃,然后倒入培养皿。如果介质太热,则会产生过多的冷凝水,板固化后可以将其倒置存储在冰箱中。在细菌转导实验中,使用半乳糖代替乳糖,其他成分保持不变。

(29)加倍肉汤培养基(用于细菌转导):牛肉膏 6 g,蛋白胨 20 g,NaCl 10 g,水 1000 mL,pH 7.4~7.6。

(30)半固体素琼脂(用于细菌转导):琼脂 1 g,水 100 mL,121℃湿热灭菌 30 min。

(31)豆饼斜面培养基(用于产蛋白酶霉菌菌株筛选):豆饼 100 g,加水 5~6 倍,煮出滤汁 100 mL,汁内加入 0.1% KH$_2$PO$_4$,0.05% MgSO$_4$,0.05% (NH$_4$)$_2$SO$_4$,2%可溶性淀粉,pH6,2%~2.5%琼脂。

(32)酪蛋白培养基(用于蛋白酶菌株筛选):分别制备液体 A 和液体 B。

液体 A:称取 1.07 g Na$_2$HPO$_4$·7H$_2$O,4 g 酪蛋白,加适量无菌水,加热溶解。

液体 B:称取 0.36 g KH$_2$PO$_4$ 并将其溶解在水中。

将 A 和 B 混合后,添加 0.3 mL 酪蛋白水解产物,添加 20 g 琼脂,最后用无菌水将体积稀释至 1000 mL。

酪蛋白水解产物的制备:将 1 g 酪蛋白溶解于碱性缓冲液中,加入 1%枯草杆菌蛋白酶 25 mL,加水至 100 mL,在 30℃水解 1 h。当用于制备培养基时,剂量是 1000 mL 培养基中含有 100 mL 以上的水解产物。

(33)细菌基本培养基(用于筛选营养缺陷型菌):Na$_2$HPO$_4$·7H$_2$O 1 g,MgSO$_4$·7H$_2$O 0.2 g,葡萄糖 5 g,NaCl 5 g,K$_2$HPO$_4$ 1 g,水 1000 mL,pH 7.0,115℃湿热灭菌 30 min。

(34)YEPD 培养基(用于酵母原生质体融合):酵母粉 10 g,蛋白胨 20 g,葡萄糖 20 g,无菌水 1000 mL,pH 6.0,115℃湿热灭菌 20 min。

(35)YEPD 高渗培养基(用于酵母原生质体融合):在 YEPD 培养基中添加 0.6 mol/LNaCl,3%琼脂。

(36)YNB 基本培养基(用于酵母原生质体融合):0.67%酵母氮碱(YNB,无氨基酸,Difco),2%葡萄糖,3%琼脂,pH 6.2。另一个配方是:葡萄糖 10 g,(NH$_4$)$_2$SO$_4$ 1 g,K$_2$HPO$_4$ 0.125 g,KHPO$_4$ 0.875 g,KI 0.0001 g,MgSO$_4$·7H$_2$O 0.5 g,CaCl$_2$·2H$_2$O 0.1 g,NaCl 0.1 g,微量元素母液 1 mL,维生素母液 1mL(母液按常规方法制备),1000 mL 水,pH 5.8~6.0。

(37)YNB 高渗基本培养基(用于原生质体融合):向 YNB 基本培养基中添加 0.6 moL/L NaCl。

(38)酚红半固态柱介质(用于检查氧气与细菌生长的关系):蛋白胨 1 g,葡萄糖 10 g,玉米浆 10 g,琼脂 7 g,水 1000 mL,pH 7.2。调节 pH 值后,加入几滴 1.6%的酚红溶液,直到培养基变成深红色。将其分配到大试管中。体积约为试管高度的 1/2。在 115℃消毒 20 min。细菌利用葡萄糖在这种培养基中生长并产生酸,从而使酚红从红色变为黄色。在不同部位生长的细菌可以改变培养基相应部位的颜色。但是请注意,孵育时间过长,酸可能会扩散,因此无法正确判断结果。

以上各种培养基均可配制成固体或半固体状态,只需改变琼脂用量即可,前者为1.5%～2.0%,后者为0.3%～0.8%。

二、染色液

(1)黑色素液:水溶性黑素 10 g,无菌水 100 mL,甲醛(福尔马林)0.5 mL。可用作荚膜的背景染色。

(2)墨汁染色液:国产绘图墨汁 40 mL,甘油 2 mL,液体石炭酸 2 mL。先将墨汁用多层纱布过滤,加甘油混匀后,水浴加热,再加石炭酸搅匀,冷却后备用。用作荚膜的背景染色。

(3)吕氏(Loeffier)美蓝染色液。

A 液:美蓝(methylene blue,又名甲烯蓝)0.3 g,95%乙醇 30 mL;

B 液:0.01% KOH 100 mL。

混合 A 液和 B 液即成,用于细菌单染色,可长期保存。根据需要可配制成稀释美蓝液,按 1∶10 或 1∶100 稀释均可。

(4)革兰氏染色液。

①结晶紫(crystal violet)液:结晶紫乙醇饱和液(结晶紫 2 g 溶于 20 mL 95%乙醇中)20 mL,1%草酸铵水溶液 80 mL 将两液混匀置 24 h 后过滤即成。此液不易保存,如有沉淀出现,需重新配制。

②卢戈(Lugol)氏碘液:碘 1 g,碘化钾 2 g,无菌水 300 mL。先将碘化钾溶于少量无菌水中,然后加入碘使之完全溶解,再加无菌水至 300 mL 即成。配成后贮于棕色瓶内备用,如变为浅黄色即不能使用。

③95%乙醇:用于脱色,脱色后可选用以下④或⑤的其中一项复染即可。

④稀释石炭酸复红溶液:碱性复红乙醇饱和液(碱性复红 1 g,95%乙醇 10 mL,5%石炭酸 90 mL 混合溶解即成碱性复红乙醇饱和液),取石炭酸复红饱和液 10 mL 加无菌水 90 mL 即成。

⑤番红溶液:番红 O(safranine,又称沙黄 O)2.5 g,95%乙醇 100 mL,溶解后可贮存于密闭的棕色瓶中,用时取 20 mL 与 80 mL 无菌水混匀即可。

以上染液配合使用,可区分出革兰氏染色阳性(G⁺)或阴性(G⁻)细菌,G⁺被染成蓝紫色,G⁻被染成淡红色。

(5)鞭毛染色液 A 溶液:单宁 5.0 g,$FeCl_3$ 1.5 g,15%甲醛(福尔马林)2.0 mL,1% NaOH 1.0 mL,无菌水 100 mL;B 溶液:$AgNO_3$ 2.0 g,无菌水 100 mL。

$AgNO_3$ 溶解后,取出 10 mL 备用。将 NH_4OH 滴加到剩余的 90 mL $AgNO_3$ 中,形成浓稠的沉淀物。继续添加 NH_4OH,直到沉淀刚刚溶解成澄清溶液,然后将备用的 $AgNO_3$ 缓慢滴入其中。溶液看起来有雾,但轻轻摇动后,雾状沉淀又消失了。继续滴加 $AgNO_3$,直到摇动后仍然出现细微且稳定的雾状沉淀。如果雾很重,则表明银盐已经沉淀,不适合使用。通常在准备当天使用,第二天效果不佳,第三天不能使用。

(6)0.5%沙黄(Safranine)液:2.5%沙黄乙醇液 20 mL,无菌水 80 mL。将 2.5%沙黄乙醇液作为母液保存于不透气的棕色瓶中,使用时再稀释。

(7)5%孔雀绿水溶液:孔雀绿 5.0 g,无菌水 100 mL。

(8)0.05%碱性复红:碱性复红 0.05 g,95%乙醇 100 mL。

(9)齐氏(Ziehl)石炭酸复红液:碱性复红 0.3 g 溶于 95%乙醇 10 mL 中为 A 液;0.01% KOH 溶液 100 mL 为 B 液。混合 A、B 液即成。

(10)姬姆萨 Giemsa 染料溶液。

①储备溶液:称取 0.5 g Giemsa 粉,33 mL 甘油和 33 mL 甲醇。首先研磨吉姆萨粉,然后滴加甘油,继续研磨,最后加入甲醇,并在使用前于 56℃放置 1~24 h。

②施用溶液(使用前准备):取 1 mL 储备溶液并添加 19 mL pH 7.4 磷酸盐缓冲溶液即可使用。储备溶液:甲醇=1:4 也可以用来制备染色溶液。

(11)乳酸石炭酸棉蓝染色溶液(用于真菌固定和染色):20 g 羧酸(结晶酚),20 mL 乳酸,40 mL 甘油,0.05 g 棉蓝,20 mL 无菌水。将棉蓝溶解在无菌水中,添加其他成分,稍微加热使其溶解,然后冷却后使用。将少量染料溶液滴在真菌涂片上,并加盖玻璃观察。霉菌菌丝和孢子都可以染成蓝色。沾污的标本可用树脂密封,可长期保存。

(12)1%的莱特氏染色液:称取 6 g 莱特氏染色粉,将其放在研钵中细磨,连续添加甲醇(总计 600 mL),然后继续研磨以使其溶解。过滤后,染料溶液在使用前必须保存一年以上。储存时间越长,染色颜色越好。

(13)阿氏(Albert)异染粒染色液。A 液:甲苯胺蓝 0.15 g,孔雀绿 0.2 g,冰醋酸 1 mL,95%乙醇 2 mL,无菌水 100 mL;B 液:碘 2 g,碘化钾 3 g,无菌水 300 mL。

先用 A 液染色 1 min,倾去 A 液后,用 B 液冲去 A 液,并染 1 min。异染粒呈黑色,其他部分为暗绿或浅绿。

三、试剂

(1)乳酸苯酚固定液:乳酸 10 g,结晶苯酚 10 g,甘油 20 g,无菌水 10 mL。

(2)1.6%溴甲酚紫:溴甲酚紫 1.6 g 溶于 100 mL 乙醇中,贮存于棕色瓶中保存备用。用作培养基指示剂时,每 1000 mL 培养基中加入 1 mL 1.6%溴甲酚紫即可。

(3)V.P.试剂:$CuSO_4$ 1 g,无菌水 10 mL,浓氨水 40 mL,10% NaOH 950 mL。先将 $CuSO_4$ 溶于无菌水中,然后加浓氨水,最后加入 10%NaOH。

(4)0.02%甲基红试剂:甲基红 0.1 g,95% 乙醇 760 mL,无菌水 100 mL。

(5)吲哚反应试剂:对二甲基氨基苯甲醛 8 g,95%乙醇 760 mL,浓 HCl 160 mL。

(6)Alsever's 血细胞保存液:葡萄糖 2.05 g,柠檬酸钠 0.8 g,NaCl 0.42 g,无菌水 100 mL。以上成分混匀后,微加温使其溶解后,用柠檬酸调节 pH 6.1,分装于锥形瓶中(30~50 mL/瓶),113℃湿热灭菌 15 min,备用。

(7)Hank 溶液:

①储备溶液 A 溶液:

1)NaCl 80 g,KCl 4 g,MgSO$_4$·7H$_2$O 1 g,MgCl$_2$·6H$_2$O 1 g,无菌水至 450 mL;

2)CaCl$_2$ 1.4 g(或 CaCl$_2$·2H$_2$O 1.85 g)用双无菌水将体积稀释至 50 mL。混合液体 1)和 2)并添加 1 mL 氯仿以形成液体 A。

②储备液 B 液体:Na$_2$HPO$_4$·12H$_2$O 1.52 g,KH$_2$PO$_4$ 0.6 g,酚红 0.2 g,葡萄糖 10 g,无菌水至 500 mL,然后加入 1 mL 氯仿,应先在研钵中研磨酚红。然后按照配方顺序一一溶解。

③涂布液:将上述储存液的 A 和 B 各取 25 mL,加双蒸水至 450 mL,在 113℃的湿热下灭菌 20 min。储存在 4℃。使用前,用无菌 3% NaHCO$_3$ 调节至所需的 pH。

注意:所有药物必须是 AR 试剂,按配方顺序加入,溶于适量的双蒸水,待第一种药物完全溶解后,再加入后一种药物,最后补足水到总量。

④10%小牛血清的 Hank's 液:小牛血清必须先经 56℃、30 min 灭活后才可使用,应小瓶分装保存,长期备用。用时按 10%用量加至应用液中。

(8)0.1 mol/L CaCl$_2$ 溶液:双无菌水 900 mL,CaCl$_2$ 11 g,定容至 1 L,可用孔径为 0.22 μm 的滤器过滤除菌或 121℃湿热灭菌 20 min。

(9)0.05 mol/L CaCl$_2$ 溶液:双无菌水 900 mL,CaCl$_2$ 5.5 g,定容至 1 L,可用孔径为 0.22 μm 的滤器过滤除菌或 121℃湿热灭菌 20 min。

(10)α 淀粉酶活力测定试剂。

①碘原液:称取 11 g 碘和 22 g 碘化钾,加水溶解并稀释至 500 mL。

②标准稀碘溶液:取 15 mL 碘原液,加 8 g 碘化钾,稀释至 500 mL。

③比色稀碘溶液:取 2 mL 碘原液,加 20 g 碘化钾,稀释至 500 mL。

④2%可溶性淀粉:称取 2 g 干可溶性淀粉,与少量无菌水充分混合,然后缓慢倒入沸腾的无菌水中,继续沸腾 2 min,冷却后稀释至 100 mL(制备该溶液在同一天使用)。

⑤标准糊精溶液:称取 0.3 g 分析纯的糊精,将其与少量无菌水混合,然后倒入 400 mL 水中。冷却后,将体积调至 500 mL,加入几滴甲苯试剂作为防腐剂,然后储存在冰箱中。

(11)pH 6.0 的磷酸氢二氢钠-柠檬酸缓冲溶液:称取 45.23 g Na$_2$HPO$_4$·12H$_2$O,8.07 g 柠檬酸(C$_6$H$_8$O$_7$·H$_2$O),并加入无菌水使体积达到 1000 mL。

(12)0.1 mol/L 磷酸盐缓冲液(pH 7.0):称取 35.82 g Na$_2$HPO$_4$·12H$_2$O,溶于 1000 mL 无菌水作为溶液 A;称出 15.605 g NaH$_2$PO$_4$·2H$_2$O,溶于 1000 mL 无菌水作为溶液 B。取 61 mL 的 A 溶液和 39 mL 的 B 溶液,以获得 100 mL 的 0.1 mol/L pH 7.0 磷酸盐缓冲液。

(13)用于测定乳酸的试剂。

①pH 9.0 缓冲液:在 300 mL 容量瓶中加入 11.4 g 甘氨酸,2 mL 24% NaOH 和 275 mL 无菌水。

②NAD 溶液:将 600 mg NAD 溶解在 20 mL 无菌水中。

③L(+)LDH:将 5 mg L(+)LDH 加入 1 mL 无菌水中。

④D(-)LDH:向 1 mL 无菌水中加入 2 mg D(-)LDH。

(14) Taq 缓冲液(10×):Tris-HCl(pH 8.4) 100 mmol/L, KCl 500 mmol/L, MgCl₂ 15 mmol/L,BSA(牛血清蛋白)或明胶 1 mg/mL。

(15) dNTP 混合液:dATP 50 mmol/L, dCTP 50 mmol/L, dGTP 50 mmol/L, dTTP 50 mmol/L。

(16)1%琼脂糖:琼脂糖 1 g,TAE100 mL,100℃ 融化后待凉至 40℃ 倒胶,胶厚度约 0.4~0.6 cm。

(17)TAE:Tris 碱 4.84 mL,冰乙酸 1.14 mL,0.5 mol/L pH 8.0 的 EDTA-Na₂·2H₂O (乙二胺四乙酸钠盐) 2 mL。

(18)0.5 moL/ L EDTA(pH 8.0):在 800 mL 无菌水中加入 186.1 g EDTA,剧烈搅拌,用 NaOH(约 20 g 颗粒)将 pH 调节至 8.0,将其稀释至 1 L,并在 121℃ 的湿度下灭菌等分备用后加热。

(19)硝酸盐还原剂。

①格里斯试剂 A 溶液:对氨基苯磺酸 0.5 g,稀乙酸(约 10%)150 mL。

B 溶液:α 萘胺 0.1 g,无菌水 20 mL,稀乙酸(10%左右)150 mL。

②二苯胺试剂:将 0.5 g 二苯胺溶于 100 mL 浓硫酸中,并用 20 mL 无菌水稀释。

将 A 和 B 滴入培养基后,如果溶液变成粉红色,玫瑰红色,橙色或棕色,则意味着亚硝酸盐被还原,反应为阳性。如果为无色,则加入 1 至 2 滴二苯胺试剂:如果溶液为蓝色,则表示培养液中仍然存在硝酸盐,从而确认细菌没有硝酸盐还原作用:如果溶液不是蓝色,则表示所形成的亚硝酸盐已被进一步还原为其他物质,因此硝酸盐还原反应仍然是阳性。

附录 2　常用缓冲溶液的配制

一、甘氨酸-盐酸缓冲液(0.05 mol/L)

X mL 0.2 mol/L 甘氨酸+Y mL 0.2 mol/L HCl,再加水稀释至 200 mL。

pH	X	Y	pH	X	Y
2.2	50	44.0	3.0	50	11.4
2.4	50	32.4	3.2	50	8.2
2.6	50	24.2	3.4	50	6.4
2.8	50	16.8	3.6	50	5.0

甘氨酸分子量=75.07。

0.2 mol/L 甘氨酸溶液含 15.01 g/L。

二、邻苯二甲酸-盐酸缓冲液(0.05 mol/L)

X mL 0.2 mol/L 邻苯二甲酸氢钾+Y mL 0.2 mol/L HCl,再加水稀释至 20 mL。

pH(20℃)	X	Y	pH(20℃)	X	Y
2.2	5	4.670	3.2	5	1.470
2.4	5	3.960	3.4	5	0.990
2.6	5	3.295	2.6	5	0.597
2.8	5	2.642	3.8	5	0.263
3.0	5	2.032			

邻苯二甲酸氢钾分子量=204.22。0.2 mol/L 邻苯二甲酸氢钾溶液含 40.84 g/L。

三、磷酸氢二钠-柠檬酸缓冲液

pH	0.2 mol/L Na_2HPO_4/mL	0.1 mol/L 柠檬酸/mL	pH	0.2 mol/L Na_2HPO_4/mL	0.1 mol/L 柠檬酸/mL
2.2	0.4	19.6	3.2	4.94	15.06
2.4	1.24	18.76	3.4	5.7	14.3
2.6	2.18	17.82	3.6	6.44	13.56
2.8	3.17	16.83	3.8	7.1	12.9
3	4.11	15.89	4	7.71	12.29

续表

pH	0.2 mol/L Na$_2$HPO$_4$/mL	0.1 mol/L 柠檬酸/mL	pH	0.2 mol/L Na$_2$HPO$_4$/mL	0.1 mol/L 柠檬酸/mL
4.2	8.28	11.72	6.2	13.22	6.78
4.4	8.82	11.18	6.4	13.85	6.15
4.6	9.35	10.65	6.6	14.55	5.45
4.8	9.86	10.14	6.8	15.45	4.55
5	10.3	9.7	7	16.47	3.53
5.2	10.72	9.28	7.2	17.39	2.61
5.4	11.15	8.85	7.4	18.17	1.83
5.6	11.6	8.4	7.6	18.73	1.27
5.8	12.09	7.91	7.8	19.15	0.85
6	12.63	7.37	8	19.45	0.55

Na$_2$HPO$_4$ 分子量=141.96;0.2 mol/L 溶液为 28.39 g/L。

Na$_2$HPO$_4$·2H$_2$O 分子量=177.98;0.2 mol/L 溶液为 35.60 g/L。

Na$_2$HPO$_4$·12H$_2$O 分子量=358.14;0.2 mol/L 溶液为 71.63 g/L。

C$_6$H$_8$O$_7$·H$_2$O 分子量=210.14;0.1 mol/L 溶液为 21.01 g/L。

四、柠檬酸-氢氧化钠-盐酸缓冲液

pH	钠离子浓度 /mol/L	柠檬酸/g C$_6$H$_8$O$_7$·H$_2$O	氢氧化钠/g NaOH 97%	盐酸/mL HCl(浓)	最终体积 /L
2.2	0.20	210	84	160	10
3.1	0.20	210	83	116	10
3.3	0.20	210	83	106	10
4.3	0.20	210	83	45	10
5.3	0.35	245	144	68	10
5.8	0.45	285	186	105	10
6.5	0.38	266	156	126	10

使用时可以每升中加入 1 g 酚,若最后 pH 值有变化,再用少量 50%氢氧化钠溶液或浓盐酸调节,冰箱保存。

五、柠檬酸-柠檬酸钠缓冲液(0.1 mol/L)

pH	0.1 mol/L 柠檬酸/mL	0.1 mol/L 柠檬酸钠/mL	pH	0.1 mol/L 柠檬酸/mL	0.1 mol/L 柠檬酸钠/mL
3.0	18.6	1.4	5.0	8.2	11.8
3.2	17.2	2.8	5.2	7.3	12.7
3.4	16.0	4.0	5.4	6.4	13.6
3.6	14.9	5.1	5.6	5.5	14.5
3.8	14.0	6.0	5.8	4.7	15.3
4.0	13.1	6.9	6.0	3.8	16.2
4.2	12.3	7.7	6.2	2.8	17.2
4.4	11.4	8.6	6.4	2.0	18.0
4.6	10.3	9.7	6.6	1.4	18.6
4.8	9.2	10.8			

柠檬酸:$C_6H_8O_7 \cdot H_2O$ 分子量=210.14;0.1 mol/L 溶液为 21.01 g/L。

柠檬酸钠:$Na_3C_6H_5O_7 \cdot 2H_2O$ 分子量=294.10;0.1 mol/L 溶液为 29.41 g/L。

六、醋酸-醋酸钠缓冲液(0.2 mol/L)

pH (18℃)	0.2 mol/L NaAc/mL	0.2 mol/L HAc/mL	pH (18℃)	0.2 mol/L NaAc/mL	0.2 mol/L HAc/mL
3.6	0.75	9.35	4.8	5.90	4.10
3.8	1.20	8.80	5.0	7.00	3.00
4.0	1.80	8.20	5.2	7.90	2.10
4.2	2.65	7.35	5.4	8.60	1.40
4.4	3.70	6.30	5.6	9.10	0.90
4.6	4.90	5.10	5.8	6.40	0.60

$NaAc \cdot 3H_2O$ 分子量=136.08;0.2 mol/L 溶液为 27.22 g/L。冰乙酸 11.8 mL 稀释至 1 L(需标定)。

七、磷酸二氢钾-氢氧化钠缓冲液(0.05 mol/L)

X mL 0.2 mol/L KH_2PO_4+Y mL 0.2 mol/L NaOH 加水稀释至 20 mL。

pH(20℃)	X/mL	Y/mL	pH(20℃)	X/mL	Y/mL
5.8	5	0.372	7.0	5	2.963
6.0	5	0.570	7.2	5	3.500
6.2	5	0.860	7.4	5	3.950
6.4	5	1.260	7.6	5	4.280
6.6	5	1.780	7.8	5	4.520
6.8	5	2.365	8.0	5	4.680

八、磷酸盐缓冲液磷酸氢二钠-磷酸二氢钠缓冲液(0.2 mol/L)

pH	0.2 mol/L Na$_2$HPO$_4$/mL	0.2 mol/L NaH$_2$PO$_4$/mL	pH	0.2 mol/L Na$_2$HPO$_4$/mL	0.2 mol/L NaH$_2$PO$_4$/mL
5.8	8.0	92.0	7.0	61.0	39.0
5.9	10.0	90.0	7.1	67.0	33.0
6.0	12.3	87.7	7.2	72.0	28.0
6.1	15.0	85.0	7.3	77.0	23.0
6.2	18.5	81.5	7.4	81.0	19.0
6.3	22.5	77.5	7.5	84.0	16.0
6.4	26.5	73.5	7.6	87.0	13.0
6.5	31.5	68.5	7.7	89.5	10.5
6.6	37.5	62.5	7.8	91.5	8.5
6.7	43.5	56.5	7.9	93.0	7.0
6.8	49.0	51.0	8.0	94.7	5.3
6.9	55.0	45.0			

Na$_2$HPO$_4$·2H$_2$O 分子量=177.98;0.2 mol/L 溶液为 35.60 g/L。

Na$_2$HPO$_4$·12H$_2$O 分子量=358.14;0.2 mol/L 溶液为 71.63 g/L。

NaH$_2$PO$_4$·H$_2$O 分子量=138.01;0.2 mol/L 溶液为 27.6 g/L。

NaH$_2$PO$_4$·2H$_2$O 分子量=156.03;0.2 mol/L 溶液为 31.21 g/L。

九、巴比妥钠-盐酸缓冲液

pH (18℃)	0.04 mol/L 巴比妥钠 /mL	0.2 mol/L HCl/mL	pH (18℃)	0.04 mol/L 巴比妥钠 /mL	0.2 mol/L HCl/mL
6.8	100	18.4	7.4	100	15.3
7.0	100	17.8	7.6	100	13.4
7.2	100	16.7	7.8	100	11.47

pH (18℃)	0.04 mol/L 巴比妥钠 /mL	0.2 mol/L HCl/mL	pH (18℃)	0.04 mol/L 巴比妥钠 /mL	0.2 mol/L HCl/mL
8.0	100	9.39	9.0	100	1.65
8.2	100	7.21	9.2	100	1.13
8.4	100	5.21	9.4	100	0.70
8.6	100	3.82	9.6	100	0.35
8.8	100	2.52			

巴比妥钠分子量 = 206.18；0.04 mol/L 溶液为 8.25 g/L。

十、Tris-HCl 缓冲液（0.05 mol/L）

50 mL 0.1 mol/L 三羟甲基氨基甲烷（Tris）溶液与 X mL 0.1 mol/L 盐酸混匀并稀释至 100 mL。

pH(25℃)	X/mL	pH(25℃)	X/mL
7.10	45.7	8.10	26.2
7.20	44.7	8.20	22.9
7.30	43.4	8.30	19.9
7.40	42.0	8.40	17.2
7.50	40.3	8.50	14.7
7.60	38.5	8.60	12.4
7.70	36.6	8.70	10.3
7.80	34.5	8.80	8.5
7.90	32.0	8.90	7.0
8.00	29.2		

Tris 分子量 = 121.14；0.1 mol/L 溶液为 12.11 g/L。Tris 溶液可从空气中吸收二氧化碳，使用时注意将瓶盖严。

十一、硼酸-硼砂缓冲液（0.2 mol/L 硼酸根）

pH	0.05 mol/L 硼砂/mL	0.2 mol/L 硼酸/mL	pH	0.05 mol/L 硼砂/mL	0.2 mol/L 硼酸/mL
7.4	1.0	9.0	8.2	3.5	6.5
7.6	1.5	8.5	8.4	4.5	5.5
7.8	2.0	8.0	8.7	6.0	4.0
8.0	3.0	7.0	9.0	8.0	2.0

硼砂:$Na_2B_4O_7 \cdot 10H_2O$ 分子量=381.37;0.05 mol/L 溶液(等于 0.2 mol/L 硼酸根)含 19.07 g/L。

硼酸:H_3BO_3 分子量=61.83;0.2 mol/L 的溶液为 12.37 g/L。

硼砂易失去结晶水,必须在带塞的瓶中保存。

十二、甘氨酸-氢氧化钠缓冲液(0.05 mol/L)

X mL 0.2 mol/L 甘氨酸+Y mL 0.2 mol/L NaOH 加水稀释至 200 mL。

pH	X/mL	Y/mL	pH	X/mL	Y/mL
8.6	50	4.0	9.6	50	22.4
8.8	50	6.0	9.8	50	27.2
9.0	50	8.8	10	50	32.0
9.2	50	12.0	10.4	50	38.6
9.4	50	16.8	10.6	50	45.5

甘氨酸分子量=75.07;0.2 mol/L 溶液含 15.01 g/L。

十三、硼砂-氢氧化钠缓冲液(0.05 mol/L 硼酸根)

X mL 0.05 mol/L 硼砂+Y mL 0.2 mol/L NaOH 加水稀释至 200 mL。

pH	X/mL	Y/mL	pH	X/mL	Y/mL
9.3	50	6.0	9.8	50	34.0
9.4	50	11.0	10.0	50	43.0
9.6	50	23.0	10.1	50	46.0

硼砂 $Na_2B_4O_7 \cdot 10H_2O$ 分子量=381.37;0.05 mol/L 硼砂溶液(等于 0.2 mol/L 硼酸根)为 19.07 g/L。

十四、碳酸钠-碳酸氢钠缓冲液(0.1 mol/L)(此缓冲液在 Ca^{2+}、Mg^{2+} 存在时不得使用)

pH		0.1 mol/L Na_2CO_3	0.1 mol/L $NaHCO_3$
20℃	37℃	/mL	/mL
9.16	8.77	1	9
9.40	9.22	2	8
9.51	9.40	3	7
9.78	9.50	4	6

续表

pH		0.1 mol/L Na$_2$CO$_3$ /mL	0.1 mol/L NaHCO$_3$ /mL
20℃	37℃		
9.90	9.72	5	5
10.14	9.90	6	4
10.28	10.08	7	3
10.53	10.28	8	2
10.83	10.57	9	1

Na$_2$CO$_3$·10H$_2$O 分子量 = 286.14；0.1 mol/L 溶液为 28.61 g/L。

NaHCO$_3$ 分子量 = 84.0；0.1 mol/L 溶液为 8.40 g/L。

pH 2.5 乳酸-乳酸钠缓冲液（0.05 mol）。

A 液：称取 80% ~ 90% 乳酸 10.6 g，加无菌水稀释定容至 1000 mL。

B 液：称取 70% 乳酸钠 16 g，加水稀释定容至 1000 mL。取 A 液 16 mL 与 B 液 1 mL 混合稀释一倍即成。

pH 3.0 乳酸-乳酸钠缓冲液（0.05 moL）。

A 液：称取 80% ~ 90% 乳酸 10.6 g，以水定容至 1000 mL。

B 液：称取 70% 乳酸钠 16 g，无菌水溶解定容至 1000 mL。取 A 液 8 mL 与 B 液 1 mL，混合稀释一倍即成。

pH 4.0 乳酸-乳酸钠缓冲液（0.1 mol/L）。

配制：先 0.1 mol/L 的乳酸、乳酸钠溶液，边混合（最先可乳酸：乳酸钠 = 4∶1）边调节 pH 至 4.0 即可。

附录3　常用微生物名称

细菌

假单胞菌属 *Pseudomonas*

固氮菌属 *Azotobacter*

根瘤菌属 *Rhizobium*

慢生根瘤菌属 *Bradyrhizobium*

醋杆菌属 *Acetobacter*

螺菌属 *Spirillum*

沙门氏菌属 *Salmonella*

大肠杆菌 *Escherichia coli*

欧文氏菌属 *Erwinia*

沙雷氏菌属(赛氏杆菌) *Serratia*

粘质沙雷氏菌 *Serratia marcescens*

变形杆菌属 *Proteus*

发酵单胞菌属 *Zymomonas*

拟杆菌属 *Bacteroides*

弧菌属 *Vibrio*

蛭弧菌属 *Bdellovibrio*

韦荣氏球菌属 *Veillonella*

脱硫弧菌属 *Desulfovibrio*

立克次氏体属 *Rickettsia*

衣原体属 *Chlamydia*

支原体属 *Mycoplasma*

密螺旋体属 *Treponema*

球衣菌属 *Sphaerotilus*

柄杆菌属 *Caulobacter*

浮霉状菌属 *Planctomyces*

贝日阿托菌属 *Beggiatoa*

黏球菌属 *Myxococcus*

着色菌属 *Chromatium*

绿菌属 *Chlorobium*

鱼腥蓝细菌属 *Anabaena*

满江红鱼腥蓝细菌 *Anabaena azollae*

念珠蓝细菌属 *Nostoc*

螺旋蓝细菌属 *Spirulina*

硫杆菌属 *Thiobacillus*

土壤杆菌属 *Agrobacterium*

亚硝化单胞菌属 *Nitrosomonas*

硝酸杆菌属 *Nitrobacter*

葡萄球菌属 *Staphylococcus*

金黄色葡萄球菌属 *Staphylococcus aureus*

八叠球菌属 *Sporosarcina*

微球菌属 *Micrococcus*

明串珠菌属 *Leucanostoc*

消化球菌属 *Peptococcus*

链球菌属 *Streptococcus*

肺炎球菌 *Streptococus pneumoniae*

奈氏球菌属 *Neisseria*

乳杆菌属 *Lactobacillus*

芽孢杆菌属 *Bacillus*

苏云金芽孢杆菌 *Bacillus thuringiensis*

枯草芽孢杆菌 *Bacillus subtilis*

炭疽芽孢杆菌 *Bacillus anthracis*

梭菌属 *Clostridium*

丙酸杆菌属 *Propionibacterium*

棒状细菌属 *Corynebacterium*

双歧杆菌属 *Bifidobacterium*

分枝杆菌属 *Mycobacterium*

诺卡氏菌属 *Nocardia*

链霉菌属 *Streptomyces*

弗兰克氏菌属 *Brunchorst*

小单胞菌属 *Micromonospora*

高温放线菌属 *Thermoactinomyces*

马杜拉放线菌属 *Actinomadura*

古细菌

甲烷杆菌属 *Methanobacterium*

甲烷球菌属 *Methanococcus*

盐杆菌属 *Halobacter*

盐球菌属 *Halococcus*

热网菌属 *Pyrodictium*

热原体属 *Themoplasma*

真菌

裂殖酵母属 *Schizosaccharomyces*

酵母属 *Saccharomyces*

酿酒酵母 *Saccharomyces cerevisiae*

汉逊酵母属 *Hansenula*

红酵母 *Rhodotorula*

假丝酵母属 *Candida*

球拟酵母属 *Torulopsis*

绵霉属 *Achlya*

毛霉属 *Mucor*

根霉属 *Rhizopus*

葡枝根霉（黑根霉）*Rhizopus stolonifer*

脉胞菌属 *Neurospora*

银耳属 *Tremella*

伞菌属 *Agaricus*

香菇属 *Lentinus*

木耳属 *Auricularia*

平菇 *Pleurotus ostreatus*

曲霉属 *Aspergillus*

青霉属 *Penicillium*

藻类

小球藻属 *Chlorella*

水绵属 *Spirogyra*

羽纹硅藻属 *Pinnularia*

舟形藻属 *Navicula*

原生动物

眼虫属 *Euglena*

变形虫属 *Amoeba*

草履虫属 *Paramecium*

疟原虫属 *Plasmodium*

病毒

慢病毒属 *Lentivirus*（引起 HIV）

核型多角体病毒属 *Nucleopolyhedrovirus*

烟草花叶病毒属 *Tobamovirus*

T4 噬菌体属 *T4-like viruses*

马铃薯纺锤形块茎类病毒属 *Pospiviroid*

羊搔痒因子 *Scrapie agent*

附录 4　洗涤液的配制及玻璃器皿的洗涤

一、常用洗涤液及其制备方法

（1）铬酸洗剂。

将 20 g 重磨的重铬酸钾溶于 40 mL 水中，并缓慢加入 360 mL 浓硫酸。它用于去除容器壁上的残留油渍。使用少量乳液擦洗或浸泡过夜。乳液可以重复使用。

（2）碱性洗液。

10%氢氧化钠水溶液或乙醇溶液。加热水溶液（可以煮沸），除油效果更好。注意：过长的烹饪时间会腐蚀玻璃杯。不要加热碱-乙醇洗液。

（3）碱性高锰酸钾洗剂。

4 g 高锰酸钾溶于水，加入 10 g 氢氧化钠，用水稀释至 100 mL。清洗油渍或其他有机物。洗涤后，棕色二氧化锰将沉淀在容器的沾污区域，然后使用浓盐酸或草酸洗液，硫酸亚铁，亚硫酸钠和其他还原剂去除。

（4）草酸洗液。

将 5~10 g 草酸溶解在 100 mL 水中，并加入少量浓盐酸。清洗高锰酸钾洗液后产生的二氧化锰，如有必要，应加热使用。

（5）碘-碘化钾洗液。

1 g 碘和 2 g 碘化钾溶解在水中，用水稀释至 100 mL。洗涤用过的硝酸银滴定剂后留下的深褐色污渍也可用于擦洗沾有硝酸银的白色陶瓷水槽。

（6）有机溶剂苯，乙醚，二氯乙烷等。能洗去溶剂中的油渍或有机物，使用时要注意其毒性和可燃性。

用乙醇制备的指示剂干燥残留物，比色皿，可用盐酸：乙醇（1∶2）洗液洗涤。

（7）沉积物洗涤液 $AgCl$：1∶1 氨水或 10% $Na_2S_2O_3$ 水溶液。

$BaSO_4$：将 100℃浓硫酸或 $EDTA-NH_3$ 水溶液（3% EDTA 二钠盐 500 mL 与浓氨水 100 mL 混合）加热至沸腾。

汞残留物：热浓硝酸。

有机物：铬酸洗液浸入或温洗液提取。脂肪四氯化碳或其他合适的有机溶剂。

（8）洗消液。

检验致癌性化学物质的器皿，为了防止对人体的侵害，在洗刷之前应使用对这些致癌性物质有破坏分解作用的洗消液进行浸泡，然后进行洗涤。

在食品检验中经常使用的洗消液有：1%或 5%次氯酸钠（$NaOCl$）溶液、20% HNO_3 溶液和 2% $KMnO_4$ 溶液。

1%或5%NaOCl溶液:用1%NaOCl溶液对污染的玻璃仪器浸泡半天或用5%NaOCl溶液浸泡片刻后,即可达到破坏黄曲霉毒素的作用。配法:取漂白粉100 g,加水500 mL,搅拌均匀,另将工业用Na_2CO_3 80 g溶于温水500 mL中,再将两液混合,搅拌,澄清后过滤,此滤液含NaOCl为2.5%;若用漂粉精配制,则$NaCO_3$的重量应加倍。

20%HNO_3溶液和2%$KMnO_4$溶液对苯并(a)芘有破坏作用,被苯并(a)芘污染的玻璃仪器可用20%HNO_3浸泡24 h,取出后用无菌水冲去残存酸液,再进行洗涤。被苯并(a)芘污染的乳胶手套及微量注射器等可用2%$KMnO_4$溶液浸泡2 h后,再进行洗涤。

二、有特殊要求的洗涤方法

用常规方法洗涤后,用蒸汽洗涤非常有效。一些实验需要蒸汽洗涤。方法是在烧瓶上安装蒸汽管,并用蒸汽冲洗容器。

对某些痕量金属的分析需要很高的仪器要求。需要洗出μg级杂质离子。清洁后的仪器应浸入1:1盐酸或1:1硝酸中数小时至24小时,以避免吸附无机离子。然后用纯净水冲洗。一些仪器需要在几百摄氏度的温度下灼烧以满足痕量分析的要求。

三、洗涤仪器的一般步骤

(1)用水刷:使用各种形状的仪器刷,例如试管刷、瓶刷、滴定管刷等。首先使用蘸水的刷子擦洗仪器,冲洗掉可溶物质并清除表面附着的灰尘。

(2)用合成洗涤水刷:最常用的清洁剂是肥皂,合成洗涤剂(例如洗衣粉),洗剂(清洁液),有机溶剂等,它们可以配制成1%~2%或5%的水溶液,它们具有很强的去污能力,可以根据需要短时间加热或浸泡。

注意:进行荧光分析时,应使用洗衣粉清洗玻璃仪器(由于洗衣粉中含有荧光增白剂,会给分析结果带来误差)。

(3)洗剂主要用于无法用刷子清洁的玻璃仪器,例如滴定管、移液管、容量瓶、比色管、玻璃漏斗、凯氏定氮瓶和其他有特殊要求和形状的玻璃仪器;将其浸泡过夜,然后第二天用无菌水冲洗。对于用于痕量金属分析的玻璃仪器,请使用1:9的HNO_3溶液浸泡过夜,最后用无菌水清洗3次(当用无菌水冲洗时,请使用沿壁的冲洗方法并充分摇匀,然后将仪器冲洗干净)。用指示剂检查时,无菌水应为中性。

(4)倒置洗衣机时,水流出后,墙壁上不应有小水滴;此时,用少量纯水冲洗仪器3次,以洗净无菌水带来的杂质,过滤水,然后干燥(110℃,烘烤1小时),以备后用。

四、玻璃仪器的存放

使用仪器后,应及时清洗干净并放回原处。并按不同类别存储在测试柜中。应将它们安全放置。高大的仪器应放置在内部。需要长时间存放的研磨工具应在塞子之间放一张纸,以防止其随着时间的流逝而粘连。

（1）研磨工具。在使用前,应使用小绳子将诸如容量瓶,碘(量)瓶和分液漏斗碎片等捆扎在一起,以免破裂或碰撞。对于未使用的研磨设备,将一张纸放在研磨嘴上,然后用橡皮筋或橡皮筋将塞子系上以进行存放。

（2）仪器应按照类型和规格的顺序存放,并尽可能上下颠倒放置。可以防止灰尘。可以在实验柜,锥形烧瓶和烧瓶中直接倒置添加的烧杯等。量筒可以在柜子的隔板上钻孔,仪器可以倒置放置在孔中。

（3）清洗移液器后,可将移液器两端用滤纸包好并放在移液器架上(水平型);如果是垂直管架,则可以覆盖整个管架以防止灰尘进入。

（4）索氏提取器,凯氏定氮仪等全套专用仪器应在使用后及时清洗并存放在专用包装盒中。

（5）小型仪器可以放在有盖的托盘中,干净的滤纸应垫在托盘中。

附录5 实验室意外事故的处理

一、化学中毒的应急处理

（1）一般应急处理方法。

对于化学中毒，应根据化学药品的毒性特征和中毒程度采取相应措施，并及时送医院治疗。

①吸入时的治疗方法。首先将中毒者移至室外，解开衣领和纽扣，患者可以深呼吸，必要时进行人工呼吸。呼吸好转后，立即送往医院接受治疗。

②吞服药物的治疗方法：

1）为了降低药物在胃液中的浓度，延缓人体对毒物的吸收并保护胃黏膜，可以食用以下食物：牛奶、打蛋、面粉、淀粉和土豆泥悬浮液和水等。还可以在 50 mL 无菌水中添加 50 克活性炭。使用前添加 400 mL 无菌水，摇动使其湿润，然后将其少量吞咽。通常，10~15 g 的活性炭可以吸收 1 g 的毒物。

2）催吐。用手指或汤匙的手柄擦拭患者的喉咙或舌根，使其呕吐。如果不能通过上述方法诱导呕吐，半杯水加 15 mL 催吐药，或用 80 mL 热水溶解一茶匙的盐。吞咽的腐蚀性药物如酸，碱或液态烃，容易形成胃穿孔，或吐出胃中食物时很容易进入气管，所以该情形下不要催吐。

3）通用解毒剂（2 份活性炭，氧化镁 1 份和 1 份单宁的混合物）。使用时，可以服用这种药 2~3 茶匙，加一杯水，拌匀成糊状吞服。

③药入口中后应立刻吐出，并用大量清水漱口。

（2）常见化学中毒的应急处理方法。

①强酸（致死剂量 1 mL）。吞咽强酸后，应立即服用 200 mL 氧化镁悬浮液或氢氧化铝凝胶，牛奶和水等，以迅速将其稀释。然后至少吃十几个打溶的鸡蛋。不要使用碳酸钠或碳酸氢钠，因为它会产生大量的二氧化碳气体。

②强碱（致死剂量 1 g）。吞咽强碱后，立即用食管镜观察，并用 1%乙酸水溶液直接冲洗患处，直至呈中性。然后迅速取 500 mL 稀食用醋（1 份食用醋，加 4 份水）或新鲜的橙汁稀释。

③氨气。应立即将患者转移到室外新鲜空气的地方，然后给予氧气。当氨进入眼睛时，让患者躺下，用水洗角膜 5~8 min，然后用稀乙酸或稀硼酸溶液洗涤。

④卤素气体。应立即将患者转移到室外新鲜空气处并保持安静。当吸入氯，给病人吸入醚和乙醇的（1∶1）混合蒸汽。吸入溴蒸气时，应闻稀氨水。

⑤二氧化硫，二氧化氮，硫化氢气体。应立即将患者移到空气新鲜的地方。当药物进

入眼睛时,用大量清水冲洗并用水冲洗眼睛。

⑥汞(致死量为 70 mg HgCl₂)。吞咽后,应立即洗胃。生蛋白、牛奶和活性炭也可以口服作为沉淀剂。50%硫酸镁用于通便。常用的汞解毒剂为二巯基丙醇和巯基丙烷磺酸钠。

⑦钡(致命剂量 1 g)。将 30 g 硫酸钠溶于 200 mL 水中,给患者服用,也可用洗胃导管注入胃内。

⑧硝酸银。将 3~4 茶匙食盐溶于一杯水中,给患者服用。然后服用催吐剂,或者进行洗胃,或者给患者饮牛奶。接着用大量水吞服 30 g 硫酸镁。

⑨硫酸铜。将 0.1~0.3 g 亚铁氰化钾溶于 1 杯水中,给患者服用。也可饮用适量肥皂水或碳酸钠溶液。

⑩吸入氰化物(致死剂量 0.05 g)后,患者应立即移至空气新鲜的地方躺下。然后脱下沾有氰化物的衣服,并立即进行人工呼吸。

吞下氰化物后,应将患者转移到空气新鲜的地方,并用手指或汤匙柄摩擦患者的舌根,使其立即呕吐。在继续操作之前,请勿等待洗胃工具到来。因为患者在几分钟内有死亡的危险。无论如何,请立即处理。要求患者每 2 min 吸入亚硝酸异戊酯 15~30 s。这样,氰基与高铁血红蛋白结合以产生无毒的高铁血红蛋白。然后给患者提供硫代硫酸钠溶液,使氰化高铁血红蛋白解离并生成硫氰酸盐。

⑪碳氢化合物(致死剂量 10~50 mL)。将患者转移到空气新鲜的地方。如果呕吐物进入呼吸道,可能会发生严重的危险事故。因此,除非患者每千克体重吞咽超过 1 mL 的碳氢化合物,否则应尽可能避免洗胃或使用催吐剂。

⑫使用 1%~2%的碳酸氢钠溶液,并使用甲醇(致死剂量 30~60 mL)充分管胃。然后将患者转移到暗室以控制二氧化碳的结合能力。为防止酸中毒,每 2~3 h 服用 5~15 g 碳酸氢钠。同时,为了防止甲醇代谢,每 2 h 口服一次 50%的乙醇溶液,持续 3~4 天,平均剂量为每公斤体重 0.5 mL。

⑬乙醇(致死剂量 300 mL)。先用无菌水洗胃除去未吸收的乙醇。然后一点一点地吞下 4 g 碳酸氢钠。

⑭酚类化合物(致死剂量 2 g)。患者吞下酚类化合物后应立即饮用无菌水、牛奶或吞咽活性炭以减缓毒素的吸收。然后,反复洗胃或呕吐。口服 60 mL 蓖麻油和硫酸钠溶液(30 g 硫酸钠溶于 200 mL 水)。切勿使用矿物油或乙醇洗胃。

⑮乙醛(致死剂量 5 g)和丙酮可以通过洗胃或服用催吐剂来清除胃中的药物。之后应该服用泻药。如果呼吸困难,应该给病人吸氧。丙酮一般不会引起严重中毒。

⑯草酸(致死剂量 4 g)。患者给予以下溶液形成草酸钙沉淀:1)将 30 g 丁酸钙或其他钙盐溶解于 200 mL 水中制成溶液;2)可以多喝牛奶或喝牛奶溶解的蛋清有镇痛作用。

⑰氯代烃。吞下氯代烃后,用无菌水冲洗胃,再喝硫酸钠溶液(30 g 硫酸钠溶于 200 mL 水中)。

吸入氯仿后,应让病人低头,伸直舌头,保持呼吸道畅通。

⑱苯胺(致死剂量 1 g)。如果苯胺沾到皮肤上,用肥皂和水擦去污垢。如果吞食,应先洗胃,然后服用泻药。

⑲三硝基甲苯(致死剂量 1 g)。沾在皮肤上时,尽量用肥皂和水擦去污垢。如吞食,应先洗胃或催吐剂催吐。三硝基甲苯大部分排出体外后,应服用泻药。

⑳甲醛(致死剂量 60 mL)。吞下甲醛后,应立即服用大量牛奶,然后洗胃或呕吐处理。被吞食的甲醛会从体内排出,然后服用泻药。如果可能的话,取 1%的碳酸铵水溶液。

㉑二硫化碳。吞下二硫化碳后,先洗胃或用催吐剂催吐,让患者平躺,保持体温,保持通风。

㉒一氧化碳(致死剂量 1 g)。应首先灭火,将患者转移到室外空气新鲜的地方,使患者躺下并保持温暖。为了使患者减少氧气消耗,必须让患者保持安静。如果呕吐,请及时清除呕吐物,以确保呼吸道畅通,同时应给与氧气。

二、化学药物灼伤的急救

发生化学药物灼伤时,应根据药物的性质和灼伤程度采取相应的措施。

(1)如果试剂进入眼睛,请勿用手揉眼睛。先用碎布擦去从眼睛溅出的所有试剂,然后用清水冲洗。如果是碱性试剂,则需要用饱和硼酸溶液或 1%乙酸溶液冲洗;如果是酸性试剂,则需要先用碳酸氢钠稀溶液冲洗,然后用少量蓖麻油冲洗。如果暂时找不到上述解决方案,并且情况很危急,可以用大量无菌水或无菌水冲洗,然后将其送到医院进行治疗。

(2)当皮肤被强酸灼伤时,请先用大量水冲洗 10~15 min 以防止灼伤区域进一步扩大,然后再用饱和碳酸氢钠溶液或肥皂液冲洗。但是,当草酸灼伤皮肤时,不建议用饱和碳酸氢钠溶液中和。这是因为碳酸氢钠相对碱性并且会引起刺激。镁盐或钙盐适用于中和。

(3)当皮肤被强碱灼伤时,请尽快用水冲洗直至皮肤光滑。然后用稀乙酸或柠檬汁中和。但是,当用生石灰灼伤皮肤时,应使用油性物质去除生石灰,然后用水冲洗。

(4)当液体溴灼伤皮肤时,请立即用 2%的硫代硫酸钠溶液冲洗直至伤口变白。或先用酒精冲洗,然后涂甘油。

(5)当皮肤被酚类化合物灼伤时,应先用酒精洗涤,然后涂甘油。

三、火灾和爆炸的紧急处理

如果实验室发生火灾或爆炸,请立即切断电源,打开窗户,扑灭火源,清除未燃尽的可燃物,并采取其他方法扑灭大火并报告。根据起火或爆炸的原因和强度确定时间。

(1)灭火方法。

①在地面或试验台上射击。如果火势不强,可用湿布或沙子将其扑灭。

②如果反应堆中有火,请使用灭火毯或湿布覆盖瓶口以灭火。

③有机溶剂和油性物质着火。如果火势较小,可用湿抹布或沙子将其扑灭,或撒上干燥的碳酸氢钠粉末。火势大时,必须用二氧化碳灭火器,泡沫灭火器或四氯化碳灭火器

扑灭。

④如果发生电火,请立即切断电源,并使用二氧化碳灭火器或四氯化碳灭火器灭火(四氯化碳蒸气有毒,应与空气循环使用)。

⑤如果着火了,请勿跑动,迅速脱下衣服并用水灭火;如果火势太猛烈,则应躺下并滚开以扑灭大火。

(2)烧伤的紧急处理。

根据烧伤的程度,应采取不同的治疗方法。我国根据"三度四级法"对烧伤深度进行分类:

①一级烧伤:表皮损伤;第二级烧伤:临床上无局部红斑,无水泡和灼痛;在1周内愈合。

②浅表二度烧伤:真皮浅表层受到损伤,部分生发层仍活着。有水泡,水泡根部潮红,剧烈疼痛,在2周内愈合,愈合后无疤痕,可能有色素沉着或脱落。

③严重的二度烧伤:真皮深层受伤,皮肤附件仍然活着。临床上有水泡,水泡的基部是红色和白色,并且疼痛钝。它会在3~4周内愈合,愈合后会留下疤痕。

④三级烧伤的特征:全层皮肤,甚至皮下组织,肌肉和骨骼受到伤害。无水泡,树突状栓塞,无痛,不自愈。

烧伤现场急救的基本原则:

①迅速摆脱受伤的根源。通过水或滚动,迅速脱下燃烧的衣服或熄灭火焰。避免跑步和大喊大叫,以免烧伤头部,面部和呼吸道。

②立即进行冷疗。感冒疗法是用冷水冲洗,浸泡或湿敷。为了防止疼痛和对细胞的损害,烧伤后应迅速使用冷疗法。在6小时内效果更好。冷却水的温度应控制在10~15℃,冷却时间至少应为0.5~2 h。对于不方便清洗的区域,例如脸部和躯干,用无菌水弄湿2到3条毛巾,包裹冰片,然后将其涂抹在灼伤的表面上。移动毛巾,以防止同一区域过冷。

③保护伤口。现场烧伤无须特殊处理。尽可能保持起泡的皮肤的完整性,不要撕掉烂掉的皮肤,只需用干净的床单包裹起来即可。避免在伤口上覆盖龙胆紫,汞铬,酱油等有色药物和其他物质,也不要涂抹牙膏等药膏,以免影响对伤口深度的判断和治疗。

④镇静止痛。尽量减少镇痛药的使用。如果您对疼痛敏感,可以注射杜兰丁和异丙嗪等药物。如果受伤者仍然感到不安,则应考虑是否受到电击,并且不得盲目使用镇静剂。

⑤液体疗法。如果受伤者有口渴的早期休克症状并需要水,他们可以喝少量的淡盐水,通常一次口服不超过50 mL。不要让受伤的人喝大量的白开水或糖水,以防止胃扩张或脑水肿。深度电击需要静脉输液。静脉输液主要由等渗盐水和平衡液晶组成,根据情况可补充血浆等胶体。通常适用于1∶1或2∶1晶体和胶体。同时,可以适量补充5%~10%的葡萄糖溶液,避免单独输注大量的葡萄糖溶液,特别是对于病重且需要远距离转移的患者。

⑥转移治疗。原则上,就近治疗。如果遇到重病患者,必须立即转移到医院。在转移

过程中需要注意几个方面:1)确保输液。2)保持呼吸道通畅。吸入损伤时,头部需要稍微抬高,中度需要气管插管,重度需要气管切开术。3)插导尿管,观察尿量。最好保证成人为 80～100 mL/h;儿童体重为 1 mL/kg。4)注意简单的伤口包扎。5)注意复合伤的初步治疗。6)保持患者温暖,尽量减少运输过程中的颠簸,以减少电击的可能性。

四、烫伤的紧急处理

对于烫伤,如果伤害较轻,请使用苦味酸或烫伤的药膏;如果伤势严重,则不能应用烫伤药膏等油性药物,可以撒上纯净的碳酸氢钠粉,并立即送医院治疗。

五、对玻璃切口的紧急处理

化学实验室中最常见的创伤是玻璃仪器或玻璃管的破裂引起的。作为紧急治疗,应首先停止出血,以防止大量出血引起的休克。原则上,受伤部位可以直接压缩以止血。即使动脉受伤,也可以通过用手指或纱布直接压迫受伤部位来止血。

对于玻璃或管子引起的外伤,请先检查伤口是否有玻璃碎片,以防止在压迫止血时将破碎的玻璃碎片压得很深。如果有碎片,请先用镊子除去玻璃碎片,然后用无菌棉布,硼酸溶液或过氧化氢清洗伤口,然后涂上汞铬或碘(不能同时使用)并用绷带包扎。如果伤口太深且出血没有停止,您可以在伤口上方约 10 cm 处用纱布扎住伤口,将其压缩以止血,然后立即送医院治疗。